数字影音后期制作
案例教程

主编 李刚

 北京希望电子出版社
Beijing Hope Electronic Press
www.bhp.com.cn

内容简介

本书在讲解的过程中采用一步一图的形式进行演示，共 10 个模块，每个模块末尾均安排了课堂演练环节，旨在帮助读者从零开始全面掌握视频剪辑与特效制作的方法和技巧。书中内容包括数字影音的学习准备、视频剪辑与文本设计、视频效果和过渡效果、视频色彩与情感表现、视频合成与创意编辑、提升视频的听觉体验、解析 AE 图层与关键帧、展现视频特效的魅力、探索视频剪影与追踪、文本动画的创作之旅等。

本书不仅适合作为数字影音后期制作课程的专业教材，也可作为广大影音后期制作人员的参考用书。

图书在版编目（CIP）数据

数字影音后期制作案例教程 / 李刚主编. -- 北京：
北京希望电子出版社, 2025. 6. -- ISBN 978-7-83002
-925-8

Ⅰ. TP317.53

中国国家版本馆 CIP 数据核字第 2025UV5565 号

出版：北京希望电子出版社	封面：袁　野
地址：北京市海淀区中关村大街 22 号	编辑：毕明燕
中科大厦 A 座 10 层	校对：全　卫
邮编：100190	开本：787 mm×1092 mm　1/16
网址：www.bhp.com.cn	印张：17
电话：010-82620818（总机）转发行部	字数：403 千字
010-82626237（邮购）	印刷：北京天恒嘉业印刷有限公司
经销：各地新华书店	版次：2025 年 6 月 1 版 1 次印刷

定价：85.00 元

前 言
PREFACE

在数字经济与新媒体技术深度融合的当下,数字影音内容已成为文化传播、商业推广及艺术创作的重要载体。从影视制作、广告宣传到网络视频、新媒体内容创作,数字影音无处不在,深刻影响着人们的生活与娱乐方式。这种迅猛的发展趋势导致市场对数字影音后期制作专业人才的需求激增,要求从业者不仅具备扎实的理论基础,更要熟练掌握先进的后期制作软件与技术。

本书紧密围绕高等职业教育培养技术技能型人才的目标,以Premiere Pro 2024和After Effects 2024两款行业主流软件为核心工具,系统阐述数字影音后期制作的流程、方法与技巧,旨在为学生提供全面、实用且紧跟行业前沿的知识与技能体系。

本书内容覆盖了数字影音后期制作的各个关键环节。模块1介绍数字影音基础概念、后期制作基础知识、流程和常用工具,帮助学生建立清晰的全局认知。接下来,通过模块2至模块6深入讲解Premiere Pro 2024,从素材导入与管理、剪辑基础操作、特效与转场应用,到音频处理与输出设置,逐步引导学生掌握专业视频剪辑技巧,使其能独立完成各类视频作品的剪辑与初步包装。随后,在After Effects 2024部分(模块7至模块10),讲解图层、动画制作、特效合成、蒙版与遮罩运用等核心知识,使学生学会利用该软件制作高品质的动态图形、视觉特效及影视包装效果,为作品增添创意与艺术魅力。

为了强化学生对知识的理解与运用能力,书中各模块均配备了丰富多样的案例与实践操作练习。通过实际案例操作,学生可以将理论知识灵活运用到实际创作中,切实提升自身的动手能力与解决实际问题的能力。

本书由上海工艺美术职业学院李刚担任主编。由于编写水平有限,书中难免存在不足之处,恳请广大读者批评指正。

编　者

2025年1月

扫码唤醒AI后期大师
● 配套资源 ● 精品课程
● 进阶训练 ● 知识笔记

指尖玩转数字艺术
影视后期一"码"当先

配套资源
专业助学 实操演练

精品课程
夯实基础 实践进阶

进阶训练
磨炼技艺 启发灵感

知识笔记
知识交流 心得分享

AI影视大师
24小时智能答疑解惑

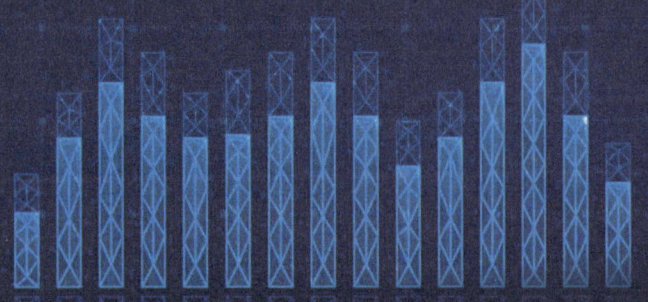

扫码解锁后期制作全技能

目 录
CONTENTS

模块1 数字影音的学习准备

1.1 数字影音后期制作概述 2
 1.1.1 什么是数字影音 2
 1.1.2 数字影音后期制作的目的 2
 1.1.3 数字影音后期制作的应用范围 3
 1.1.4 数字影音后期制作的发展前景 3

1.2 数字影音后期制作基础知识 4
 1.2.1 数字影音的基本组成 4
 1.2.2 数字影音常用名词 5
 1.2.3 常用的电视制式 8

1.3 数字影音后期制作流程 8

1.4 数字影音后期制作常用工具 11

课堂演练：经典数字影片作品欣赏 13

模块2 视频剪辑与文本设计

2.1 视频编辑工具简介 15
2.2 文档和素材的基础操作 18
 2.2.1 文档的管理 18
 2.2.2 新建素材 19
 2.2.3 导入素材 20
 2.2.4 管理素材 21
 2.2.5 渲染和输出 23
 实例 输出缩放短视频 25

2.3 素材剪辑操作 27
 2.3.1 剪辑工具的应用 27
 2.3.2 素材剪辑 30
 实例 创建帧定格 36

2.4 字幕设计 39
 2.4.1 创建文本 39
 2.4.2 编辑和调整文本 40

课堂演练：添加视频标志 42

·I·

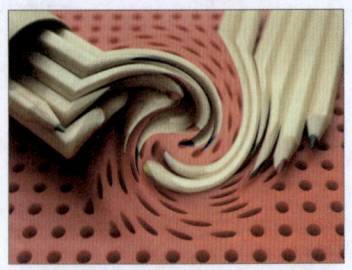

模块3 视频效果和过渡效果

3.1 认识视频效果和视频过渡效果 ………………………… 48
- 3.1.1 视频效果类型 ……………………………………… 48
- 3.1.2 添加和编辑视频效果 ……………………………… 49
- 3.1.3 添加视频过渡效果 ………………………………… 49
- 3.1.4 编辑视频过渡效果 ………………………………… 50
- 实例 制作视频切换效果 ……………………………… 51

3.2 视频效果的应用 ………………………………………… 52
- 3.2.1 变换类视频效果 …………………………………… 52
- 实例 将横屏视频转换为竖屏 ………………………… 54
- 3.2.2 扭曲类视频效果 …………………………………… 55
- 3.2.3 模糊与锐化类视频效果 …………………………… 58
- 3.2.4 生成类视频效果 …………………………………… 59
- 3.2.5 过渡类视频效果 …………………………………… 60
- 3.2.6 透视类视频效果 …………………………………… 61
- 实例 制作清透划影效果 ……………………………… 62
- 3.2.7 风格化类视频效果 ………………………………… 65

3.3 视频过渡效果的应用 …………………………………… 67
- 3.3.1 内滑类视频过渡效果 ……………………………… 67
- 3.3.2 划像类视频过渡效果 ……………………………… 69
- 3.3.3 擦除类视频过渡效果 ……………………………… 70
- 3.3.4 溶解类视频过渡效果 ……………………………… 71
- 3.3.5 缩放类视频过渡效果 ……………………………… 72
- 3.3.6 页面剥落类视频过渡效果 ………………………… 73
- 实例 制作图片集 ……………………………………… 74

课堂演练：制作流动的文本特效 …………………………… 76

模块4 视频色彩与情感表现

4.1 图像控制类视频调色效果 ……………………………… 80
- 4.1.1 颜色过滤 …………………………………………… 80
- 4.1.2 颜色替换 …………………………………………… 80
- 4.1.3 灰度系数校正 ……………………………………… 81
- 4.1.4 黑白 ………………………………………………… 81
- 实例 色彩复苏效果 …………………………………… 82

4.2 过时类调色效果 ………………………………………… 83
- 4.2.1 RGB曲线 …………………………………………… 83
- 4.2.2 通道混合器 ………………………………………… 84
- 4.2.3 颜色平衡（HLS） ………………………………… 84
- 实例 视频调色效果 …………………………………… 85

4.3 通道类调色效果 ………………………………………… 86

4.4 颜色校正类调色效果 …………………………………… 87

目录 CONTENTS

实例 画面提亮效果	90
4.5 调整类视频效果	91
课堂演练：制作秋意渐浓效果	93

模块5 视频合成与创意编辑

5.1 认识关键帧	97
5.1.1 什么是关键帧	97
5.1.2 添加关键帧	97
5.1.3 管理关键帧	98
5.1.4 关键帧插值	100
5.2 蒙版和跟踪效果	101
5.2.1 什么是蒙版	101
5.2.2 创建蒙版	101
5.2.3 管理蒙版	102
5.2.4 蒙版跟踪操作	103
实例 景深效果	103
5.3 认识抠像	106
5.3.1 什么是抠像	106
5.3.2 抠像的作用	106
5.3.3 常用抠像效果	107
实例 录像效果	111
课堂演练：制作计算机播放视频的效果	112

模块6 提升视频的听觉体验

6.1 认识音频	117
6.2 音频的编辑	117
6.2.1 音频增益	117
6.2.2 音频持续时间	118
6.2.3 音频关键帧	118
6.2.4 音频过渡效果	119
6.2.5 "基本声音"面板	119
实例 人声回避效果	120
6.3 音频效果的应用	122
6.3.1 振幅与压限类音频效果	122
6.3.2 延迟与回声音频效果	124
6.3.3 滤波器和EQ音频效果	124
6.3.4 调制音频效果	126
6.3.5 降杂/恢复音频效果	126
6.3.6 混响音频效果	127
6.3.7 特殊效果音频效果	129

· III ·

　　6.3.8 "立体声声像"音频效果组 ⋯⋯⋯⋯⋯⋯⋯⋯⋯⋯⋯⋯⋯⋯⋯⋯ 130
　　6.3.9 "时间与变调"音频效果组 ⋯⋯⋯⋯⋯⋯⋯⋯⋯⋯⋯⋯⋯⋯⋯⋯ 130
　　实例　纯净人声 ⋯⋯⋯⋯⋯⋯⋯⋯⋯⋯⋯⋯⋯⋯⋯⋯⋯⋯⋯⋯⋯⋯ 131
课堂演练：制作回声效果 ⋯⋯⋯⋯⋯⋯⋯⋯⋯⋯⋯⋯⋯⋯⋯⋯⋯⋯⋯⋯⋯ 132

模块7　解析AE图层与关键帧

7.1 After Effects的工作界面 ⋯⋯⋯⋯⋯⋯⋯⋯⋯⋯⋯⋯⋯⋯⋯⋯⋯⋯ 135
7.2 After Effects基础操作 ⋯⋯⋯⋯⋯⋯⋯⋯⋯⋯⋯⋯⋯⋯⋯⋯⋯⋯⋯ 136
　　7.2.1 创建与管理项目 ⋯⋯⋯⋯⋯⋯⋯⋯⋯⋯⋯⋯⋯⋯⋯⋯⋯⋯⋯⋯ 136
　　7.2.2 导入素材 ⋯⋯⋯⋯⋯⋯⋯⋯⋯⋯⋯⋯⋯⋯⋯⋯⋯⋯⋯⋯⋯⋯ 137
　　7.2.3 编辑与管理素材 ⋯⋯⋯⋯⋯⋯⋯⋯⋯⋯⋯⋯⋯⋯⋯⋯⋯⋯⋯ 138
　　7.2.4 创建与编辑合成 ⋯⋯⋯⋯⋯⋯⋯⋯⋯⋯⋯⋯⋯⋯⋯⋯⋯⋯⋯ 141
　　7.2.5 渲染和输出 ⋯⋯⋯⋯⋯⋯⋯⋯⋯⋯⋯⋯⋯⋯⋯⋯⋯⋯⋯⋯⋯ 142
　　实例　合成照片 ⋯⋯⋯⋯⋯⋯⋯⋯⋯⋯⋯⋯⋯⋯⋯⋯⋯⋯⋯⋯⋯ 145
7.3 图层基础知识 ⋯⋯⋯⋯⋯⋯⋯⋯⋯⋯⋯⋯⋯⋯⋯⋯⋯⋯⋯⋯⋯⋯ 147
　　7.3.1 图层的种类 ⋯⋯⋯⋯⋯⋯⋯⋯⋯⋯⋯⋯⋯⋯⋯⋯⋯⋯⋯⋯⋯ 147
　　7.3.2 图层的属性 ⋯⋯⋯⋯⋯⋯⋯⋯⋯⋯⋯⋯⋯⋯⋯⋯⋯⋯⋯⋯⋯ 148
7.4 图层的创建与编辑 ⋯⋯⋯⋯⋯⋯⋯⋯⋯⋯⋯⋯⋯⋯⋯⋯⋯⋯⋯⋯ 149
　　7.4.1 创建图层 ⋯⋯⋯⋯⋯⋯⋯⋯⋯⋯⋯⋯⋯⋯⋯⋯⋯⋯⋯⋯⋯⋯ 149
　　7.4.2 编辑图层 ⋯⋯⋯⋯⋯⋯⋯⋯⋯⋯⋯⋯⋯⋯⋯⋯⋯⋯⋯⋯⋯⋯ 150
　　7.4.3 父图层和子图层 ⋯⋯⋯⋯⋯⋯⋯⋯⋯⋯⋯⋯⋯⋯⋯⋯⋯⋯⋯ 154
　　7.4.4 图层样式 ⋯⋯⋯⋯⋯⋯⋯⋯⋯⋯⋯⋯⋯⋯⋯⋯⋯⋯⋯⋯⋯⋯ 154
　　7.4.5 图层混合模式 ⋯⋯⋯⋯⋯⋯⋯⋯⋯⋯⋯⋯⋯⋯⋯⋯⋯⋯⋯⋯ 155
7.5 创建关键帧动画 ⋯⋯⋯⋯⋯⋯⋯⋯⋯⋯⋯⋯⋯⋯⋯⋯⋯⋯⋯⋯⋯ 163
　　7.5.1 激活关键帧 ⋯⋯⋯⋯⋯⋯⋯⋯⋯⋯⋯⋯⋯⋯⋯⋯⋯⋯⋯⋯⋯ 163
　　7.5.2 编辑关键帧 ⋯⋯⋯⋯⋯⋯⋯⋯⋯⋯⋯⋯⋯⋯⋯⋯⋯⋯⋯⋯⋯ 164
　　7.5.3 关键帧插值 ⋯⋯⋯⋯⋯⋯⋯⋯⋯⋯⋯⋯⋯⋯⋯⋯⋯⋯⋯⋯⋯ 165
　　7.5.4 图表编辑器 ⋯⋯⋯⋯⋯⋯⋯⋯⋯⋯⋯⋯⋯⋯⋯⋯⋯⋯⋯⋯⋯ 165
课堂演练：制作滑块动效 ⋯⋯⋯⋯⋯⋯⋯⋯⋯⋯⋯⋯⋯⋯⋯⋯⋯⋯⋯⋯⋯ 166

模块8　展现视频特效的魅力

8.1 视频特效的基本应用 ⋯⋯⋯⋯⋯⋯⋯⋯⋯⋯⋯⋯⋯⋯⋯⋯⋯⋯⋯⋯ 171
　　8.1.1 添加视频特效 ⋯⋯⋯⋯⋯⋯⋯⋯⋯⋯⋯⋯⋯⋯⋯⋯⋯⋯⋯⋯ 171
　　8.1.2 调整特效参数 ⋯⋯⋯⋯⋯⋯⋯⋯⋯⋯⋯⋯⋯⋯⋯⋯⋯⋯⋯⋯ 172
　　8.1.3 复制和粘贴特效 ⋯⋯⋯⋯⋯⋯⋯⋯⋯⋯⋯⋯⋯⋯⋯⋯⋯⋯⋯ 172
　　8.1.4 删除视频特效 ⋯⋯⋯⋯⋯⋯⋯⋯⋯⋯⋯⋯⋯⋯⋯⋯⋯⋯⋯⋯ 173
8.2 "扭曲"特效组 ⋯⋯⋯⋯⋯⋯⋯⋯⋯⋯⋯⋯⋯⋯⋯⋯⋯⋯⋯⋯⋯⋯ 174
　　8.2.1 镜像 ⋯⋯⋯⋯⋯⋯⋯⋯⋯⋯⋯⋯⋯⋯⋯⋯⋯⋯⋯⋯⋯⋯⋯⋯ 174
　　8.2.2 湍流置换 ⋯⋯⋯⋯⋯⋯⋯⋯⋯⋯⋯⋯⋯⋯⋯⋯⋯⋯⋯⋯⋯⋯ 174

目录 CONTENTS

    8.2.3 置换图 ·· 175
    8.2.4 液化 ·· 176
    8.2.5 边角定位 ·· 177
  8.3 "模拟"特效组 ·· 178
    8.3.1 CC Drizzle（细雨） ······························ 178
    8.3.2 CC Particle World（粒子世界） ············· 179
    8.3.3 CC Rainfall（下雨） ······························ 180
    8.3.4 碎片 ·· 180
    实例 制作破碎文字效果 ·································· 181
    8.3.5 粒子运动场 ··· 183
  8.4 "模糊和锐化"特效组 ··································· 184
    8.4.1 锐化 ·· 184
    8.4.2 径向模糊 ·· 185
    8.4.3 高斯模糊 ·· 185
  8.5 "生成"特效组 ·· 186
    8.5.1 镜头光晕 ·· 186
    8.5.2 CC Light Burst 2.5 ······························· 187
    8.5.3 CC Light Rays ······································ 187
    8.5.4 CC Light Sweep ···································· 188
    实例 制作扫光效果 ·· 189
    8.5.5 写入 ·· 191
    8.5.6 勾画 ·· 192
    8.5.7 四色渐变 ·· 193
  8.6 "过渡"特效组 ·· 193
    8.6.1 卡片擦除 ·· 193
    8.6.2 百叶窗 ··· 194
  8.7 "透视"特效组 ·· 195
    8.7.1 径向阴影 ·· 195
    8.7.2 斜面Alpha ··· 196
  8.8 "风格化"特效组 ··· 197
    8.8.1 CC Glass（玻璃） ································· 197
    8.8.2 动态拼贴 ·· 198
    8.8.3 发光 ·· 198
    8.8.4 查找边缘 ·· 199
  课堂演练：制作国风短视频片头 ·························· 200

模块9 探索视频剪影与追踪

  9.1 常用抠像效果 ·· 207
    9.1.1 After Effects中的抠像技术 ···················· 207
    9.1.2 Advanced Spill Suppressor ···················· 207
    9.1.3 CC Simple Wire Removal ······················ 208
    9.1.4 线性颜色键 ··· 209

· V ·

　　9.1.5　颜色范围 210
　　9.1.6　颜色差值键 210
　　9.1.7　Keylight（1.2） 211
　　实例　去除背景中的绿幕 213
9.2　运动跟踪与稳定 215
　　9.2.1　运动跟踪与稳定 215
　　9.2.2　跟踪器 215
9.3　形状和蒙版 218
　　9.3.1　认识蒙版 218
　　9.3.2　形状工具组 218
　　9.3.3　钢笔工具组 221
　　9.3.4　画笔和橡皮擦工具 223
　　9.3.5　从文本创建形状或蒙版 226
9.4　编辑蒙版属性 226
　　9.4.1　蒙版路径 226
　　9.4.2　蒙版羽化 227
　　9.4.3　蒙版不透明度 227
　　9.4.4　蒙版扩展 228
　　9.4.5　蒙版混合模式 228
　　实例　制作逐渐调色的效果 229
课堂演练：制作屏幕替换效果 232

模块 10　文本动画的创作之旅

10.1　创建文本 238
　　10.1.1　文字工具 238
　　10.1.2　外部文本 239
10.2　编辑和调整文本 239
　　10.2.1　"字符"面板 239
　　10.2.2　"段落"面板 240
　　10.2.3　"属性"面板 241
　　实例　制作逐渐出现的字符 242
10.3　文本动画 243
　　10.3.1　文本图层属性 244
　　10.3.2　动画制作器 246
　　10.3.3　文本选择器 248
　　10.3.4　文本动画预设 250
课堂演练：制作视频标题 251

附录：人工智能（AI）技术在影视作品制作中的
　　　应用与发展 258

参考文献 262

模块 1

数字影音的学习准备

内容概要

数字影音是现代媒体创作的重要形式,涵盖了所有通过数字技术手段制作和分发的影音作品,在文化传播、教育培训、社交互动等多个领域都扮演着极为重要的角色。本模块将对数字影音及其后期制作的相关知识进行介绍。

数字资源

【本模块素材】:"素材文件\模块1"目录下

1.1 数字影音后期制作概述

数字影音后期制作是指在影视、视频或音频内容的拍摄和录制完成后,利用数字技术对素材进行编辑、处理和优化的过程。

■ 1.1.1 什么是数字影音

数字影音是指通过数字技术创建、编辑、存储和传播的音频与视频内容,涵盖了电影、电视节目、网络视频、音乐视频、广告、教育视频等多种形式。

与传统的模拟影音相比,数字影音具有更清晰的画面和更高的音质,以及更强的可编辑性。这使得创作者能够轻松地进行剪辑、特效添加和音频处理操作,从而实现更丰富的表达层次。此外,数字影音的传播速度也大大加快,用户可以通过互联网快速分享和访问各种内容,推动了信息的广泛传播和文化的多元化发展。

■ 1.1.2 数字影音后期制作的目的

数字影音后期制作可以通过编辑处理拍摄或录制的素材来提升作品的整体质量,其目的主要包括以下方面:

1. 提升影片质量

一方面,通过剪辑整合原始素材,后期制作可以使影片逻辑顺畅、整体连贯;另一方面,专业的声音设计和混音能够为影片的声音增添层次感和感染力,从而显著提升影片的整体质量,使观众更容易进入故事情节中。

2. 强化叙事结构

后期制作不仅是对拍摄素材的技术加工,更是艺术创作的过程。通过筛选和剪辑素材,后期制作能够提炼出故事的核心,使影片的叙事结构更加紧凑和连贯。同时,通过调整剪辑节奏,后期制作可以营造出紧凑或舒缓的叙事效果,增强影片的情感感染力。

3. 增强观众体验

利用声音设计、调色和视觉特效等技术手段,后期制作能够营造特定的情感氛围,增强观众的沉浸感和观影体验。这些元素共同提升了作品的艺术感染力,使观众在观看过程中产生更深的情感共鸣。

4. 提升视觉效果

通过特效技术(如动画、计算机生成图像CGI等),后期制作可以创造出现实中难以实现的场景和效果,使影片更具表现力和视觉冲击力。这种视觉上的创新能够吸引观众的注意力,提升影片的整体吸引力。

5. 修正拍摄不足

后期制作能够修复拍摄过程中出现的不足,如镜头抖动、颜色偏差等。例如,画面稳定技术可以消除拍摄中的抖动和不稳定，从而提升观看效果。

后期制作为影片的创意呈现提供了无限的创作空间。创作者可以充分利用后期制作技术实现不同风格的视觉效果和叙事节奏，创造出更具创意性和艺术表现力的影视作品。这种创意的自由度使得每部作品都能展现独特的风格和视角。

■ 1.1.3 数字影音后期制作的应用范围

数字影音后期制作的应用涵盖了多个行业和领域，下面进行具体介绍。

1. 影视制作

数字影音后期制作技术在电影和电视节目制作中至关重要，包括剧场电影、独立电影、电视剧和综艺节目的剪辑、音效设计和视觉特效等。这些技术确保了影片的质量和叙事流畅性，并提升了观众的情感体验，增强了作品的专业性和艺术性。

2. 网络与广告视频

后期制作技术在网络视频（如短视频和网络剧）和广告制作中同样重要。创作者可以通过后期制作技术剪辑和优化内容，吸引观众并有效传达品牌信息，提升市场影响力。广告中的视觉特效和音效设计能够增强吸引力，提升品牌形象。

3. 音乐与教育视频

音乐视频的后期制作主要通过特效和色彩校正来增强视觉效果，提升作品感染力。而在教育视频中，后期制作主要用于整合教学内容，添加图形和字幕，以确保信息传达清晰有效，增强学生的学习效果。

4. 游戏与虚拟现实

在游戏制作中，后期制作主要用于制作宣传片和游戏内动画，提升游戏的沉浸感和视觉吸引力。而在虚拟现实和增强现实项目中，后期制作则用于整合多种素材和效果，提升用户体验和互动性。

5. 企业与社交媒体视频

企业视频的后期制作包括内部沟通和品牌宣传，以确保信息传达清晰有效，从而提升品牌形象。在社交媒体内容创作中，后期制作可以提升视频的专业性和吸引力，增加互动和分享率，帮助个人或团队获得更高的关注度。

■ 1.1.4 数字影音后期制作的发展前景

数字影音后期制作的前景非常广阔，主要体现在以下方面：

1. 技术进步

人工智能技术的发展正在深刻改变数字影音后期制作的方式。例如，先进的AI算法可以自动进行视频剪辑、音频处理、色彩校正和特效添加等操作。这种自动化不仅提高了工作效率，还减少了人为错误，使得后期制作人员能够从繁复的简单操作中解放出来，专注于更具创意的任务。

此外，机器学习技术能够分析观众的偏好和行为，为创作者提供建议，帮助他们制作更符合市场需求的内容。随着虚拟现实（VR）和增强现实（AR）技术的不断成熟，后期制作的表现形式也将更加丰富，进一步提升用户体验。

2. 市场需求增长

随着各类社交媒体和流媒体平台的兴起，观众对高质量视频内容的需求逐渐增加。像抖音和YouTube（油管）这样的平台吸引了大量用户，推动了各类视频和直播内容的消费。这不仅为专业创作者提供了更多机会，也降低了普通用户的创作门槛，促进了用户生成内容生态的健康发展。由于创作门槛的降低，越来越多的内容创作者涌入这一领域，为数字影音注入了新的活力。

3. 应用场景多样

数字影音的应用场景非常多样，除了传统的电影和电视外，广告、教育、企业宣传、游戏开发、社交媒体等多个领域都可以应用数字影音。这种多样化的应用场景不仅拓宽了市场空间，也推动了数字影音后期制作技术和服务的不断创新与发展。

1.2　数字影音后期制作基础知识

了解数字影音基础知识可以帮助用户更好地理解数字影音世界。

■1.2.1　数字影音的基本组成

数字影音由视频、音频、特效、字幕与图形等内容组成，这些元素共同协作，整合成了完整的视听作品。

1. 视频

视频是数字影音的核心，是一种通过连续播放静态图像（帧）和声音（音频）记录和传达信息、故事或情感的多媒体形式。它以动态方式呈现视觉内容，一般以数字格式进行存储和播放，广泛应用于娱乐、教育、广告和社交媒体等领域。

2. 音频

音频是指通过声波传播的声音信号，通常包括人声、音乐、环境音效等。在数字影音中，音频不仅是补充视觉内容的元素，还是推动情节发展、渲染情感氛围、提升观众体验的重要组成部分。

3. 特效

特效是指在后期制作中添加的、用于增强视频表现力的视觉或音频效果，包括视觉特效（如CGI效果）、转场效果（如淡入淡出）和动画（如动态图形）。在数字影音中，特效可以增强视觉吸引力，创造无法通过实拍实现的效果，丰富画面。

4. 字幕与图形

字幕和图形主要用于补充视频内容。字幕可以传达对话和重要信息，帮助观众理解内容；图形元素（如标题、标志、图表）则用来传达关键信息并增强视觉效果。使用字幕与图形可以提高信息的可读性，这一点对听力障碍者和非母语观众尤为重要。

■ 1.2.2 数字影音常用名词

了解数字影音相关的专业术语，可以帮助用户理解其中的一些操作。

1. 线性编辑和非线性编辑

线性编辑和非线性编辑是两种截然不同的视频编辑方式，具有各自独特的特点和应用场景。

线性编辑是一种传统的编辑方法，一般按照时间顺序将素材连接成新的连续画面。这种方法需要较多的硬件设备，成本较高，且不同设备之间的兼容性较差，对硬件性能要求较高。其过程相对烦琐，通常需要在磁带或胶卷之类的物理媒介上进行，编辑较为死板。

相对而言，非线性编辑是一种更加现代化的编辑方式，它允许用户直接从计算机中以数码的形式快速、准确地存取素材。与线性编辑相比，非线性编辑更加快捷、简便，用户可以进行多次修改而不影响视频质量。这种灵活性使得创作者能够更高效地进行创意实践和调整，因此大多数影视制作机构现在都采用非线性编辑方式。

2. 帧和关键帧

帧是指动画或视频中的单一静态图像，是影视动画中的最小时间单位，每一秒的视频由多帧静态图像连续播放，从而产生运动的视觉效果。关键帧是指具有关键状态的帧，两个状态不同的关键帧之间就形成了动画，关键帧与关键帧之间的变化由软件生成，两个关键帧之间的帧又称过渡帧。在视频剪辑中，可以通过添加关键帧制作动态的变化效果。

3. 帧速率

帧速率是指视频播放时每秒刷新的图片的帧数。电影的帧速率一般是24 fps（帧/秒），即每秒播放24幅图片；PAL制式的电视系统帧速率一般是25 fps；NTSC制式的电视系统帧速率一般是29.97 fps。

4. 转场

转场又称过渡，指场景与场景、片段与片段之间的过渡或转换，它服务于影片的整体叙事结构，可以帮助观众自然平滑地从一个场景切换至另一个场景，保证了影片的流畅性。常见的转场方式包括硬切换、溶解、擦除、动态遮罩、缩放、匹配切换等。

- **硬切换**：最基本的转场方式，从一个镜头直接切换至另一个镜头，从而迅速推动故事情节发展。
- **溶解**：两个镜头短暂重叠，前一个镜头逐渐淡出，后一个镜头逐渐显现，多用于表示时间的过渡或情感的连续性。
- **擦除**：将一个场景用某种形状（如圆形、线条）推开从而显示另一个场景，以快节奏地更换场景，多用于增添趣味性或分割不同的故事段落。
- **动态遮罩**：利用对象（人物、车辆等）在画面中的移动遮挡前一个镜头，以显示新的场景，转场自然且流畅，视觉上也更加连贯。
- **缩放**：通过镜头的放大或缩小过渡至下一个场景，既可以是实拍效果，也可以是后期制作的模拟效果。
- **匹配切换**：通过匹配两个场景的相似视觉元素，如对象、形状、颜色或动作，实现无缝转场效果。

5. 平行剪辑

平行剪辑又称交叉剪辑，是一种通过同时展示两个或多个不同空间发生的事件来强化剧情的紧张感和深度的剪辑手法，这种手法可以让观众同时置身多个故事线中，增加叙事的复杂性和观影的丰富度。平行剪辑的主要作用如下：

- **建立悬念**：平行剪辑可以同时展示两个或多个相关事件的进展，从而有效地建立和增加悬念。例如，在悬疑片的搜捕行动中交替展示躲藏者和搜捕者的视角，可以营造出二者共处一地的错觉，但搜捕结束才发现二者位于不同的地方。这种剪辑手法在增加悬念的同时，也让观众感受到搜捕时的紧张气氛。
- **增强对比**：平行剪辑可以通过展示两个截然不同的场景或故事线形成鲜明的对比效果。例如在视频中，通过交错展示两个不同生活轨迹与生存环境的角色的生活，可以展现不同人物的对比，从而强调主题或揭示不同角色的性格和动机。
- **预示未来发展**：平行剪辑能够设立两线并行的效果，预示即将到来的情节发展。例如，通过两个角色的行进来预示两人即将见面的效果。
- **强调时间限制**：平行剪辑非常适用于强调时间的紧迫性。例如，通过交替展现角色努力做一件事和时间不断流逝的场景，增加行动的紧迫感。
- **揭示因果关系**：平行剪辑可以用于揭示事件之间的因果关系。交替展示两个初看时并无直接联系的事件A和事件B的发生，可以帮助观众逐渐理解它们是如何相互作用和影响的。这种技术不仅增强了叙事的连贯性，也加深了观众对整个故事结构的理解。

6. 蒙太奇

"蒙太奇"一词源自法语，是一种剪辑理论。在电影艺术中，蒙太奇指通过有意识、有逻辑地排列与组合不同的镜头片段，从而产生各个镜头单独存在时所不具备的含义。蒙太奇的功能在于高度概括和集中表现内容，使其主次分明。同时，它能够跨越时空的限制，使影视内容获得更高的自由度。

作为电影艺术中的核心概念，蒙太奇的本质在于通过不同镜头的组合来增强电影的表现力。两个并列的镜头不仅是简单的相加，而是相互作用，产生全新的特质和深层含义。蒙太奇思维符合辩证法，它通过揭示事物和现象之间的内在联系并利用感性的表象深入理解事物的本质。

7. 多机位剪辑

多机位剪辑是指在视频制作过程中，使用摄像机在同一时段以不同的景别和角度拍摄同一个物体或场景，再从中选择最佳的镜头，进行组接和编辑，以创作出连贯的、视觉效果优异的作品。其特点如下：

- **视角多样**：多机位剪辑取材于多个角度的镜头，后期制作人员可以选择最能表达场景意图和情感的镜头进行应用，从而增加叙事的丰富度和吸引力。
- **编辑灵活**：丰富的素材使得后期制作人员可以灵活地选择镜头，根据叙事需要调整镜头的顺序、持续时间和角度，以达到最佳叙事效果。
- **节省时间和资源**：多机位剪辑在拍摄中虽然会用到很多设备和人员，但丰富的镜头素材可以满足后期的剪辑需要，减少重拍补录的镜头，从而节省时间和资源。

8. 抠像

抠像是一种视频制作技术，可以将特定颜色背景替换为其他图像或视频，多用于特效制作中。最常见的抠像颜色是绿色和蓝色，即俗称的绿幕和蓝幕，这两种颜色与人皮肤的颜色差异较大，易于分离。图1-1、图1-2为绿幕抠像前后效果。

图 1-1　原图像

图 1-2　绿幕抠像后效果

9. 合成

合成是一种将多种视觉元素整合到一个画面中的编辑技术，它可以将不同来源的图像、视频片段、特效和动画等元素无缝结合，从而实现超现实的场景和独特的视觉体验。合成不仅涉及图像的叠加，还包括色彩校正、光影调整和透视匹配等技术，以确保不同元素在视觉上的协调性和一致性。通过合成，创作者能够突破现实的限制，呈现出更加丰富和多样化的故事叙述效果，提升观众的沉浸感和视觉享受。

10. 混音

混音是音频制作过程中的一个关键环节，涉及将多个音轨整合成一个和谐统一的最终音频作品。在混音过程中，音频工程师会调整每个音轨的音量、声像（左右声道的分布）和频率，以确保各个元素在整体中既清晰又平衡。

1.2.3 常用的电视制式

电视制式是指用于实现电视图像或声音信号所采用的一种技术标准,不同的国家选用不同的电视制式。常用的电视制式包括PAL、NTSC及SECAM三种。

1. PAL制式

PAL制式即正交平衡调幅逐行倒相制,是一种同时制,帧速率为25 fps,扫描线为625行,奇场在前,偶场在后。标准的数字化PAL电视标准分辨率为720 px×576 px,色彩位深为24 bit,画面比例为4:3。

PAL制式对同时传送的两个色差信号中的一个采用逐行倒相,另一个采用正交调制,有效解决了因相位失真而引起的色彩变化问题。

2. NTSC制式

NTSC制式即正交平衡调幅制,帧速率为29.97 fps,扫描线为525行,标准分辨率为853 px×480 px。NTSC制电视接收机电路简单,但易产生偏色。

3. SECAM制式

SECAM制式即行轮换调频制,属于同时顺序制,帧速率为25 fps,扫描线为625行,隔行扫描,画面比例为4:3,分辨率为720 px×576 px。SECAM制式不怕干扰,彩色效果好,但兼容性差,该制式是通过行错开传输时间的方法避免同时传输时所产生的串色以及由其造成的彩色失真。

1.3 数字影音后期制作流程

数字影音后期制作是一个日臻成熟且不断发展的领域,涉及多个制作步骤。

1. 素材剪辑

素材剪辑是数字影音成型的关键,决定了视频的情节发展,一般包括素材整理、粗剪和精剪3个阶段。

(1)素材整理

素材是剪辑工作的基础,在开始剪辑前,需要收集一切相关的素材,包括视频拍摄的原始镜头、音频文件、图片、音乐和任何其他可能用到的媒体资料,然后将其导入视频编辑软件中,分门别类地存放,以便后期进行剪辑工作。

(2)粗剪

粗剪又称初剪,是指后期制作人员对素材进行整理,将其按照脚本顺序拼接为一个没有视觉特效、旁白和音乐的粗略影片。粗剪完成后的影片已具备基本的结构,但各个素材都还需要进行再处理,以达到自然衔接的效果。

(3)精剪

精剪是对粗剪的进一步深化和完善,在这一阶段,后期制作人员需要仔细推敲每一个镜头，调整镜头的顺序、时长和节奏，确保节奏合适，情感表达准确，同时添加过渡效果，使不同场景间的切换流畅自然，以达到最佳的视觉效果。完成上述工作后，还需要调整视频色彩，确保整个视频色彩一致，以增强视觉效果。精剪完成后，影片就完成了画面处理操作，后续即可添加特效、音乐等元素，并将这些元素合成为完整的成品。

2. 特效制作

特效制作是指在影视、动画、游戏等媒体中，通过技术手段创造出视觉或听觉效果的过程。数字影音后期制作中的特效包括CGI、绿幕抠像、动态捕捉、合成等多种类型。

（1）CGI

CGI即计算机生成图像（computer-generated imagery），是指利用计算机软件创建或调整图像的技术，一般涉及建模、纹理贴图、光照、动画、渲染等步骤。图1-3、图1-4为3D建模制作的模型。

图 1-3　3D 建模制作的模型 1

图 1-4　3D 建模制作的模型 2

（2）绿幕抠像

绿幕抠像是一种常用的视频技术，指在拍摄时使用绿幕作为背景，在后期制作时，将绿幕背景替换为需要的背景。通过该技术，可以实现极具创意的虚拟现实效果。

（3）动态捕捉

动态捕捉是一种用于记录和分析运动的技术，它通过捕捉演员的动作并将其应用到CG角色上，使其动作更加生动和真实。

（4）合成

合成是指将不同的视频元素合成到一个场景中，并确保视觉效果的协调。

3. 影片调色

调色是数字影音后期制作必不可少的过程，其主要目的是调整影片整体色调和光影效果，确保其和谐统一，一般包括颜色校正和颜色分级两个步骤：

- **颜色校正**：修正拍摄过程中可能出现的色差问题，确保所有镜头的颜色、曝光、白平衡等均一致。
- **颜色分级**：根据影片的风格，对影片的色彩进行创意性的调整，提升影片的视觉美感和专业性，达到预期的效果。

图1-5、图1-6为调色前后效果对比。

图 1-5　原图像

图 1-6　调色后效果

4. 音频编辑与混音

音频编辑与混音是指对影片的声音进行处理的过程，这决定了影片最终的视听效果。音频编辑与混音一般包括以下内容：

- **对白编辑**：清理和优化拍摄过程中录制的对白，消除杂音，确保清晰度。
- **音效设计**：添加和设计各种音效，使影片更加生动和真实。
- **音乐配乐**：为影片选取和编辑合适的背景音乐，增强影片的情感感染力。
- **混音**：将对白、音效和音乐进行混合，调整各个音轨的音量和平衡，确保最终的音频效果符合影片的需求。

5. 字幕与图形元素

字幕和图形元素可增强影片的信息传达效力，提升影片的视觉效果。

（1）字幕

为影片添加对话字幕、翻译字幕等可以帮助观众理解对话内容，控制观看节奏。在新闻、教育等节目中，字幕还可以直接展示关键信息，强化观众的记忆和理解。图1-7、图1-8为字幕效果。

图 1-7　字幕效果 1

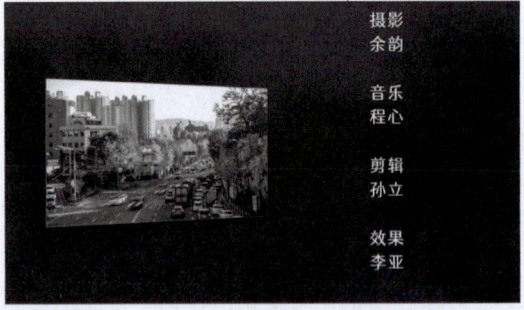

图 1-8　字幕效果 2

（2）图形元素

添加片头、片尾字幕、动画文字、标志、图案等视觉元素可以增强影片的美观性和信息传达效果。同时，图形元素还可以引导观众的视线流动，提升观看体验。

6. 渲染输出

渲染输出是数字影音后期制作的最后一步，一般包括渲染、格式转换、输出等步骤。

- **渲染**：渲染是指对所有的剪辑、特效、颜色分级、音频等进行最终的渲染处理，生成高质量的影片文件。
- **格式转换**：格式转换即根据影片的播放需求和上映平台，将影片转换为不同的格式（如MP4、AVI、MOV等）。
- **输出**：输出最终的影片文件，准备进行发行和播放。

1.4　数字影音后期制作常用工具

使用合适的工具可以极大地减轻操作负担，提高数字影音后期制作的效率，下面对几款常用的后期制作工具进行介绍。

1. Premiere

Adobe Premiere是一款功能强大的非线性音视频编辑软件，广泛应用于视频剪辑、拼接和组合。除了基本的剪辑功能，Premiere还支持特效制作、字幕添加、调色和音频处理，能够满足影视编辑的各种需求。

与其他视频编辑软件相比，Premiere具有更强的集成能力，可以与Adobe旗下的After Effects、Photoshop、Audition等软件无缝衔接，显著提升工作效率和画面质量，是数字影音后期制作领域最常用的软件之一。图1-9为Premiere的工作界面。

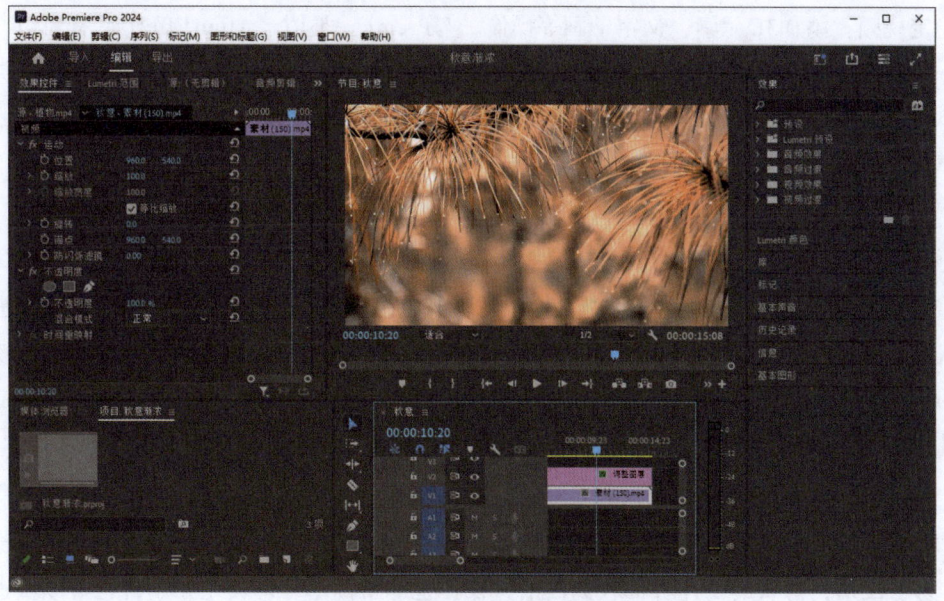

图 1-9　Premiere 的工作界面

2. After Effects

After Effects简称AE，是一款广泛应用于数字影音后期制作、特效制作和动态图像设计的非线性特效制作软件，它由Adobe Systems开发，以强大的合成、动画和特效制作能力而闻名，适用于影片剪辑、电视节目制作、广告创作等多个领域，为创作者提供了无限的创意空间和技术支持。图1-10为After Effects的工作界面。

图 1-10 After Effects 的工作界面

After Effects具有强大的后期制作功能，用户可以通过该工具轻松地实现绿幕抠像、跟踪、稳定视频、添加3D元素、文字动画等操作。与Premiere类似，After Effects同样可以与其他Adobe软件，如Photoshop、Audition等无缝衔接，实现更高效的协同操作。作为一款经典特效制作软件，After Effects在市场中拥有丰富的教学课程及插件资源，可以帮助用户快速上手学习，掌握高质量的视觉效果和动画制作技巧。

3. Audition

Audition是一款专业的音频编辑和混音软件，提供了全面的工具集，支持录音、编辑、混音和音效设计。它具备多轨编辑功能，使用户能够在一个项目中同时处理多个音频轨道。此外，Audition还配备了声音修复工具，能够有效去除噪声并修复音频问题。同时，该软件支持实时音频效果处理，并兼容第三方VST和AU插件，为音频处理带来了更多的创作可能性。图1-11为Audition的工作界面。

4. 剪映

剪映主要面向移动设备用户，是一款较为流行的视频剪辑工具，其优点主要包括以下5点：

- **易于使用**：剪映的工作界面较为简洁，操作也非常简单，即使是初学者也可以快速上手

模块1 数字影音的学习准备

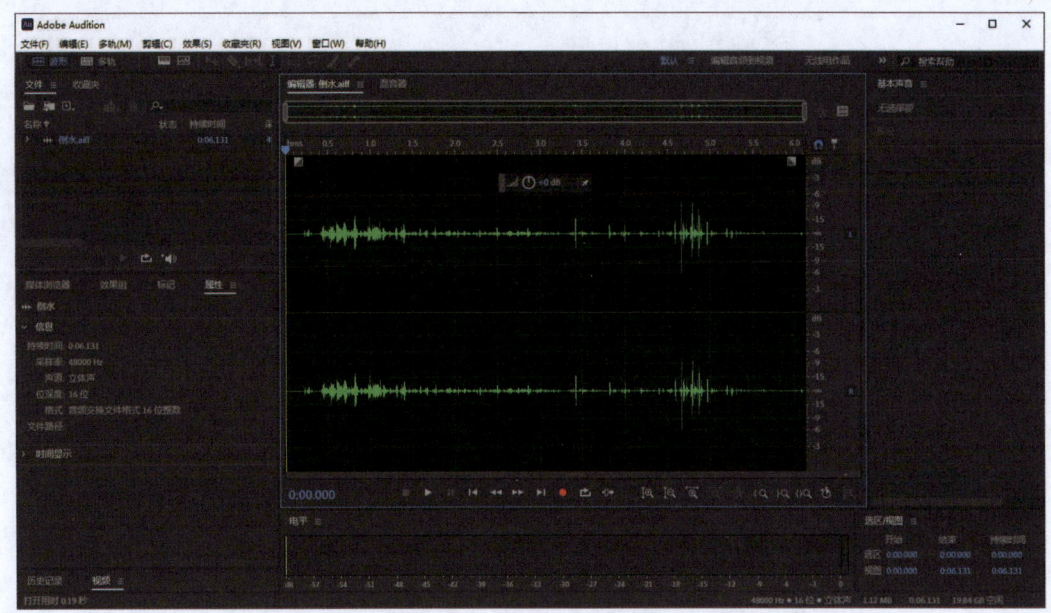

图 1-11 Audition 的工作界面

进行视频编辑。

- **编辑功能丰富**：剪映提供了一系列易于使用的编辑工具，用户可以快速剪辑、拼接视频片段，并添加特效、音乐等效果。
- **资源多样**：剪映内置了丰富的资源，包括不同的模板、特效和音乐库等，用户可以充分利用现有的资源，快速制作专业水准的数字影音效果。
- **使用场景灵活**：剪映可以安装在移动设备上，这代表用户可以随时随地进行视频剪辑，使用场景更加灵活。
- **便于分享**：剪映可以在作品制作完成后一键分享至各大社交平台，方便用户作品快速发布。

课堂演练：经典数字影片作品欣赏

本章对数字影音的学习准备等进行了详细的介绍，请参考本章学习内容，分析自己最喜欢的一部数字影音作品，对其视频内容、音频种类、特效、字幕与图形等进行介绍。

拓展阅读

从皮影戏到虚拟制片——中国影像技术的千年传承

汉代皮影戏用灯光与剪影演绎故事，其"隔帐陈述千古事，灯下挥舞鼓乐声"的创作理念，与当代虚拟制片技术中 LED 屏实时渲染的沉浸式拍摄一脉相承。2023 年，央视《国家宝藏》节目运用虚幻引擎重建了敦煌壁画场景，不仅延续了古人"移步换景"的叙事智慧，还借助数字技术实现了文化的跨界传播。这启示我们：掌握新技术时，要牢记"技以载道"的原则。正如《墨子·鲁问》所云："故所为功，利于人谓之巧，不利于人谓之拙。" 在追求技术创新的过程中，我们应将文化传播视为自己的使命，更好地传承和发展传统文化，使其在现代社会焕发出新的光彩。

模块 2

视频剪辑与文本设计

内容概要

Premiere是一款功能强大的视频剪辑软件,不仅支持用户新建项目和导入素材,还提供了丰富的剪辑和组合工具,使用户能够实现独特的创意视频效果。本模块对Premiere的剪辑与文本操作进行介绍。

数字资源

【本模块素材】:"素材文件\模块2"目录下

【本模块课堂演练最终文件】:"素材文件\模块2\课堂演练"目录下

2.1 视频编辑工具简介

Premiere是一款专业的视频编辑软件，广泛应用于数字影音等领域，它提供了包括剪辑、调色、字幕、音频处理等多项强大的功能，能够满足数字影音后期制作的各种需求。本节对Premiere软件进行介绍。

1. Premiere功能概述

Premiere提供了一个高度灵活和可扩展的工作环境，能帮助数字影音后期制作者完成从原始素材采集到最终成片发布的整个过程。目前，Premiere被广泛应用于电影后期制作、电视节目后期制作、广告、网络短视频及预告片等多个领域。图2-1为Premiere调色对比效果。

图 2-1　Premiere 调色对比效果

2. Premiere工作界面

Premiere的工作界面包含多个不同的工作区，用户可以根据需要选择不同的工作区，以便突出显示相应的面板和功能。图2-2为选择"效果"工作区时的工作界面。

常用面板的作用介绍如下：

- **监视器**：包括"源"监视器面板和"节目"监视器面板两种，其中"源"监视器面板主要查看和剪辑原始素材，而"节目"监视器面板中主要用于查看、编辑媒体素材合成后的效果。
- **时间轴**：时间轴是编辑操作的主要工作场所，用户可以在此进行剪辑素材、调整素材轨道、调整素材持续时间等操作。
- **工具**：工具面板用于存放剪辑工具，用户可以单击进行选择。长按右下角有三角符号的工具，将展开该工具组，以选择其他隐藏的工具。
- **效果**：效果面板存放着Premiere内置的预设及效果，每类效果文件夹中包含了多种效果，以供用户选择应用。需要注意的是，大多数效果添加后，需要在"效果控件"面板中进行设置，才会发生变化。

- **效果控件**：效果控件是设置已选中素材效果的场所，既可以设置素材的固定属性（如运动、不透明度等），又可以设置添加的效果。
- **基本图形**：用于添加并编辑图形及文字内容，其中"浏览"选项卡中可以选择预设的图形文字效果进行设置，"编辑"选项卡中可以新建并编辑图形、文字内容。
- **基本声音**：用于设置音频，通过该面板可以制作人声回避效果、统一音量级别、修复声音、制作混音等。
- **Lumetri颜色**：用于视频调色，包括基本校正、创意、曲线、色轮和匹配、HSL辅助和晕影等选项组，通过这些选项组，可以全面系统地调整画面颜色。
- **Lumetri范围**：用于观察画面中的颜色属性，以便进行调整。

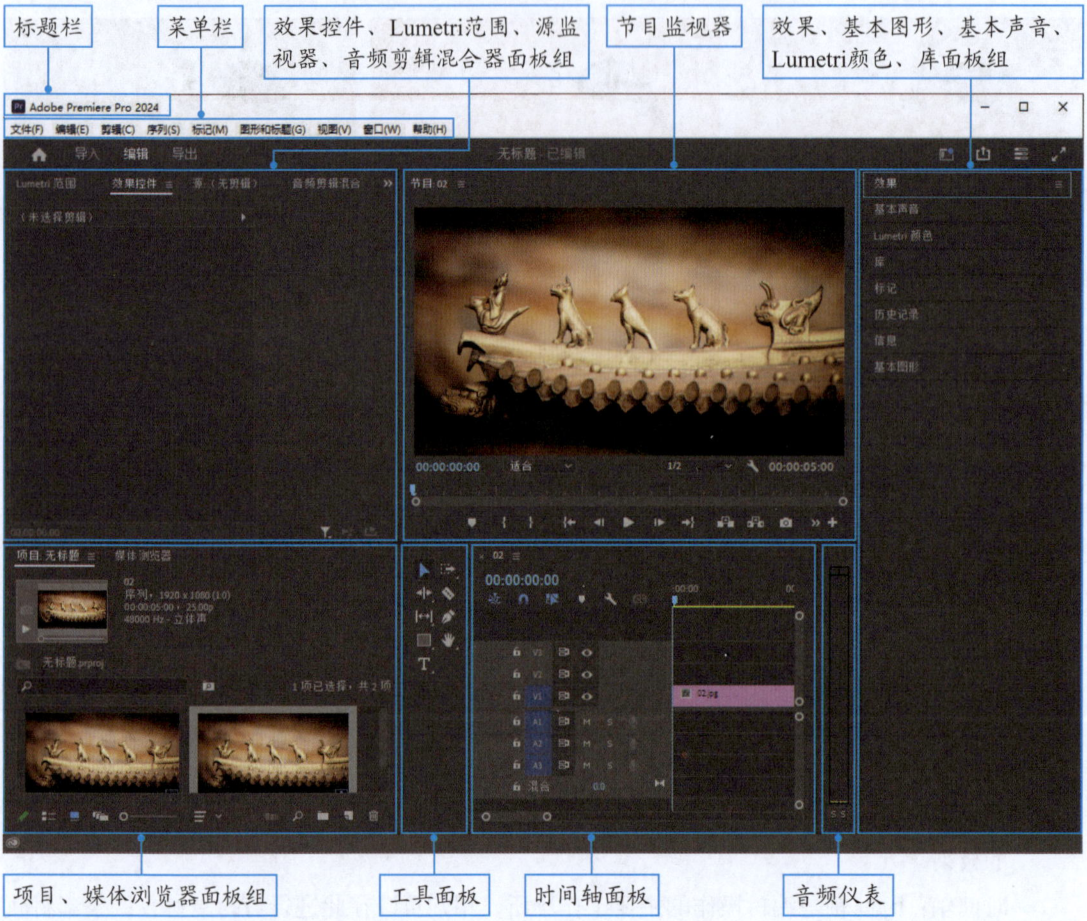

图 2-2 选择"效果"工作区时的工作界面

3. 自定义工作区

用户可以根据个人需求和工作流程对Premiere的工作区进行调整，创建符合个人使用习惯的工作环境，从而提升数字影音后期制作的效率。

（1）调整面板大小

将鼠标光标置于多个面板组交界处，待鼠标变为 状时按住鼠标左键拖动即可改变面板组大小。若将鼠标光标置于相邻面板组之间的隔条处，待鼠标变为 状时按住鼠标左键拖动可改变相邻面板组的大小。

（2）浮动面板

单击面板右上角的"菜单" 按钮，在弹出的快捷菜单中执行"浮动面板"命令即可使其浮动显示。用户也可以移动鼠标至面板名称处，按住Ctrl键拖动使其浮动显示。将鼠标指针置于浮动面板名称处，按住左键不放并拖动至面板、组或窗口的边缘即可固定浮动面板。

4. 首选项设置

"首选项"对话框允许用户自定义Premiere的外观和行为，用户可以根据个人需求优化软件的操作界面和功能，创建一个更加高效的工作环境。执行"编辑"→"首选项"→"常规"命令，打开"首选项"对话框"常规"选项卡，如图2-3所示。

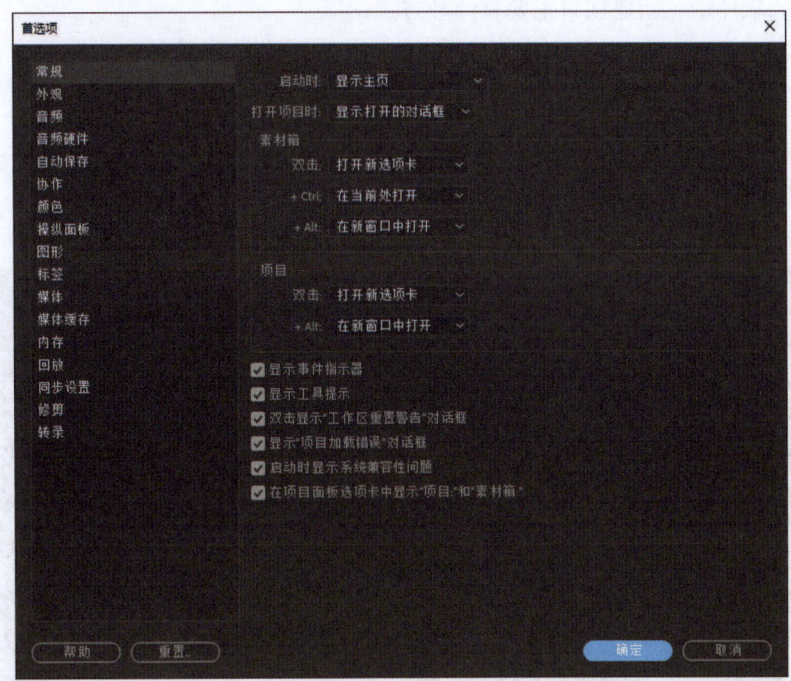

图2-3 打开"首选项"对话框"常规"选项卡

该对话框中部分选项卡作用如下：

- **常规**：设置软件常规选项，包括启动时显示内容、素材箱、项目等设置。
- **外观**：设置软件工作界面亮度。
- **自动保存**：设置自动保存，包括是否自动保存、自动保存时间间隔等。
- **操纵面板**：设置硬件控制设备。
- **图形**：设置文本图层相关参数。
- **标签**：设置标签颜色及默认值。
- **媒体**：设置媒体素材参数，包括时间码、帧数等。
- **时间轴**：设置时间轴相关属性，包括音视频过渡默认持续时间、静止图像默认持续时间等。

2.2 文档和素材的基础操作

文档和素材的操作是数字影音后期制作的关键步骤，掌握这些操作，不仅能够显著提高编辑效率，还能帮助用户更有效地管理和组织素材，从而使整个编辑过程更加顺畅和有序。

2.2.1 文档的管理

项目和序列是视频编辑的基本构成部分。项目是一个容器，包含所有的编辑素材和序列，是视频编辑的基础。而序列则是项目中的时间线，用户可以在其中编辑和调整素材。一个项目可以创建多个序列，以便于管理不同的编辑片段或版本。

1. 创建项目文件

在Premiere软件中，新建项目主要有两种方式：
- 打开Premiere软件后，在"主页"面板中单击"新建项目"按钮。
- 执行"文件"→"新建"→"项目"命令或按Ctrl+Alt+N组合键。

这两种方式都可切换至"导入"面板，如图2-4所示。从中设置项目参数后，单击"创建"按钮即可按照设置要求新建项目。

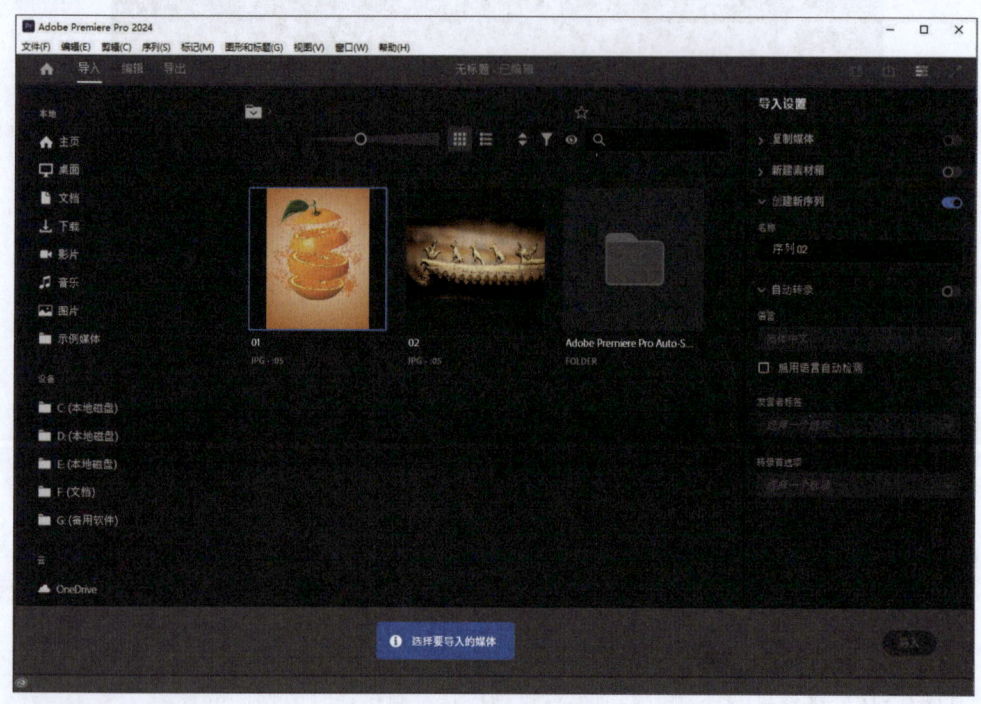

图2-4 "导入"面板

新建项目后，执行"文件"→"新建"→"序列"命令或按Ctrl+N组合键，打开如图2-5所示的"新建序列"对话框，从中设置参数后单击"确定"按钮将新建序列。用户也可以直接将素材拖曳至"时间轴"面板中来新建序列，新建的序列与该素材参数一致。一个项目文件中可以包括多个序列，每个序列可以采用不同的设置。

在"序列预设"选项卡中，用户可以选择预设好的序列。选择时，要根据视频的输出要求选择或自定义合适的序列，若没有特殊要求，则可以根据主要素材的格式进行设置。

2. 打开项目文件

已保存的项目文件可以随时打开进行编辑或修改。执行"文件"→"打开项目"命令，打开"打开项目"对话框，选中要打开的项目文件后单击"打开"按钮即可，如图2-6所示。用户也可以在文件夹中找到要打开的项目文件后，双击将其打开。

3. 保存项目文件

在剪辑视频的过程中，要及时对项目文件进行保存，以避免误操作或软件故障导致的文件丢失等问题。执行"文件"→"保存"

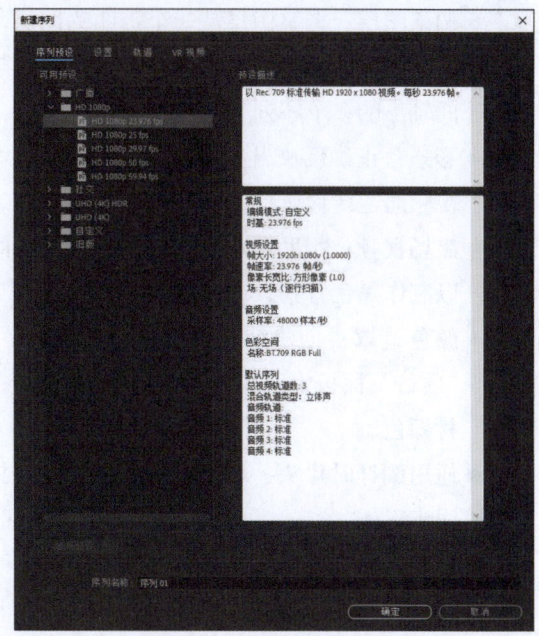

图 2-5 "新建序列"对话框

命令或按Ctrl+S组合键，即可按新建项目时设置的文件名称及位置保存文件。若想重新设置文件的名称、存储位置等参数，可以执行"文件"→"另存为"命令或按Ctrl+Shift+S组合键，打开"保存项目"对话框进行设置，如图2-7所示。

图 2-6 "打开项目"对话框

图 2-7 "保存项目"对话框

4. 关闭项目文件

项目文件制作完成后，若想关闭当前项目，可以执行"文件"→"关闭项目"命令或按Ctrl+Shift+W组合键。若要关闭所有项目文件，则可执行"文件"→"关闭所有项目"命令。

2.2.2 新建素材

素材是编辑视频的基本元素。除了导入已有素材外，用户还可以在软件中创建新素材，以便于更灵活地进行视频编辑。单击"项目"面板中的"新建项"按钮，在弹出的如图2-8所示的快捷菜单中执行相应的命令，即可完成新建操作。

下面对部分常用的新建项进行介绍。

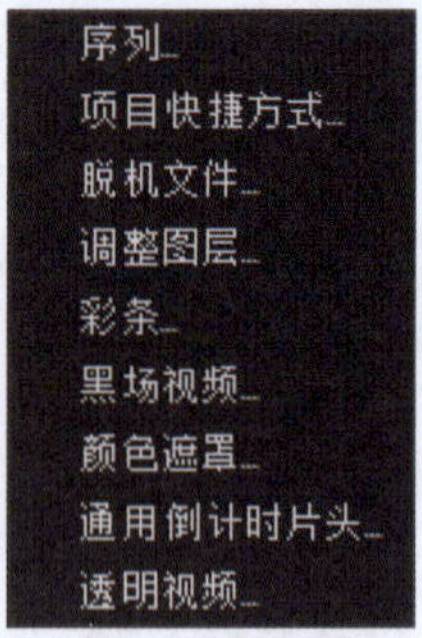

- **调整图层**：调整图层是一个透明的图层，可以影响图层堆叠顺序中位于其下的所有图层。用户可以通过调整图层将同一效果应用至时间轴上的多个序列上。
- **彩条**：正确反映出各种彩色的亮度、色调和饱和度，帮助用户检验视频通道传输质量。
- **黑场视频**：帮助用户制作转场，使素材间的切换没有那么突兀也可以制作黑色背景。
- **颜色遮罩**：创建纯色的颜色遮罩素材。创建颜色遮罩素材后，在"项目"面板中双击素材可以在弹出的"拾色器"对话框中修改素材颜色。
- **通用倒计时片头**：制作常规的倒计时效果，可以帮助播放员确认音频和视频是否正常且同步工作。
- **透明视频**：类似"黑场视频""彩条"和"颜色遮罩"的合成剪辑。透明视频能够生成自己的图像并保留透明度的效果，可用于制作时间码效果或闪电效果。

图 2-8 "新建项"快捷菜单

> **提示**：新建的素材都将出现在"项目"面板中，用户可以将其拖曳至"时间轴"面板中加以应用。

■ 2.2.3 导入素材

除了创建新素材外，Premiere还支持导入素材，并允许用户整理"项目"面板中的素材，以便于后期检索和制作。这种功能极大地提高了多位创作人员的协同工作效率。导入素材的常用方式有以下三种：

- **"导入"命令**：执行"文件"→"导入"命令或按Ctrl+I组合键，打开"导入"对话框，如图2-9所示。从中选择要导入的素材，单击"打开"按钮即可。
- **"媒体浏览器"面板**：在"媒体浏览器"面板中找到要导入的素材文件后在其上右击，在弹出的快捷菜单中执行"导入"命令即可。图2-10为展开的"媒体浏览器"面板。

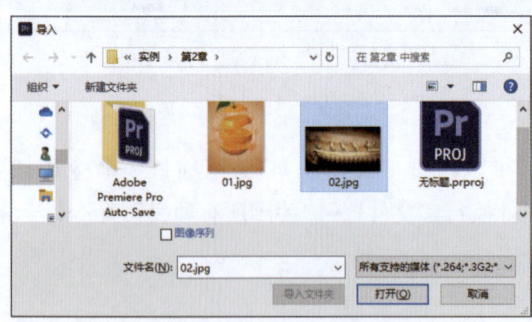

图 2-9 "导入"对话框

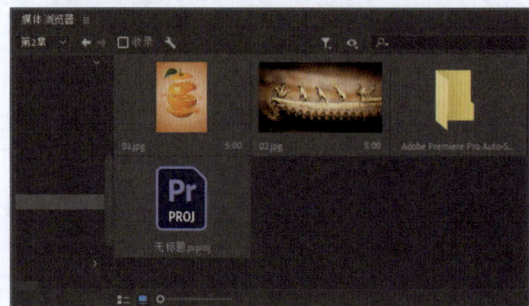

图 2-10 展开的"媒体浏览器"面板

- **直接拖入素材**：直接将素材拖曳至"项目"面板或"时间轴"面板中，同样可以导入素材。

■2.2.4　管理素材

当"项目"面板中存在过多素材时，为了更好地分辨与使用素材，可以对素材进行整理，如将其分组、为其重命名等。

1. 新建素材箱

素材箱用于归类整理素材文件，使素材更加有序，以便于用户查找。单击"项目"面板下方工具栏中的"新建素材箱" 按钮，即可在"项目"面板中新建素材箱。此时，素材箱名称处于可编辑状态，设置素材箱名称后按Enter键即可应用，如图2-11所示。

素材箱创建后，选择"项目"面板中的素材，将其拖曳至素材箱中即可归类素材文件。双击素材箱可以打开"素材箱"面板查看素材，如图2-12所示。

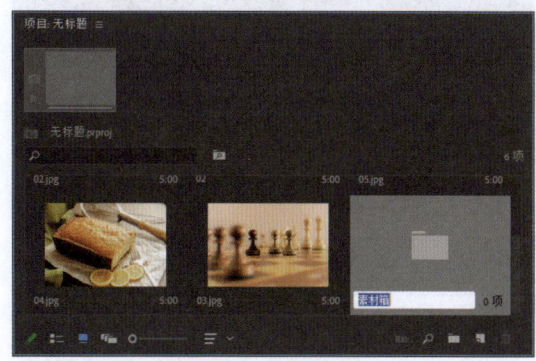 

图 2-11　新建素材箱　　　　　　　　图 2-12　查看素材箱

2. 重命名素材

重命名素材可以更精确地识别素材，方便用户使用。用户既可以重命名"项目"面板中的素材，也可以重命名"时间轴"面板中的素材。

- 重命名"项目"面板中的素材：选中"项目"面板中要重新命名的素材，执行"剪辑"→"重命名"命令或单击素材名称，输入新的名称即可。
- 重命名"时间轴"面板中的素材：若想在"时间轴"面板中修改素材名称，可以选中素材后执行"剪辑"→"重命名"命令或在其上右击，在弹出的快捷菜单中执行"重命名"命令打开"重命名剪辑"对话框，设置剪辑名称即可，如图2-13所示。

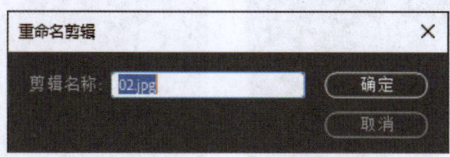

图 2-13　重命名剪辑

3. 替换素材

"替换素材"命令可以在替换素材的同时保留添加的效果，从而减少重复工作。选择"项目"面板中要替换的素材对象，在其上右击，在弹出的快捷菜单中执行"替换素材"命令，打开"替换素材"对话框，选择新的素材文件，单击"确定"按钮即可。

4. 编组素材

用户可以将"时间轴"面板中的素材编组，以便于对多个素材进行相同的操作。

在"时间轴"面板中选中要编组的多个素材文件并右击，在弹出的快捷菜单中执行"编组"命令，即可将素材文件编组，编组后的文件可以同时被选中、移动、添加效果等，如图2-14、图2-15所示。

 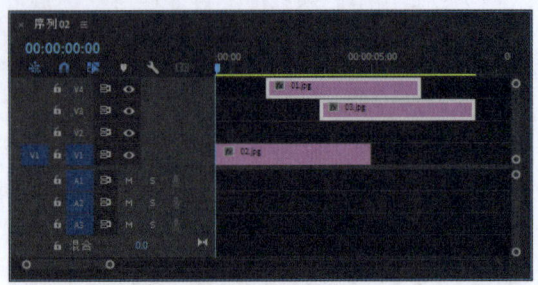

图 2-14　编组素材　　　　　　　　　　　图 2-15　移动编组素材

若想取消编组，可以选中编组素材后右击，在弹出的快捷菜单中执行"取消编组"命令即可。取消素材编组不会影响已添加的效果。

❶ 提示：按住Alt键在"时间轴"面板中单击编组素材可以选中单个素材进行设置。

5. 嵌套素材

"编组"命令和"嵌套"命令都可以同时操作多个素材。不同的是，编组素材是可逆的，只是将多个素材组合为一个整体来进行操作；而嵌套素材则是将多个素材或单个素材合成一个序列来进行操作，该操作是不可逆的。

在"时间轴"面板中选中要嵌套的素材文件并右击，在弹出的快捷菜单中执行"嵌套"命令，打开"嵌套序列名称"对话框，设置名称，完成后单击"确定"按钮即可，如图2-16所示。嵌套序列在"时间轴"面板中呈绿色显示。用户可以双击嵌套序列进入其内部进行调整，如图2-17所示。

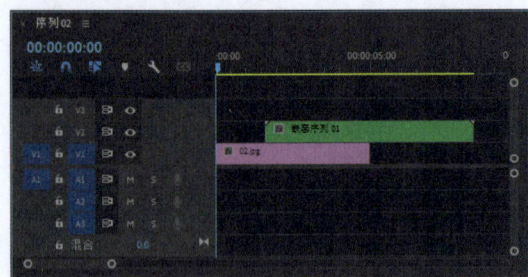 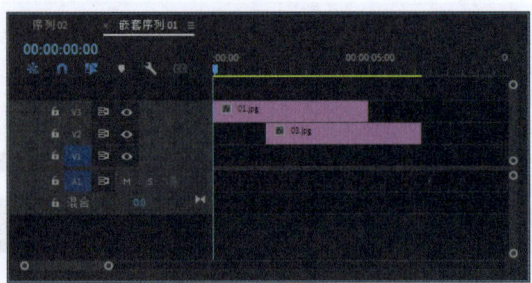

图 2-16　嵌套素材　　　　　　　　　　　图 2-17　嵌套素材内部

6. 链接媒体

Premiere软件中用到的素材都以链接的形式存放在"项目"面板中，当移动素材位置或删除素材时，就可能会导致项目文件中的素材缺失，而"链接媒体"命令可以重新链接丢失的素材，使其正常显示。

在"项目"面板中选中脱机素材并右击，在弹出的快捷菜单中执行"链接媒体"命令，打开如图2-18所示的"链接媒体"对话框，从中单击"查找"按钮，打开"查找文件"对话框，如图2-19所示。选中要链接的素材对象，单击"确定"按钮即可重新连接媒体素材。

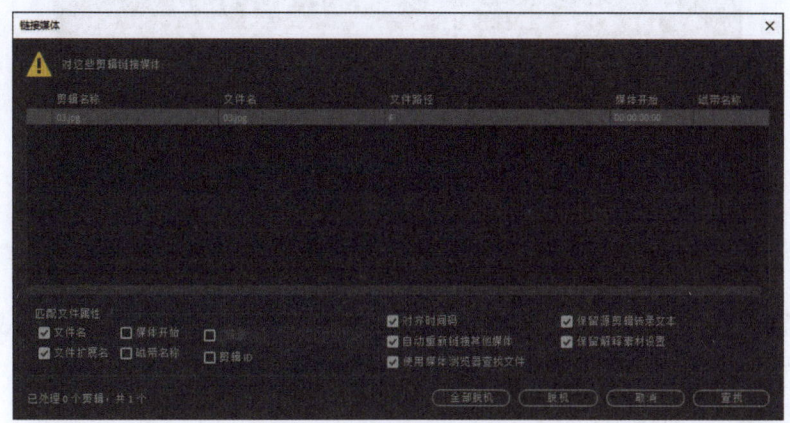

图 2-18 "链接媒体"对话框

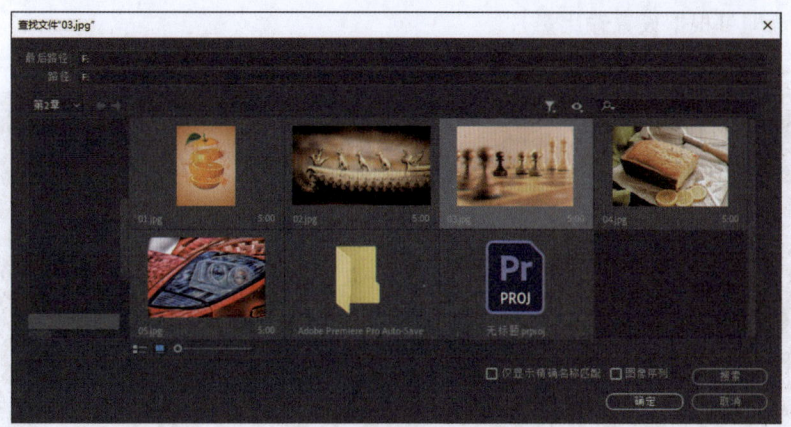

图 2-19 "查找文件"对话框

7. 打包素材

打包素材可以将当前项目中使用的素材打包存储，方便文件移动后的再次操作。使用Premiere软件将视频制作完成后，执行"文件"→"项目管理"命令，打开"项目管理器"对话框，从中设置参数后单击"确定"按钮即可打包素材。

■2.2.5 渲染和输出

渲染和输出可以将视频输出为不同的格式，从而满足各种播放设备和使用场景的需求。

1. 渲染预览

渲染预览可以将编辑好的内容进行预处理，从而缓解播放时的卡顿现象。选中要进行渲染的时间段，执行"序列"→"渲染入点到出点的效果"命令或按Enter键即可。渲染后红色的时间轴部分变为绿色，图2-20为"时间轴"面板中渲染与未渲染的时间轴对比效果。

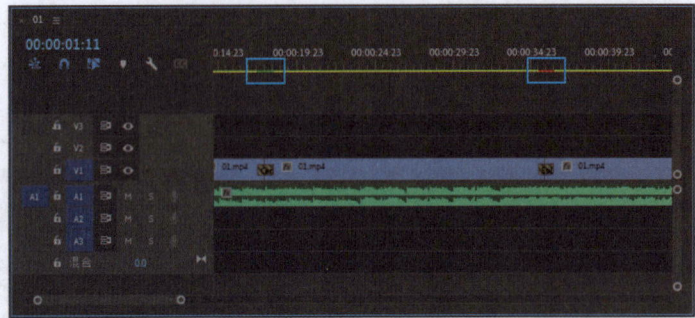

图 2-20 "时间轴"面板中渲染与未渲染的时间轴对比效果

2. 输出设置

预处理后就可以准备输出影片，在Premiere软件中，用户可以通过以下2种方式输出影片：
- 执行"文件"→"导出"→"媒体"命令或按Ctrl+M组合键。
- 切换至"导出"选项卡。

通过这2种方式，均可打开如图2-21所示的"导出"面板，从中设置音视频参数后单击"导出"按钮，即可根据设置输出影片。

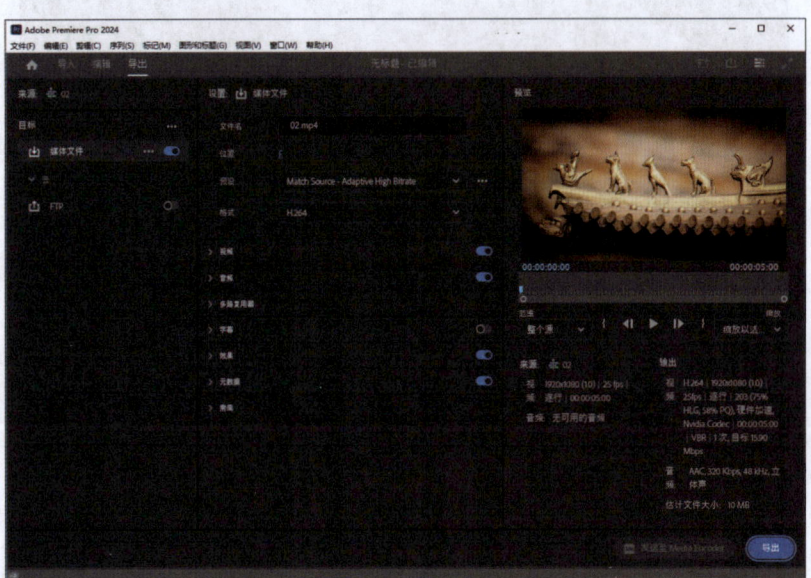

图 2-21 "导出"面板

该对话框中部分选项卡作用如下：
- "设置"选项卡：用于设置导出的相关选项，包括文件名称、导出位置、格式及具体的音视频设置等。
- "预览"选项卡：用于预览处理后的效果。

若想快速导出视频，单击"编辑"模式右上角的"快速导出"按钮，在弹出的"快速导出"面板中设置名称、位置和预设后，单击"导出"按钮即可。

实例 输出缩放短视频

在Premiere中导入素材并应用，可以使静态的图像动起来。下面介绍如何通过新建文档和导入素材制作动态缩放效果的短视频。

步骤01 打开Premiere软件，执行"文件"→"新建"→"项目"命令，打开"导入"面板，从中更改项目名称和存储路径，如图2-22所示。完成后单击"确定"按钮。

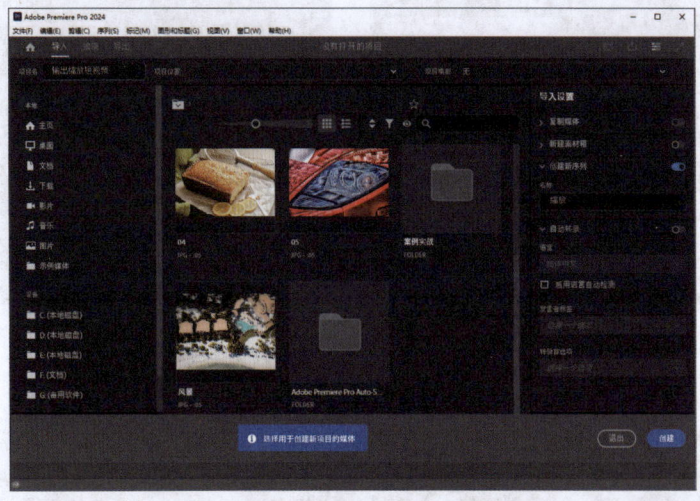

图 2-22 "导入"面板新建项目

步骤02 执行"文件"→"新建"→"序列"命令，打开"新建序列"对话框，设置参数，如图2-23所示。

步骤03 按Ctrl+I组合键，导入本模块素材文件，并添加至"时间轴"面板中，如图2-24所示。

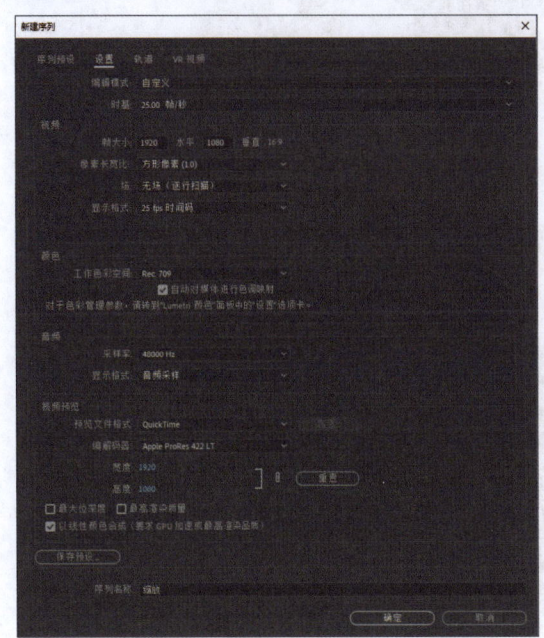

图 2-23 设置序列

● 配套资源
● 精品课程
● 进阶训练
● 知识笔记

扫码唤醒AI影视大师

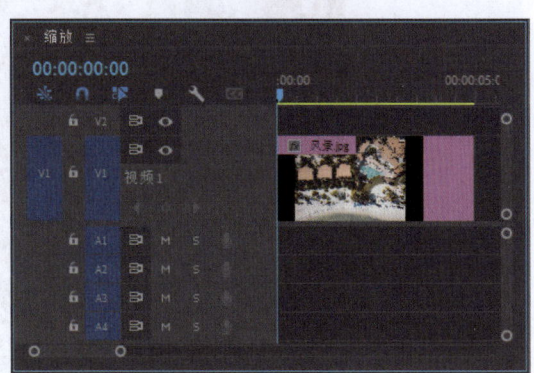

图 2-24 添加素材文件

步骤 04 选中"时间轴"面板中的素材,在"效果控件"面板设置"位置"和"缩放"参数,单击"位置"和"缩放"参数左侧的"切换动画"按钮添加关键帧,如图2-25所示。

步骤 05 移动播放指示器至00:00:04:24处,更改"位置"和"缩放"参数,软件将自动添加关键帧,如图2-26所示。此时,"节目"监视器面板中的效果如图2-27所示。

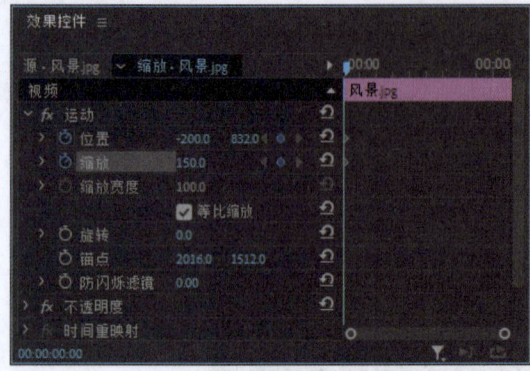
图 2-25 设置并添加关键帧

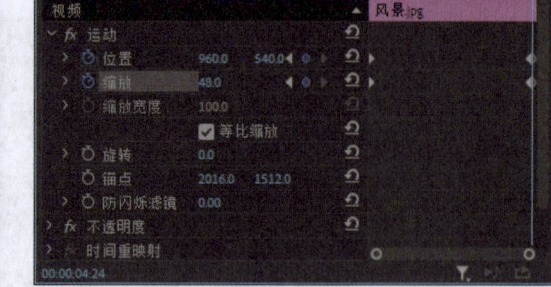
图 2-26 调整参数并添加关键帧

步骤 06 按Enter键进行渲染预览,预览效果如图2-28所示。

图 2-27 "节目"监视器面板中的效果

图 2-28 预览效果

步骤 07 执行"文件"→"导出"→"媒体"命令打开"导出"面板，设置格式为"H.264"，将"视频"选项卡中的"比特率编码"设置为"VBR，2次"，如图2-29所示。单击"导出"按钮，即可导出一条长5 s的短视频。

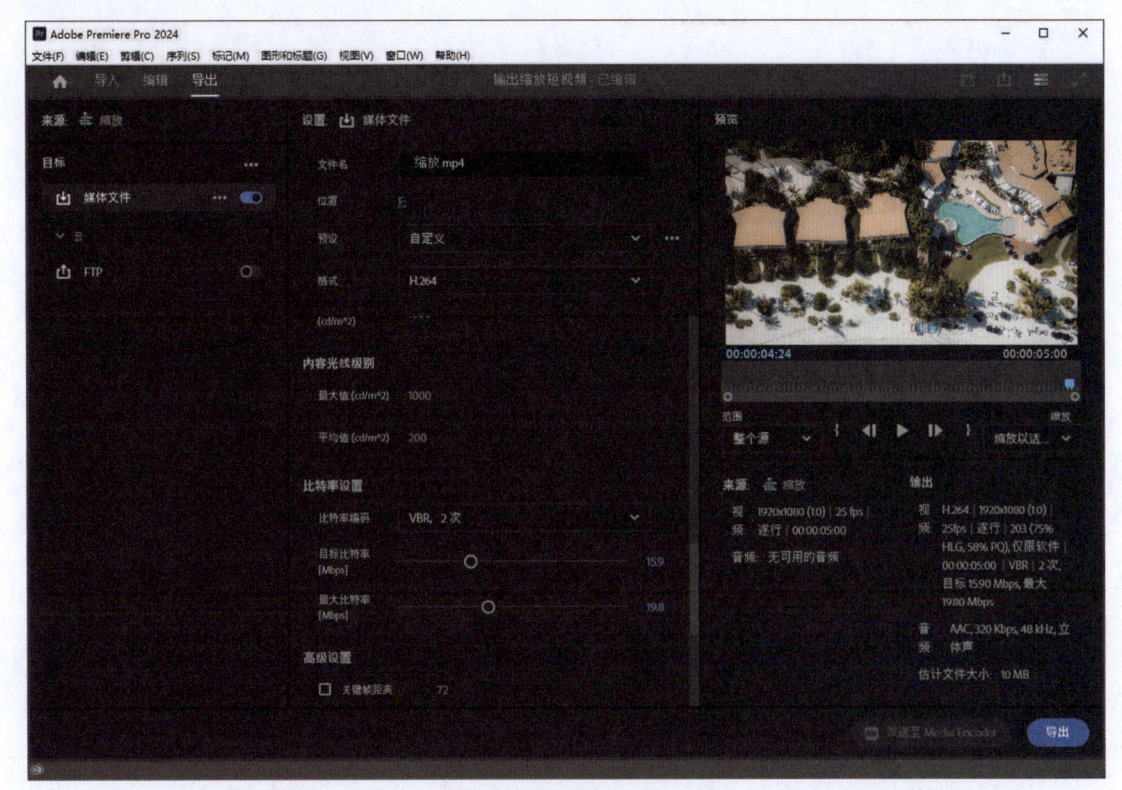

图 2-29　预览效果

至此，动态缩放短视频制作并输出完成。

2.3　素材剪辑操作

在数字影音后期制作中，剪辑占据着至关重要的地位，是创造叙事结构、节奏和情感表达的关键环节。

■ 2.3.1　剪辑工具的应用

Premiere软件提供了多种剪辑工具，帮助用户剪辑和组合不同的素材，以呈现出崭新的视觉效果。图2-30为Premiere"工具"面板提供的剪辑工具。

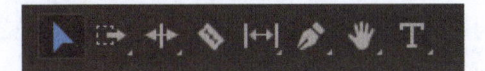

图 2-30　Premiere"工具"面板提供的剪辑工具

1. 选择工具

"选择工具" ▶可以在"时间轴"面板中的轨道中选中素材并进行调整。按住Shift键并单击可以加选素材。

2. 选择轨道工具

选择轨道工具包括"向前选择轨道工具"➡和"向后选择轨道工具"⬅2种。该类型工具可以选择当前位置箭头方向一侧的所有素材。

3. 波纹编辑工具

"波纹编辑工具"⬌可以改变"时间轴"面板中素材的出点或入点，且保持相邻素材间不出现间隙。选择"波纹编辑工具"⬌，将鼠标指针移至两个相邻素材之间，当鼠标指针变为⬅状或➡状时，按住鼠标左键拖动即可修改素材的出点或入点位置，调整后相邻的素材会自动向前补位，如图2-31、图2-32所示。

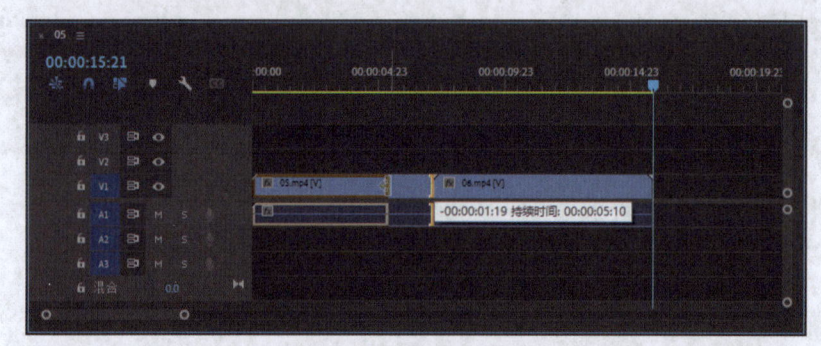

图 2-31 调整素材

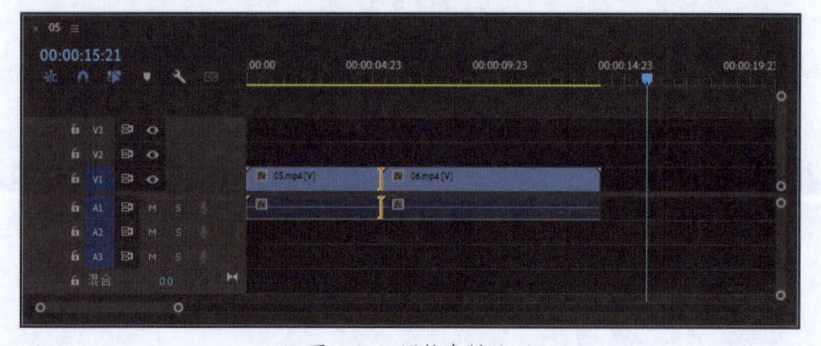

图 2-32 调整素材后

4. 滚动编辑工具

"滚动编辑工具"⇹可以改变一个剪辑的入点和与之相邻剪辑的出点，且保持影片总长度不变。选择"滚动编辑工具"⇹，将鼠标指针移至两个素材片段之间，当鼠标指针变为⇹状时，按住鼠标左键拖动即可。

> **提示**：向右拖动时，前一段素材出点后需有余量以供调节；向左拖动时，后一段素材入点前需有余量以供调节。

5. 比率拉伸工具

"比率拉伸工具"可以改变素材的速度和持续时间，但保持素材的出点和入点不变。选中"比率拉伸工具"，移动鼠标至"时间轴"面板中某段素材的开始或结尾处，当鼠标变为状时，按住鼠标拖动即可。

> **提示**：使用"比率拉伸工具"缩短素材片段长度时，素材播放速度会加快；延长素材片段长度时，素材播放速度会变慢。

用户可以通过"剪辑速度/持续时间"对话框更加精准地设置素材的播放速度和持续时间。在"时间轴"面板中选中要调整速度的素材片段并右击，在弹出的快捷菜单中执行"速度/持续时间"命令，打开如图2-33所示的"剪辑速度/持续时间"对话框，从中设置参数后单击"确定"按钮即可。"剪辑速度/持续时间"对话框中各选项作用如下：

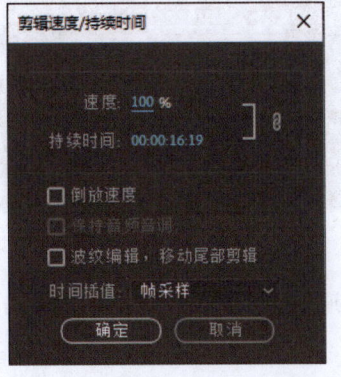

图 2-33 "剪辑速度/持续时间"对话框

- **速度**：用于调整素材片段播放速度。大于100%为加速播放，小于100%为减速播放，等于100%为正常速度播放。
- **持续时间**：用于设置素材片段的持续时间。
- **倒放速度**：选择该复选框后，素材将反向播放。
- **保持音频音调**：改变音频素材的持续时间时，选择该复选框可保证音频音调不变。
- **波纹编辑，移动尾部剪辑**：选择该复选框，片段加速导致的缝隙处将被自动填补。
- **时间插值**：用于设置调整素材速度后如何填补空缺帧，包括帧采样、帧混合和光流法三种选项。其中，帧采样可根据需要重复或删除帧，以达到所需的速度；帧混合可根据需要重复帧并混合帧，以辅助提升动作的流畅度；光流法是通过软件分析上下帧来生成新的帧，使播放效果更加流畅美观。

6. 剃刀工具

"剃刀工具"可以将一个素材片段剪切为两个或多个素材片段，从而方便用户分别进行编辑。选中"剃刀工具"，然后在"时间轴"面板中要剪切的素材上单击，即可在单击位置将素材剪切为两段，如图2-34、图2-35所示。

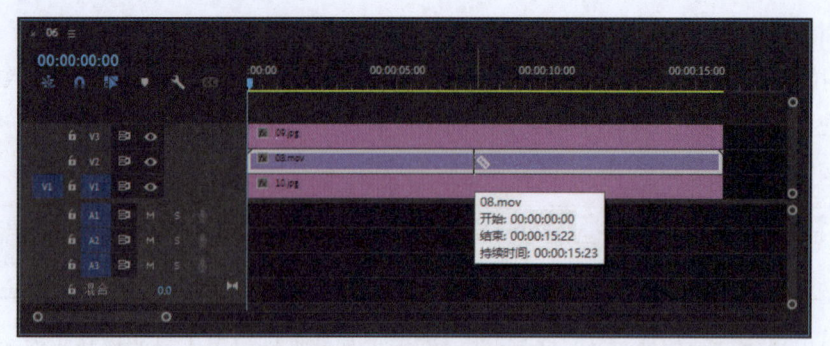

图 2-34　确定剪切位置

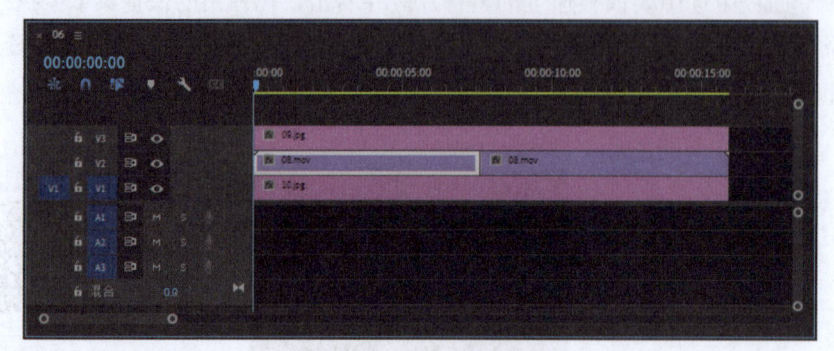

图 2-35　剪切素材

若想在当前位置剪切多个轨道中的素材，按住Shift键单击即可。

7. 内滑和外滑工具

内滑和外滑工具都可用于调整时间轴中素材片段的剪辑顺序与时长，其中"内滑工具"可以将"时间轴"面板中的某个素材片段向左或向右移动，同时改变其相邻片段的出点和后一相邻片段的入点，三个素材片段的总持续时间及在"时间轴"面板中的位置保持不变。而"外滑工具"可以同时更改"时间轴"面板中某个素材片段的入点和出点，并保持片段长度不变，相邻片段的出入点及长度也不变。

> 提示：使用"外滑工具"时，入点前和出点后需有预留出的余量供调节使用。

■ 2.3.2　素材剪辑

素材剪辑既可以在监视器面板中进行，也可以在"时间轴"面板中进行，下面对此分别进行介绍。

1. 在监视器面板中剪辑素材

Premiere软件中包括两种监视器面板："节目"监视器和"源"监视器。

"节目"监视器面板中可以预览"时间轴"面板中素材播放的效果，方便用户进行检查和修改。图2-36为"节目"监视器面板。

图 2-36 "节目"监视器面板

该面板中部分选项作用介绍如下：

- **选择缩放级别** 适合 ：用于选择合适的缩放级别放大或缩小视图以适用监视器的可用查看区域。
- **设置** ：单击该按钮，可以在弹出的快捷菜单中执行命令设置分辨率、参考线等。
- **添加标记** ：单击该按钮将在当前位置添加一个标记，或按M键添加标记。标记可以提供简单的视觉参考。
- **提升** ：单击该按钮，将删除目标轨道（蓝色高亮轨道）中出入点之间的素材片段，对前、后素材以及其他轨道上的素材位置都不产生影响，如图2-37、图2-38所示。

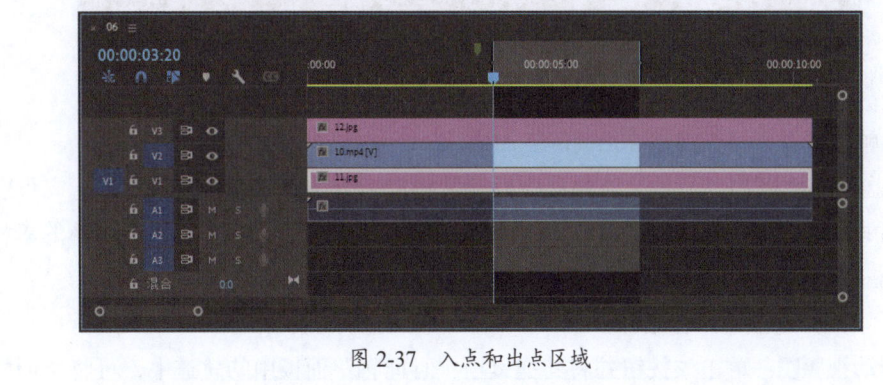

图 2-37 入点和出点区域

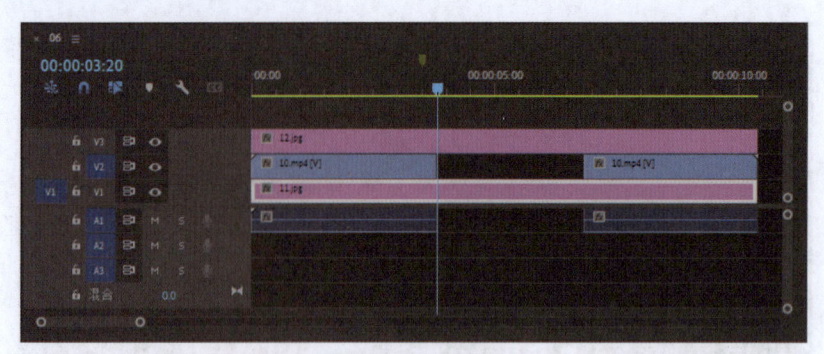

图 2-38　提升素材

● 提取 ■：单击该按钮，将删除时间轴中位于出入点之间的所有轨道中的片段，并将后方素材前移，如图2-39、图2-40所示。

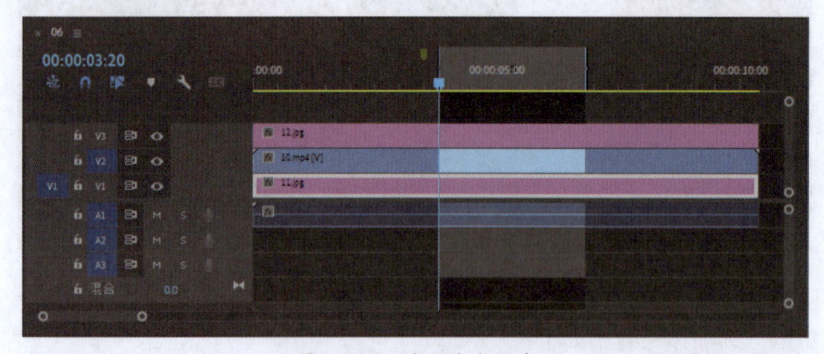

图 2-39　入点和出点区域

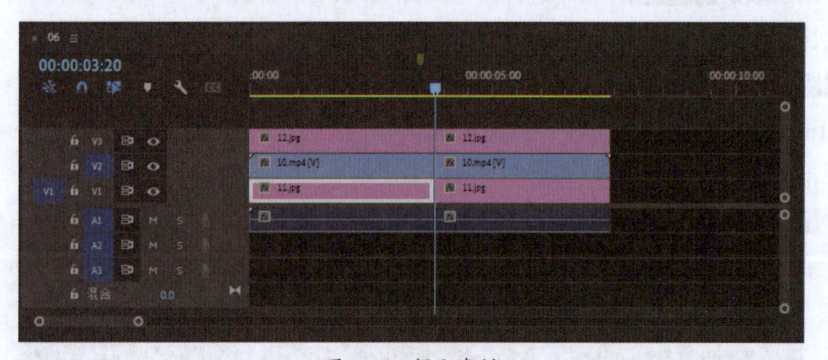

图 2-40　提取素材

● 导出帧 ■：用于将当前帧导出为静态图像。

"源"监视器面板和"节目"监视器面板非常相似，只是在功能上有所不同，它可以播放各个素材片段，对"项目"面板中的素材进行设置。在"项目"面板中双击要编辑的素材，将在"源"监视器面板中打开该素材，如图2-41所示。

该面板中部分选项作用介绍如下：

● 仅拖动视频 ■：单击该按钮并将其拖曳至"时间轴"面板中的轨道中，可将所调整的素材片段的视频部分放置在"时间轴"面板中。

● 仅拖动音频 ■：单击该按钮并将其拖曳至"时间轴"面板中的轨道中，可将所调整的素材片段的音频部分放置在"时间轴"面板中。
- **插入** ：单击该按钮，当前选中的素材将插入至时间标记后原素材中间，如图2-42所示。
- **覆盖** ：单击该按钮，插入的素材将覆盖时间标记后原有的素材，如图2-43所示。

图 2-41 提取素材

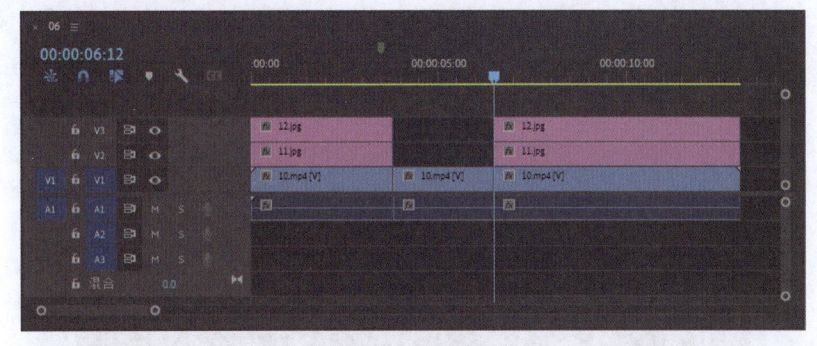

图 2-42 插入素材

图 2-43 覆盖素材

2. 在时间轴面板中编辑素材

在"时间轴"面板中，选中要编辑的素材并右击，在弹出的快捷菜单中选择相应的命令实现对素材的调整操作。常见编辑素材的操作方法介绍如下：

帧定格可以将素材片段中的某帧静止，该帧之后的帧均以静帧的方式显示。用户可以执行"帧定格选项"命令、"添加帧定格"命令或"插入帧定格分段"命令使帧定格。

- **帧定格选项**：该命令可以将整段视频以指定帧画面冻结。选中"时间轴"面板中要定格的素材并右击，在弹出的快捷菜单中执行"帧定格选项"命令，打开"帧定格选项"对话框，如图2-44所示。其中，"定格位置"复选框及下拉列表可以设置要定格的帧；"定格滤镜"复选框可以防止关键帧效果设置在剪辑持续时间内动画化，效果设置会使用位于定格帧的值。

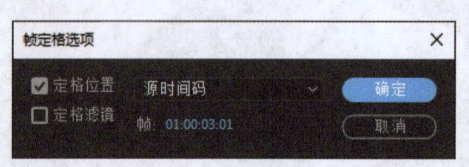

图 2-44 "帧定格选项"对话框

- **添加帧定格**：该命令可以冻结当前帧，类似于将其作为静止图像导入。在"时间轴"面板中选中要添加帧定格的素材片段，移动播放指示器至要冻结的帧，右击，在弹出的快捷菜单中执行"添加帧定格"命令即可。帧定格部分在名称或颜色上没有任何变化。

- **插入帧定格分段**：该命令可以在当前播放指示器位置将素材片段拆分，并插入一个2 s（默认时长）的冻结帧。在"时间轴"面板中选中要添加帧定格的素材片段，移动播放指示器至插入帧定格分段的帧，右击，在弹出的快捷菜单中执行"插入帧定格分段"命令即可，如图2-45所示。

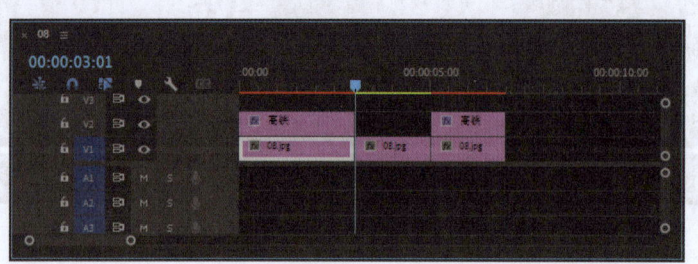

图 2-45 插入帧定格分段

帧混合适用于素材帧速率不同于序列帧速率时，为了匹配序列帧速率，一般会通过帧混合的方法混合素材上下帧生成新帧以填补空缺，从而使视频更加流畅。在"时间轴"面板中选中要添加帧混合的素材并右击，在弹出的快捷菜单中执行"时间插值"→"帧混合"命令即可。

在"时间轴"面板中，若想复制现有的素材，可以通过快捷键或相应的命令来实现。选中要复制的素材，按Ctrl+C组合键复制，移动播放指示器至要粘贴的位置，按Ctrl+V组合键粘贴即可。此时，播放指示器后面的素材将被覆盖，如图2-46、图2-47所示。

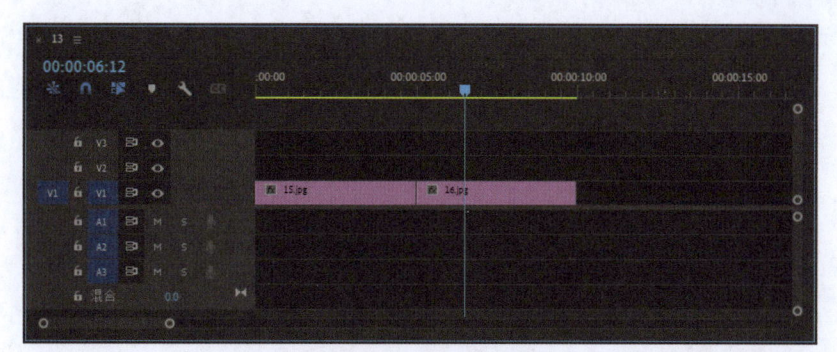

图 2-46　设置播放指示器位置

图 2-47　复制素材

"清除"命令或"波纹删除"命令均可以删除素材，这两种方式的区别如下：
- **"清除"命令**：该命令删除素材后，轨道中会留下该素材的空位。选中要删除的素材文件，执行"编辑"→"清除"命令或按Delete键，即可删除素材，如图2-48所示。
- **"波纹删除"命令**：该命令删除素材后，后面的素材会自动向前补位。选中要删除的素材文件，执行"编辑"→"波纹删除"命令或按Shift+Delete组合键，即可删除素材并使后一段素材自动前移，如图2-49所示。

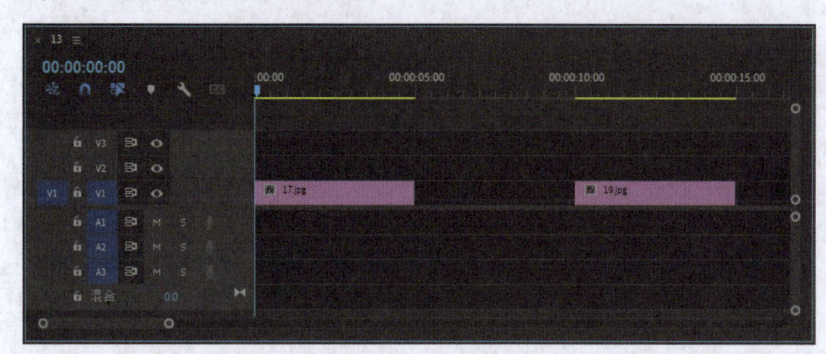

图 2-48　清除素材

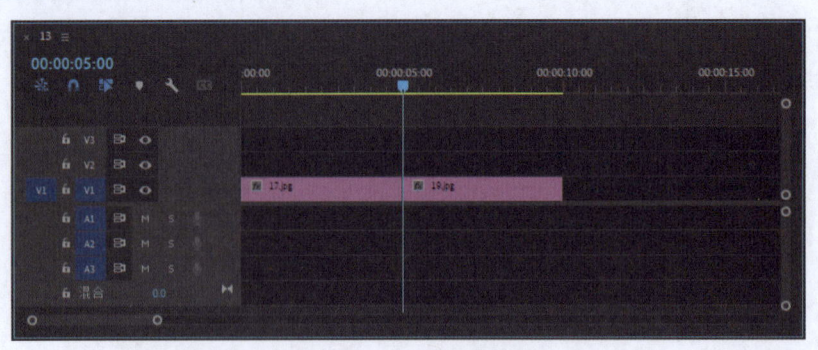

图 2-49　波纹删除素材

在"时间轴"面板中编辑素材时，部分素材带有音频信息，若想单独对音频信息或视频信息进行编辑，可以选择将其分离。分离后的音视频素材可以重新链接。选中要解除链接的音视频素材并右击，在弹出的快捷菜单中执行"取消链接"命令即可。

若想重新链接音视频素材，选中素材后右击，在弹出的快捷菜单中执行"链接"命令即可。

实例 创建帧定格

帧定格可以创建很多有趣的视频效果。下面介绍如何通过帧定格等操作制作定格拍照效果。

步骤 01　根据素材新建项目和序列，如图2-50所示。

图 2-50　根据素材新建项目和序列

步骤02 选择时间轴中的素材并右击,在弹出的快捷菜单中执行"取消链接"命令取消音视频链接,删除音频,如图2-51所示。

步骤03 移动播放指示器至00:00:04:00处,使用"剃刀工具"在播放指示器处单击,剪切素材并删除右半部分,效果如图2-52所示。

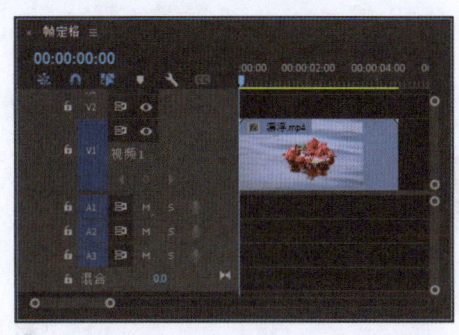

图 2-51 取消音视频链接并删除音频

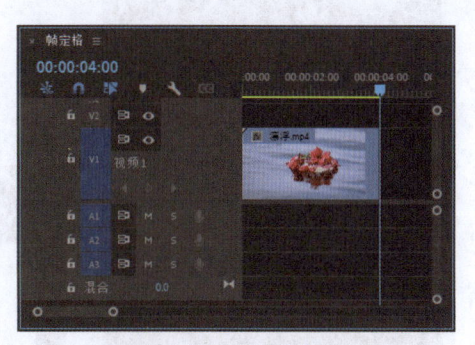

图 2-52 剪切并删除多余素材

步骤04 在"时间轴"面板中移动播放指示器至00:00:02:00处,右击,在弹出的快捷菜单中执行"添加帧定格"命令,将当前帧作为静止图像导入,效果如图2-53所示。

步骤05 选中V1轨道中的第2段素材,按住Alt键不放并向上拖动鼠标,即可复制该素材,如图2-54所示。

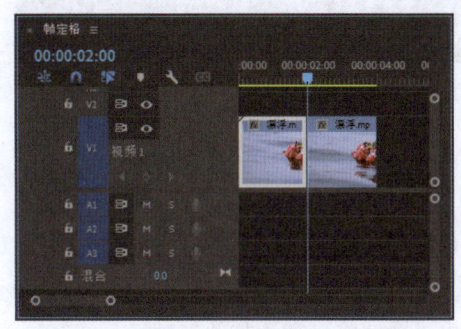

图 2-53 添加帧定格

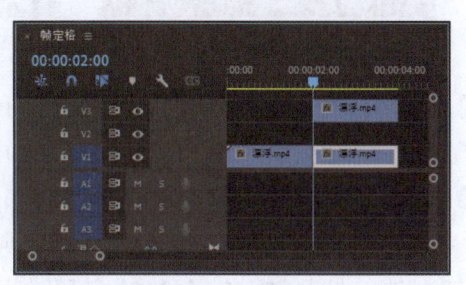

图 2-54 复制素材

步骤06 隐藏V3轨道素材,在"效果"面板中搜索"高斯模糊"视频效果,将其拖曳至V1轨道第2段素材上,在"效果控件"面板中设置"模糊度"为60,并选择"重复边缘像素"复选框,效果如图2-55所示。

图 2-55 设置"高斯模糊"效果

步骤 07 打开"基本图形"面板,在"编辑"选项卡中单击"新建图层"按钮,在弹出的快捷菜单中执行"矩形"命令,新建矩形图层,在"基本图形"面板中设置矩形参数,如图2-56所示。在"节目"监视器面板中设置缩放级别为25%,调整矩形大小略大于画面,如图2-57所示。

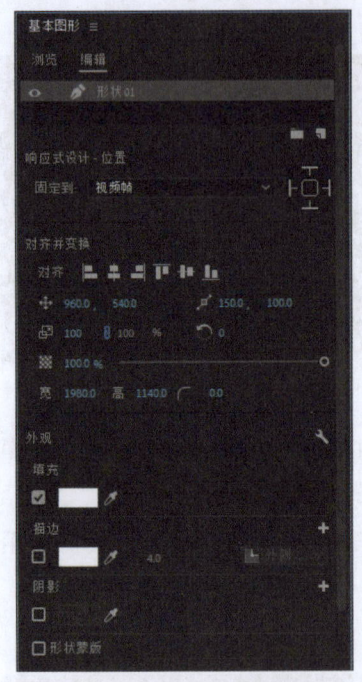

图 2-56 设置矩形参数　　　图 2-57 "矩形"效果

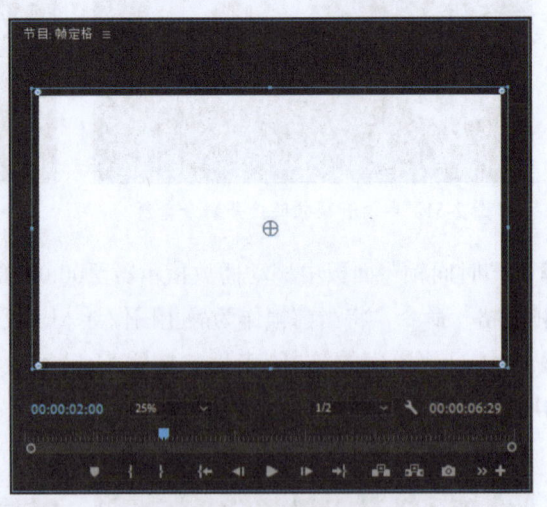

步骤 08 在"节目"监视器面板中设置缩放级别为适合,在"时间轴"面板中使用"选择工具"在V2轨道素材末端拖曳,调整其持续时间,如图2-58所示。

步骤 09 选中V2轨道素材,移动播放指示器至00:00:02:00处,在"效果控件"面板中单击"缩放"参数和"旋转"参数左侧的"切换动画"按钮,添加关键帧,移动播放指示器至00:00:02:15处,调整"缩放"参数和"旋转"参数,软件将自动添加关键帧,如图2-59所示。

图 2-58 调整素材持续时间　　　图 2-59 添加关键帧

步骤10 显示V3轨道素材并选中，移动播放指示器至00:00:02:00处，在"效果控件"面板中单击"缩放"参数和"旋转"参数左侧的"切换动画" 按钮，添加关键帧，移动播放指示器至00:00:02:15处，调整"缩放"参数和"旋转"参数，软件将自动添加关键帧，如图2-60所示。此时，"节目"监视器面板中的效果如图2-61所示。

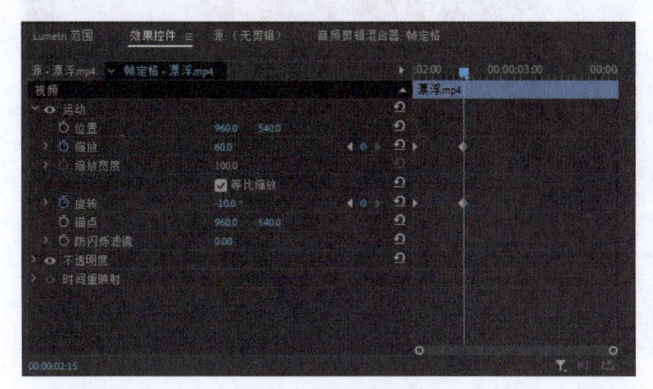

图 2-60　添加关键帧　　　　　　　　　图 2-61　"节目"监视器面板中的效果

步骤11 移动播放指示器至00:00:02:00处，导入音频素材，将其拖曳至A1轨道中，如图2-62所示。

步骤12 至此，完成帧定格的制作。移动播放指示器至初始位置，按Space键播放即可观看效果，如图2-63所示。

图 2-62　添加音频　　　　　　　　　　图 2-63　预览效果

2.4　字幕设计

在数字影音中，文本不仅是信息的载体，也是增强叙事性、情感和视觉效果的重要工具，可以显著提高数字影音的视觉效果。

2.4.1　创建文本

创建文本一般通过文本工具和"基本图形"面板两种常用方式实现。

"工具"面板中的"文字工具" 和"垂直文字工具" 可直接创建文本。选择任意文字工具，在"节目"监视器面板中单击输入文字即可。图2-64为使用"垂直文字工具" 创建并调整参数后的文字效果。输入文字后"时间轴"面板中将自动出现持续时间为5 s的文字素材，如图2-65所示。

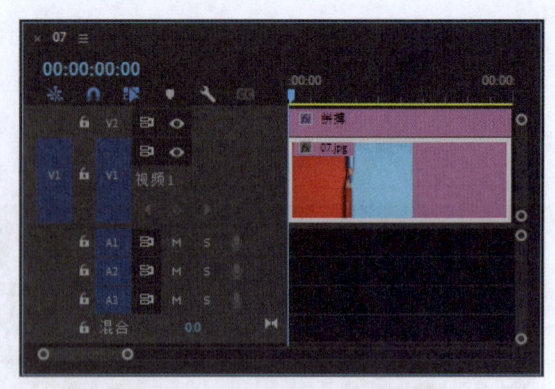

图 2-64　输入的文本　　　　　　　　　图 2-65　时间轴中的文本素材

> ❗ **提示**：选择文本工具后，在"节目"监视器面板中拖动鼠标绘制文本框，可创建区域文字，用户可以通过调整区域文本框的大小调整文字的可见内容，而不影响文字的大小。

"基本图形"面板支持创建文本、图形等内容。执行"窗口"→"基本图形"命令打开"基本图形"面板，选择"编辑"选项卡，单击"新建图层"按钮，在弹出的快捷菜单中执行"文本"命令或按Ctrl+T组合键，"节目"监视器面板中将出现默认的文字，双击文字可进入编辑模式对其内容进行更改，如图2-66所示。

选中文本素材，使用文字工具在"节目"监视器面板中输入文字，文本将和原文本在同一素材中，此时，"基本图形"面板中将新增一个文字图层，用户可以选择单个或多个文字图层进行操作，如图2-67所示。

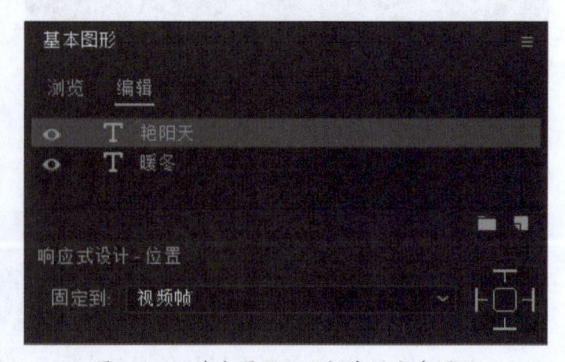

图 2-66　更改文本内容　　　　　　　　图 2-67　"基本图形"面板中的文字图层

■ 2.4.2　编辑和调整文本

根据不同的用途，在创建文本后，可以对其进行编辑美化，使其达到更佳的展示效果。下面对数字影音后期制作中文本的调整与编辑进行说明。

"效果控件"面板主要用于对"时间轴"面板中选中素材的各项参数进行设置，同理用户可以在该面板中对选中文本素材的参数进行设置。图2-68为选中文本素材时的"效果控件"面板。其中部分选项区域作用如下：

1. 源文本

选中"时间轴"面板中的文字素材,在"效果控件"面板中可以设置文字字体、字号、字间距、行距等基础属性。

2. 外观

"效果控件"面板中可以设置文本的外观属性,包括填充、描边、背景、阴影等。

3. 变换文本

选中文本素材,在"效果"面板"矢量运动"效果中可以对整体的位置、缩放等进行调整,若文本素材中存在多个文本或图形,可在相应文本或图形参数的"变换"参数中分别进行设置。

"基本图形"面板中的选项与"效果控件"面板基本一致,用户同样可以在该面板中对数字影音中的文字进行编辑美化。图2-69为"基本图形"面板。

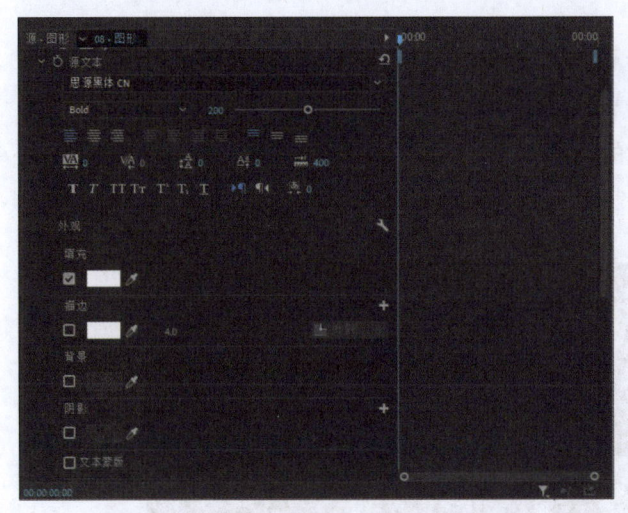

图 2-68　选中文本素材时的"效果控件"面板　　　图 2-69　"基本图形"面板

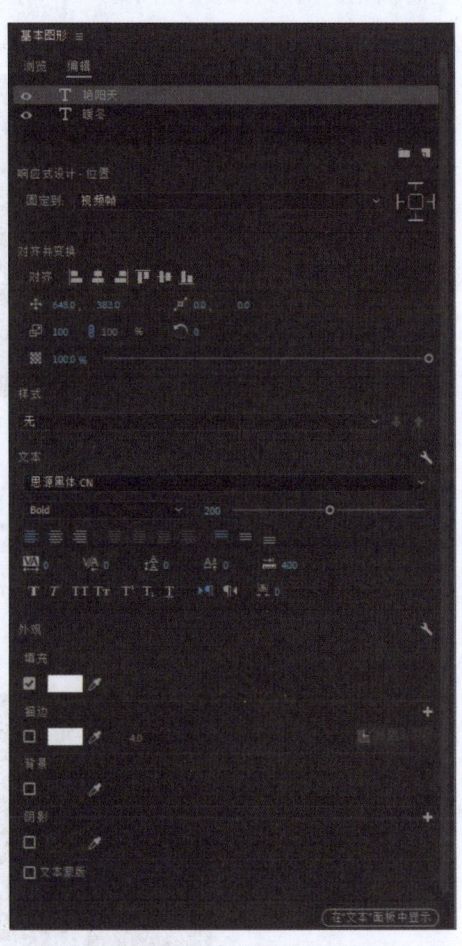

下面对"基本图形"面板与"效果控件"面板文本设置部分不同之处进行说明。

（1）对齐并变换

"基本图形"面板中支持设置选中的文字与画面对齐。其中,垂直居中对齐■按钮和水平居中对齐■按钮可设置选中文本与画面中心对齐,在仅选中一个文字图层的情况下,其余对齐按钮可设置选中文本与画面对齐；在选中多个文字图层的情况下，其余对齐按钮可设置选中文本对齐。

（2）响应式设计-位置

"响应式设计-位置"用于将当前图层响应至其他图层，随着其他图层变换而变换，可以使选中图层自动适应视频帧的变化。在文字图层下方新建矩形图层，选中矩形图层，将其固定到文字图层，如图2-70所示。更改文字时，"节目"监视器面板中的矩形也会随之变化。

（3）响应式设计-时间

"响应式设计-时间"基于图形，在未选中图层的情况下，将出现在"基本图形"面板底部，如图2-71所示。"响应式设计-时间"可以保留开场和结尾关键帧的图形片段，以保证在改变剪辑持续时间时，不影响开场和结尾片段。在修剪图形的出点和入点时，也会保护开场和结尾时间范围内的关键帧，同时对中间区域的关键帧进行拉伸或压缩，以适应改变后的持续时间。用户还可以通过选择"滚动"选项，用于制作滚动文字效果。

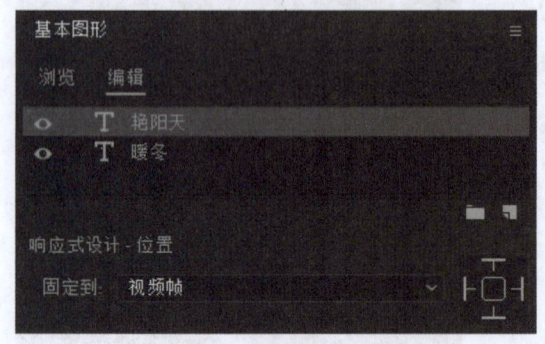

图 2-70　响应式设计 - 位置

图 2-71　响应式设计 - 时间

课堂演练：添加视频标志

本模块主要对文档的基础操作、素材的剪辑、数字影音的字幕设计等进行了详细介绍，下面综合应用本模块所学知识，制作为视频添加标志的效果。

步骤 01 基于素材新建项目和序列，如图2-72所示。

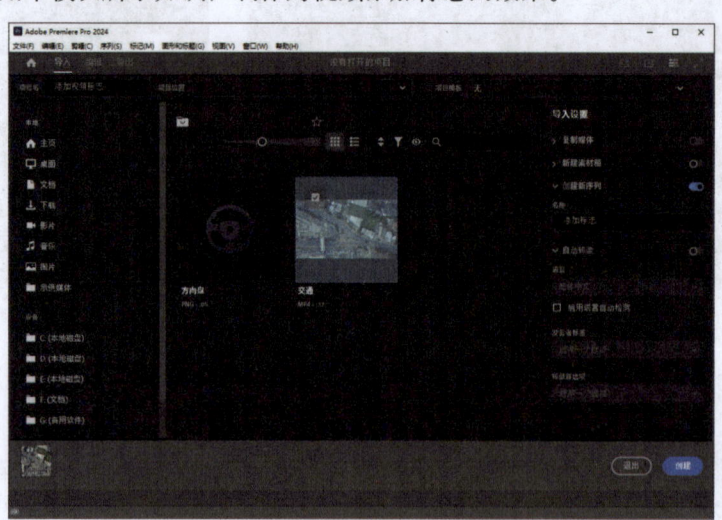

扫码观看视频

图 2-72　基于素材新建项目和序列

步骤02 按Ctrl+I组合键导入本模块图像素材，如图2-73所示。

步骤03 选中"时间轴"面板中的素材并右击，在弹出的快捷菜单中执行"取消链接"命令取消音视频链接，并删除音频，如图2-74所示。

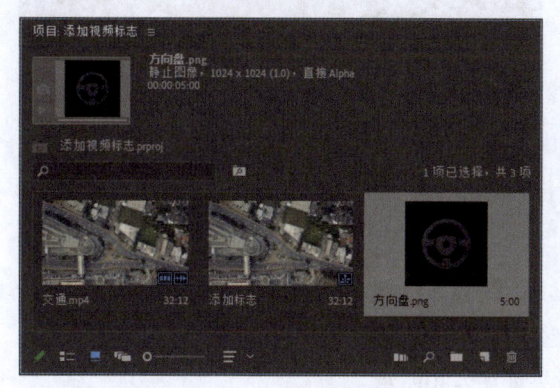

图 2-73 导入本模块图像素材

图 2-74 取消音视频链接并删除音频

步骤04 继续右击，在弹出的快捷菜单中执行"速度/持续时间"命令，打开"剪辑速度/持续时间"对话框，设置持续时间为10 s，如图2-75所示。完成后单击"确定"按钮。

步骤05 移动播放指示器至00:00:02:00处，使用文本工具在左上角单击输入文本"德胜交通"，在"基本图形"面板中设置文本颜色为白色，添加默认的阴影效果，设置文本参数如图2-76所示。预览文本效果如图2-77所示。

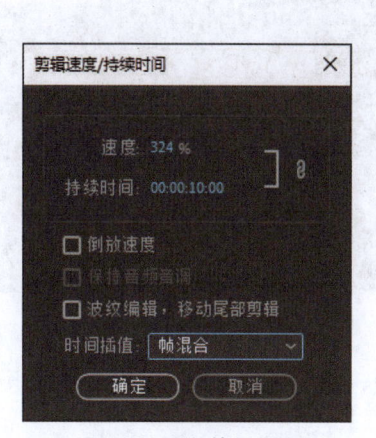

图 2-75 调整持续时间

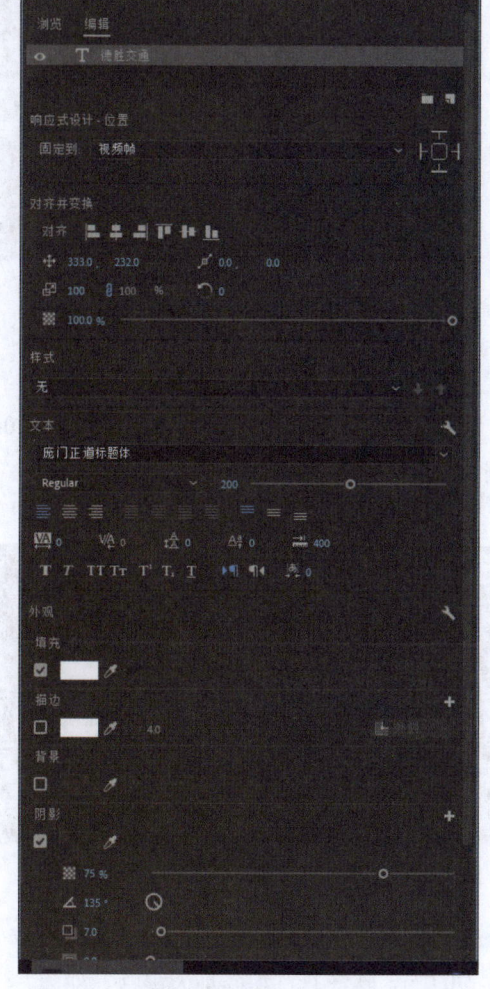

图 2-76 设置文本参数

步骤 06 将图像素材拖曳至"时间轴"面板V3轨道，大小调整合适，如图2-78所示。调整V2、V3轨道素材出点与V1轨道素材一致。

图 2-77 预览文本效果

图 2-78 添加图像素材

步骤 07 在"效果"面板中搜索"亮度曲线"视频效果，将其拖曳至V3轨道素材上，在"效果控件"面板中调整曲线，如图2-79所示。预览效果如图2-80所示。

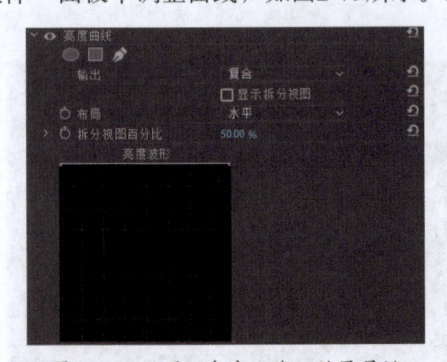

图 2-79 设置"亮度曲线"效果属性

图 2-80 预览效果

步骤 08 使用文本工具在画面中心单击输入文本，如图2-81所示。

步骤 09 选中输入的文本，调整其持续时间与V2轨道一致。在00:00:03:00处为"缩放"参数和"不透明度"参数添加关键帧，在00:00:02:00处更改这两个参数，软件将自动添加关键帧，如图2-82所示。

图 2-81 使用文本工具在画面中心单击输入文本

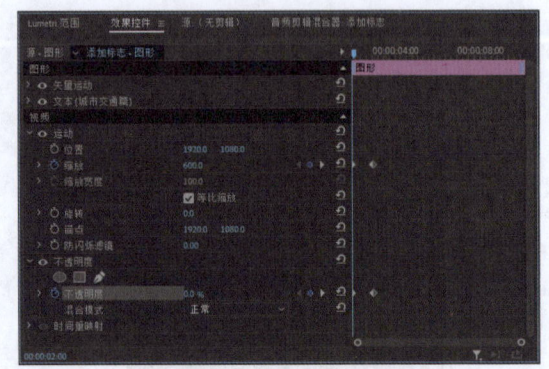

图 2-82 添加关键帧

步骤 10 在00:00:09:00处为"不透明度"参数添加关键帧，在00:00:10:00处设置"不透明度"参数为0.0%，软件将自动添加关键帧，如图2-83所示。

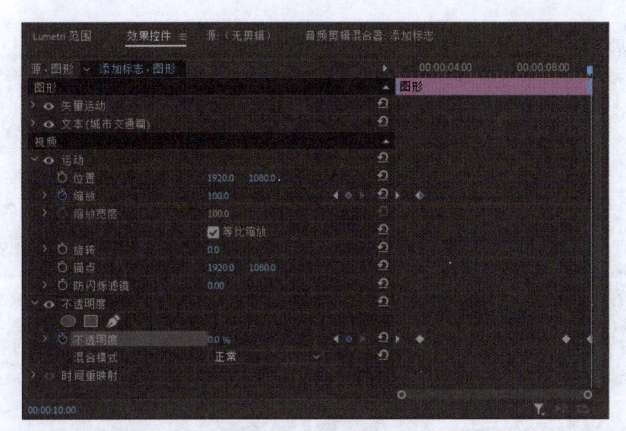

图 2-83　添加关键帧

步骤11 选中添加的关键帧并右击，在弹出的快捷菜单中执行"缓入"命令和"缓出"命令，设置平滑运动效果，如图2-84所示。

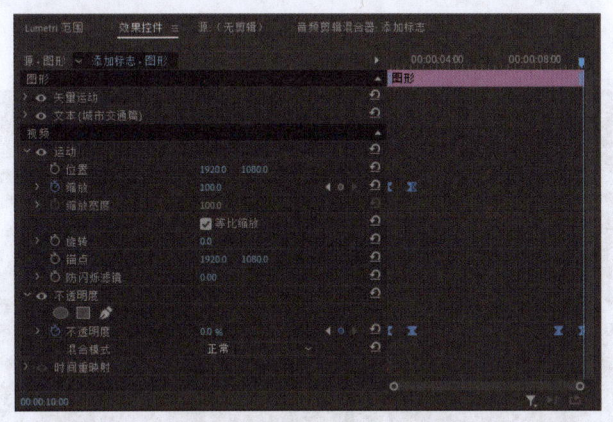

图 2-84　设置平滑运动效果

步骤12 选中V2和V3轨道素材并右击，在弹出的快捷菜单中执行"嵌套"命令将其嵌套为"标志"，并设置"不透明度"制作渐现和渐隐效果，如图2-85所示。将V4轨道素材移动至V3轨道。

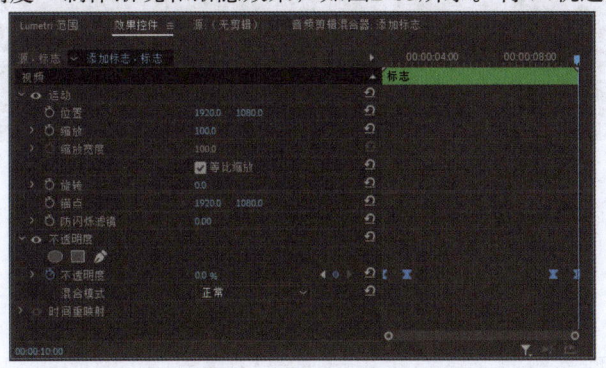

图 2-85　嵌套素材并添加关键帧

步骤13 按Enter键渲染预览，预览效果如图2-86所示。

步骤14 执行"文件"→"导出"→"媒体"命令打开"导出"面板，设置格式为"H.264"，将"视频"选项卡中的"比特率编码"设置为"VBR，2次"，如图2-87所示。单击"导出"按钮，导出视频。

图 2-86 预览效果

图 2-87 导出视频

至此，完成为视频添加定位并输出的操作。

> **拓展阅读**
>
> **蒙太奇中的真相守护——剪辑师的职业伦理思考**
>
> 爱森斯坦在其经典作品《战舰波将金号》中开创的蒙太奇手法，曾因其选择性剪辑的方式引发了历史争议。2022 年，某自媒体通过拼接视频片段制造虚假舆情，最终被网信办依据《网络音视频信息服务管理规定》处罚。相比之下，《中国》纪录片团队为了还原孔子周游列国的场景，阅了 87 部典籍以考证服饰等细节，并对每个剪辑点都详细标注史料来源。这启示我们：剪辑不仅是技术操作，更肩负着信息传播的责任，我们须以"敬惜字画"的态度对待每一帧画面，确保所传递的信息准确无误。如此，才能在数字时代中保持专业性和责任感。

模块 3

视频效果和过渡效果

内容概要

合理使用视频效果和过渡效果可以显著提升视频质量，增强视频的视觉效果。作为一款专业的视频编辑软件，Premiere内置了多种不同风格的视频效果和过渡效果，以满足用户的创作需求和个性化表达。本模块对常用的视频效果和过渡效果进行介绍。

数字资源

【本模块素材】:"素材文件\模块3"目录下

【本模块课堂演练最终文件】:"素材文件\模块3\课堂演练"目录下

3.1 认识视频效果和视频过渡效果

Premiere提供了丰富的视频效果和过渡选项，帮助用户创作出多种风格的视频作品。下面对视频效果和过渡效果进行介绍。

■ 3.1.1 视频效果类型

Premiere软件中包括多种视频效果组，如图3-1所示。每个效果组中又包含多种效果，图3-2为风格化效果组中的效果。用户可以自由组合这些效果，提升视频的整体质量。

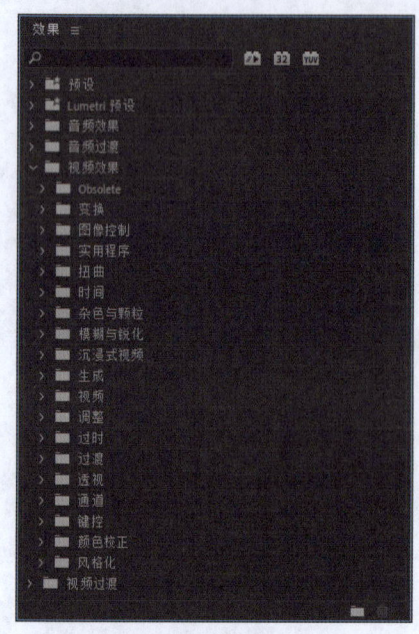

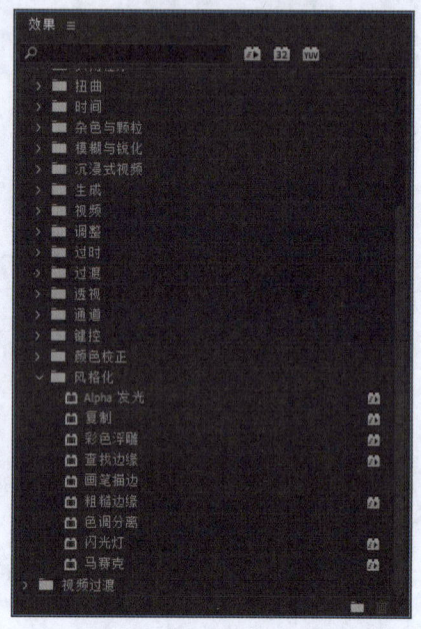

图 3-1　视频效果组　　　　　　图 3-2　风格化效果组

部分常用视频效果简单介绍如下：

- **变换**：使素材产生变换效果，如垂直翻转、水平翻转、羽化边缘、裁剪等。这些功能非常基础，但却是视频编辑中最常用和最重要的操作之一。
- **实用程序**：仅"Cineon转换器"一种效果，可用于增强素材的明暗及对比度。
- **扭曲**：变形视频图像，创造独特视觉风格。
- **时间**：包括与时间相关的特效，可用于改变图像的帧速度、制作残影效果等。
- **杂色与颗粒**：添加噪点、颗粒感等效果，模拟旧电影效果，增加视觉纹理和质感。
- **模糊与锐化**：调整图像清晰度，包括增加模糊感或提高细节锐化。
- **生成**：创建渐变、光晕等特殊的画面效果，以增强视觉表现力。
- **调整**：优化视频画面质量和色彩表达。
- **过渡**：提供应用于剪辑自身的过渡变化。
- **透视**：模拟三维空间中的视角变换，增加视频的深度和动态感。
- **风格化**：赋予视频独特视觉风格，增强创意表达和视觉吸引力。

在实际应用中，不仅可以使用系统内置的效果，还可以添加外挂效果。系统内置效果即软件自带的视频效果，打开软件便可应用。外挂视频效果为第三方提供的插件特效，一般需要自行安装才可使用。

3.1.2 添加和编辑视频效果

视频效果的添加有多种方式，用户可以直接将"效果"面板中的视频效果拖曳至"时间轴"面板中的素材上；也可以选中"时间轴"面板中的素材后，在"效果"面板中双击要添加的视频效果进行添加。

添加视频效果后，选中添加视频效果的素材，"效果控件"面板中将出现对应的属性，图3-3为添加"旋转扭曲"视频效果的"效果控件"面板。从中设置参数，"节目"监视器面板中将呈现相应的效果，如图3-4所示。单击效果名称左侧的"切换效果开关" fx 按钮，将隐藏效果。

图 3-3　添加"旋转扭曲"视频效果的"效果控件"面板　　　　图 3-4　"旋转扭曲"效果

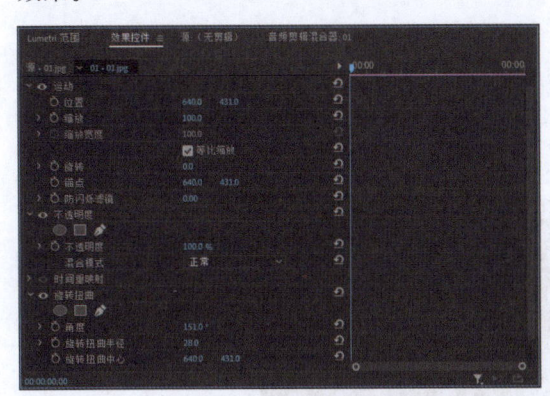

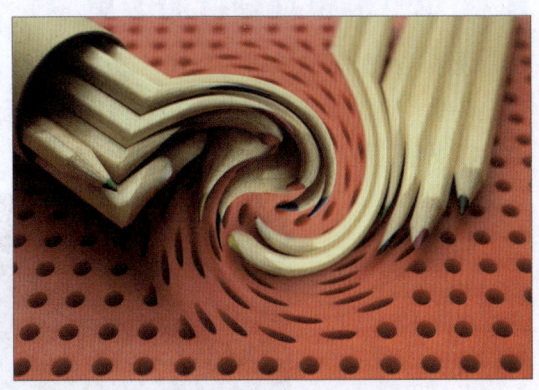

选中"效果控件"面板中添加的视频效果，按Ctrl+C组合键复制，按Ctrl+V组合键粘贴将复制视频效果，用户可以通过这一操作，在不同素材上复制粘贴效果。

3.1.3 添加视频过渡效果

视频过渡又称转场，是指在素材之间应用的切换特效，它能够实现从一个场景平滑过渡至另一个场景的效果，保证了视频的流畅度和完整性。Premiere软件中预设了多种常用的视频过渡效果，这些过渡效果的添加与编辑过程基本一致。

在"效果"面板中找到要应用的视频过渡效果后，将其拖曳至"时间轴"面板中的素材入点或出点处即可。图3-5为"随机块"视频过渡的效果。

若想快速为多个素材添加相同的视频过渡效果，可以将该效果设置为默认过渡。选中"效果"面板中的任一视频过渡效果并右击，在弹出的快捷菜单中执行"将所选过渡设置为默认过渡"命令，将其设置为默认过渡，然后选中"时间轴"面板中要添加默认过渡的素材，执行"序列"→"应用默认过渡到选择项"命令或按Shift+D组合键即可。

图 3-5 "随机块"视频过渡效果

■3.1.4 编辑视频过渡效果

视频过渡效果的编辑同样在"效果控件"面板中进行。选中"时间轴"面板中添加的视频过渡效果，在"效果控件"面板中可以对其持续时间、对齐位置等进行设置。图3-6为"带状擦除"视频过渡效果的属性参数。

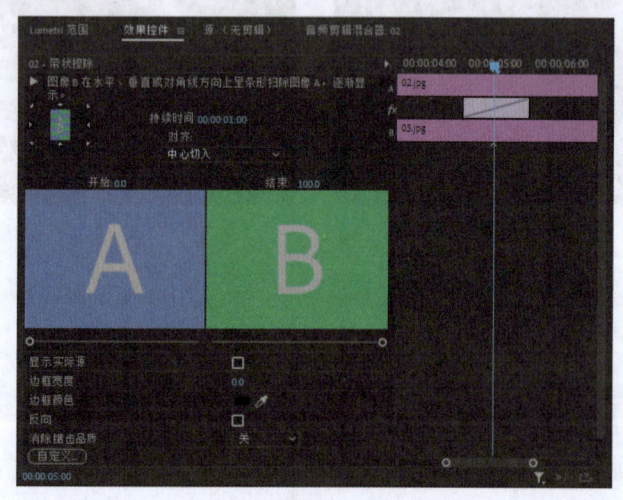

图 3-6 "带状擦除"视频过渡效果的属性参数

其中部分选项功能介绍如下：
- **持续时间**：用于设置视频过渡效果的持续时间，时间越长，变化速度越慢。用户也可以使用选择工具在"时间轴"面板中直接拖曳调整视频过渡的持续时间。
- **过渡预览**：单击"效果控件"面板中的"播放过渡"▶按钮，将在此处播放预览过渡效果。
- **边缘选择器**：位于过渡预览周围，单击其箭头，可以更改过渡的方向或指向。
- **对齐**：用于设置视频过渡效果与相邻素材片段的对齐方式，包括中心切入、起点切入、终点切入和自定义起点4种选项。

- **开始**：用于设置视频过渡开始时的效果，默认数值为0，表示将从整个视频过渡过程的开始位置进行过渡；若将该参数数值设置为10，则从整个视频过渡效果的10%位置开始过渡。
- **结束**：用于设置视频过渡结束时的效果，默认数值为100，该数值表示将在整个视频过渡过程的结束位置完成过渡；若将该参数数值设置为90，则表示视频过渡特效结束时，视频过渡特效只是完成了整个视频过渡的90%。
- **显示实际源**：选择该复选框，可在"效果控件"面板中的预览区域中显示剪辑的起始帧和结束帧。
- **边框宽度**：用于设置视频过渡过程中形成的边框的宽度。
- **边框颜色**：用于设置视频过渡过程中形成的边框的颜色。
- **反向**：选择该复选框，将反向视频过渡的效果。
- **自定义**：单击该按钮，将打开该视频过渡效果的设置对话框，如图3-7所示。从中可以设置视频过渡效果的一些自定义属性。

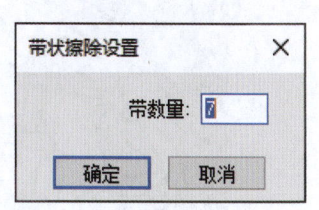

图3-7 "带状擦除设置"对话框

不同的视频过渡效果在"效果控件"面板中的选项也略有不同，在使用时根据实际参数设置即可。

> **提示**：有一些过渡位于中心位置，如"圆划像"视频过渡，当过渡具有可以重新定位的中心时，在"效果控件"面板的A预览区域中，可以拖动小圆形◎来调整过渡中心的位置。

实例 制作视频切换效果

应用视频效果和视频过渡效果可以制作很多有趣的视频效果，下面介绍如何通过"油漆飞溅"视频过渡效果切换视频。

步骤01 基于素材新建项目和序列，如图3-8所示。

步骤02 选中"时间轴"面板中的素材，按住Alt键向右拖曳进行复制，如图3-9所示。

图3-8 基于素材新建项目和序列　　　　图3-9 复制素材

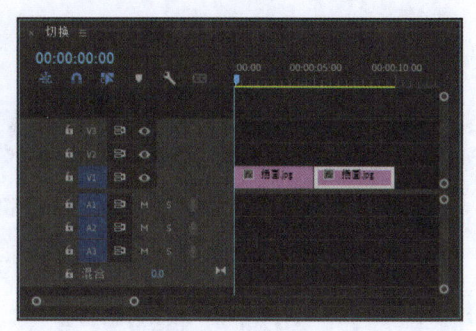

步骤 03 在"效果"面板中搜索"查找边缘"效果和"色彩"效果,将其分别拖曳至V1轨道第1段素材上,效果如图3-10所示。

步骤 04 在"效果"面板中搜索"油漆飞溅"视频过渡效果,将其拖曳至2段素材相交处,并在"效果控件"面板中设置参数,如图3-11所示。

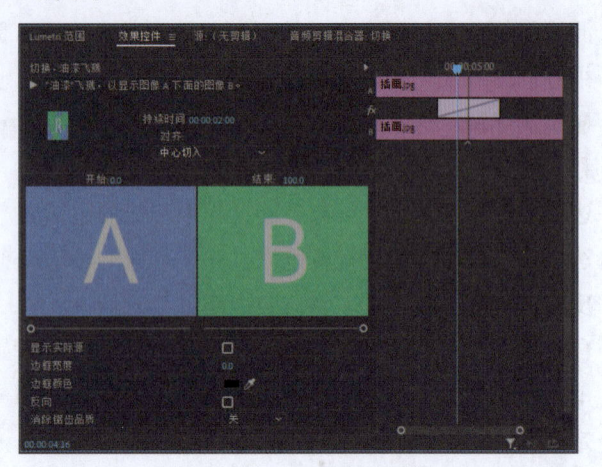

图 3-10 添加效果　　　　　　　　图 3-11 设置视频过渡参数

步骤 05 按Enter键渲染预览,渲染预览效果如图3-12所示。

图 3-12 渲染预览效果

至此,完成视频切换效果的制作。

3.2 视频效果的应用

视频效果是实现创意视频效果的关键,可以帮助制作者修正画面、校正颜色等,从而使视频更具吸引力和专业性。下面对常用的视频效果进行介绍。

■3.2.1 变换类视频效果

"变换"视频效果组中包括"垂直翻转""水平翻转""羽化边缘""自动重构"和"裁剪"

5种效果。这些效果可以变换素材，使其产生翻转、羽化等变化。

1. 垂直翻转

"垂直翻转"效果可以在垂直方向上翻转素材。图3-13、图3-14为垂直翻转前后效果。

图 3-13　原图像　　　　　　　　　图 3-14　"垂直翻转"效果

"水平翻转"视频效果与"垂直翻转"视频效果类似，只是翻转方向变为水平。

2. 羽化边缘

"羽化边缘"效果可以虚化素材边缘。添加该效果并调整参数后，效果如图3-15所示。

3. 裁剪

"裁剪"效果可以从画面的四个方向向内剪切素材，使其仅保留中心部分内容。图3-16为其属性参数。

图 3-15　"羽化边缘"效果　　　　　图 3-16　"裁剪"效果属性参数

"裁剪"效果各属性功能介绍如下：

- **左侧/顶部/右侧/底部**：用于设置各方向裁剪量，数值越大裁剪量越多。
- **缩放**：选择该复选框，将缩放裁剪后的素材，使其满画面显示。
- **羽化边缘**：用于设置裁剪后的边缘羽化程度。

4. 自动重构

"自动重构"效果可以智能识别视频中的动作，并针对不同的长宽比重构剪辑，该效果多用于序列设置与素材不匹配的情况。图3-17为该效果的属性参数。添加"自动重构"效果前后效果如图3-18所示。

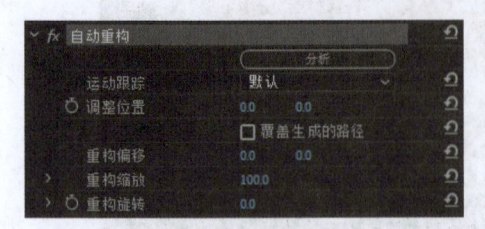

图 3-17 "自动重构"效果属性参数　　　　图 3-18 "自动重构"效果

> **提示**：自动重构后，若对其效果不满意，还可在"效果控件"面板中进行调整。

实例 将横屏视频转换为竖屏

自动重构效果可以轻松地将横屏视频转换为竖屏，以适应不同的发布平台。下面介绍如何将横屏视频转换为竖屏。

步骤 01 根据视频素材新建项目和序列，如图3-19所示。

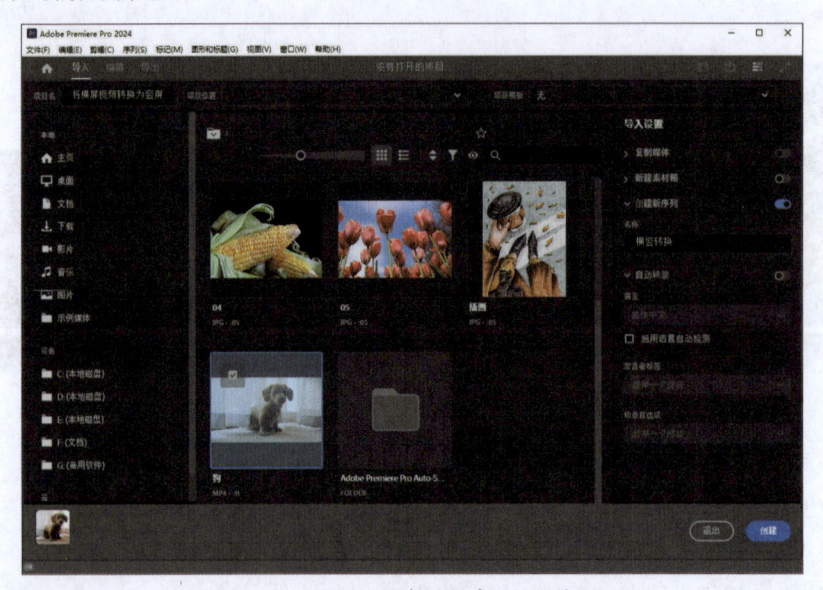

图 3-19　根据视频素材新建项目和序列

步骤 02 在"项目"面板空白处右击，在弹出的快捷菜单中执行"新建项目"→"序列"命令，打开"新建序列"对话框，选择"设置"选项卡设置参数，如图3-20所示。

步骤 03 完成后单击"确定"按钮新建序列，如图3-21所示。

步骤 04 将视频素材拖曳至V1轨道中，添加素材如图3-22所示。

· 54 ·

模块3 视频效果和过渡效果

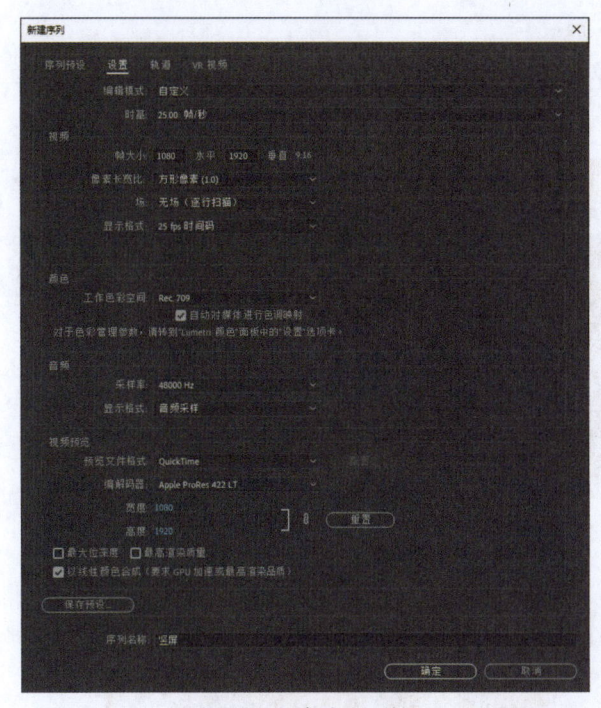

图 3-20 新建并设置序列

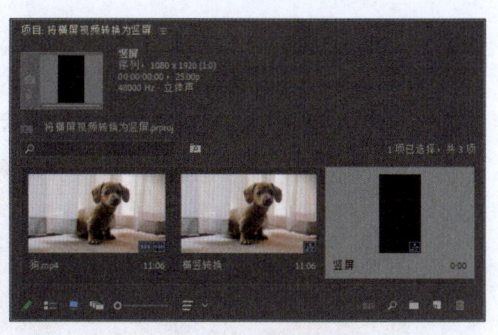

图 3-21 新建的序列

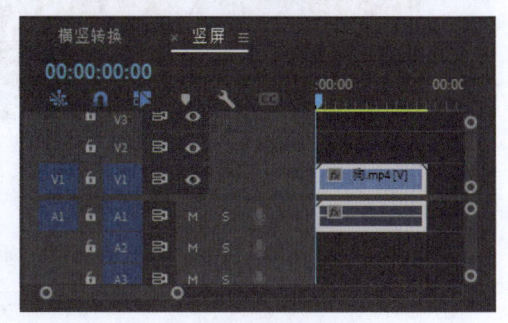

图 3-22 添加素材

步骤05 此时,"节目"监视器面板中的效果如图3-23所示。

步骤06 在"效果"面板中搜索"自动重构"效果,将其拖曳至V1轨道素材上,软件将自动重构素材。按Enter键渲染预览,"自动重构"效果如图3-24所示。

图 3-23 "节目"监视器面板中的效果

图 3-24 "自动重构"效果

至此,完成横屏视频转竖屏视频的制作。

■3.2.2 扭曲类视频效果

"扭曲"视频效果组中包括"镜头扭曲""偏移"等12种效果。这些效果可以扭曲变形素材。下面对常用的扭曲类视频效果进行介绍。

· 55 ·

1. 镜头扭曲

"镜头扭曲"视频效果可以使素材在水平和垂直方向上发生镜头畸变。添加该效果并调整参数，前后效果对比如图3-25、图3-26所示。

图 3-25　原图像　　　　　　　　图 3-26　"镜头扭曲"效果

2. 偏移

"偏移"视频效果可以使素材在水平或垂直方向上产生位移。图3-27为"偏移"效果属性参数。添加该效果并调整参数后，效果如图3-28所示。

图 3-27　"偏移"效果属性参数　　　　图 3-28　"偏移"效果

"偏移"效果各属性功能介绍如下：

- **将中心移位至**：画面中心偏移位置。
- **与原始图像混合**：将偏移后的图像与原始图像混合的程度。

3. 变换

"变换"效果类似于素材的固有属性，可以设置素材的位置、大小、角度、不透明度等参数。

4. 放大

"放大"效果可以模拟放大镜效果放大素材局部。添加该效果并调整参数后，效果如图3-29所示。

5. 旋转扭曲

"旋转扭曲"效果可以使对象围绕设置的旋转中心发生旋转变形的效果。添加该效果并调整参数后，效果如图3-30所示。

图 3-29 "放大"效果　　　　　图 3-30 "旋转扭曲"效果

6. 波形变形

"波形变形"视频效果可以模拟出波纹扭曲的动态效果。添加该效果并调整参数后，效果如图3-31所示。

7. 湍流置换

"湍流置换"效果可以使素材在多个方向上发生扭曲变形。添加该效果并调整参数后，效果如图3-32所示。

图 3-31 "波形变形"效果　　　　　图 3-32 "湍流置换"效果

8. 边角定位

"边角定位"效果可以自定义图像的四个边角位置。添加该效果后在"效果控件"面板中设置4个边角坐标即可。图3-33为添加"边角定位"效果并调整参数后的效果。

9. 镜像

"镜像"效果可根据反射中心和反射角度对称翻转素材，使其产生镜像效果，如图3-34所示。

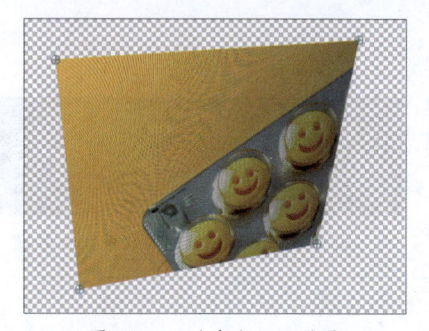

图 3-33 "边角定位"效果　　　　　图 3-34 "镜像"效果

3.2.3 模糊与锐化类视频效果

"模糊与锐化"视频效果组中包括"相机模糊""方向模糊""锐化"等6种效果。这些效果可以通过调节素材图像间的差异，模糊图像使其更加柔化，或锐化图像使纹理增加而变得清晰。下面对其中的常用效果进行介绍。

1. 相机模糊

"相机模糊"效果可以模拟离开相机焦点范围的图像模糊的效果。添加该效果并调整参数，前后效果对比如图3-35、图3-36所示。用户还可以在"效果控件"面板中设置模糊量自定义模糊效果。

图 3-35　原图像　　　　　　　　图 3-36　"相机模糊"效果

2. 方向模糊

"方向模糊"效果可以制作出指定方向上模糊的效果。添加该效果并调整参数后，效果如图3-37所示。

3. 锐化

"锐化"效果通过提高素材画面中相邻像素的对比程度，清晰锐化素材图像。

4. 高斯模糊

"高斯模糊"效果可以降低图像细节、柔化素材对象，是一种较为常用的模糊效果。添加该效果后，在"效果控件"面板中可以设置模糊是水平、垂直还是两者兼有，如图3-38所示。

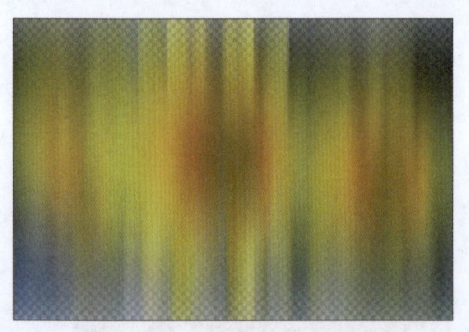

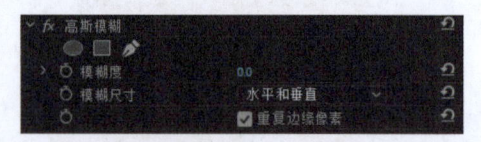

图 3-37　"方向模糊"效果　　　　　图 3-38　"高斯模糊"效果属性参数

> 提示：选择"重复边缘像素"复选框，可以避免素材边缘缺失。

■3.2.4 生成类视频效果

"生成"视频效果组中包括"四色渐变""渐变""镜头光晕"和"闪电"4种效果。这些效果可以生成一些特殊效果,丰富影片画面内容。

1. 四色渐变

"四色渐变"效果可以用4种颜色的渐变覆盖整个画面,用户可以在"效果控件"面板中设置4个颜色点的坐标、颜色、混合等参数。添加该效果并调整参数,前后效果对比如图3-39、图3-40所示。

图 3-39　原图像　　　　　　　　　　图 3-40　"四色渐变"效果

2. 渐变

"渐变"效果可以在素材画面中添加双色渐变效果。

3. 镜头光晕

"镜头光晕"效果可以模拟制作出镜头拍摄的强光折射效果。添加该效果后,可以即时在"节目"监视器面板查看效果,如图3-41所示。若对默认效果不满意,还可以在"效果控件"面板中进行调整。

4. 闪电

"闪电"效果可以模拟制作出闪电的效果。添加该效果后,可以即时在"节目"监视器面板查看效果,如图3-42所示。若对默认效果不满意,还可以在"效果控件"面板中进行调整。

图 3-41　"镜头光晕"效果　　　　　　图 3-42　"闪电"效果

3.2.5 过渡类视频效果

"过渡"视频效果组中包括"块溶解""渐变擦除"和"线性擦除"3种效果,这些效果可以结合关键帧制作过渡效果。

1. 块溶解

"块溶解"效果可以使素材在随机块中消失。添加该效果后,在"效果控件"面板中设置块的高度和宽度等参数,然后调整过渡完成参数,将看到过渡效果,如图3-43所示。

图3-43 "块溶解"过渡效果

2. 渐变擦除

"渐变擦除"效果可以基于设置另一视频轨道中的像素的明亮度使素材消失。添加该效果后,在"效果控件"面板中设置渐变图层等参数,然后调整过渡完成参数,将看到过渡效果,如图3-44所示。

图3-44 "渐变擦除"过渡效果

3. 线性擦除

"线性擦除"效果可以沿指定的方向擦除当前素材。添加该效果后,在"效果控件"面板中设置擦除角度等参数,然后调整过渡完成参数,将看到过渡效果,如图3-45所示。

图3-45 "线性擦除"过渡效果

■3.2.6 透视类视频效果

"透视"视频效果组中包括"基本3D"和"投影"两种效果。这些效果可以制作空间透视效果。

1. 基本3D

"基本3D"效果可以模拟平面图像在3D空间中运动的效果,用户可以围绕水平、垂直轴旋转或移动素材。添加该效果并调整参数,前后效果对比如图3-46、图3-47所示。

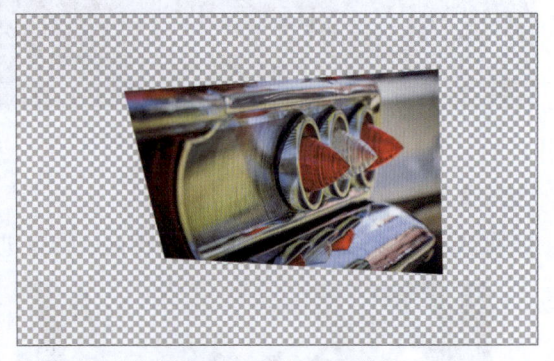

图3-46 原图像　　　　　　　　图3-47 "基本3D"效果

2. 投影

"投影"效果可以添加出现在素材后的阴影,其形状取决于素材的Alpha通道。添加该效果后,在"效果控件"面板中可以对投影的颜色、不透明度等进行设置,如图3-48所示。添加"投影"效果并设置参数后的效果如图3-49所示。

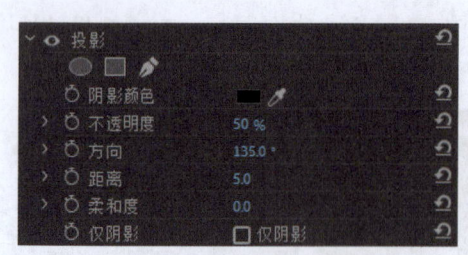

图 3-48 "投影"效果属性参数 图 3-49 "投影"效果

实例 制作清透划影效果

在学习常用视频效果之前，可以跟随以下步骤了解并熟悉使用"轨道遮罩键"视频效果和"投影"视频效果制作清透划影效果。

步骤 01 基于本模块视频素材新建项目和序列，如图3-50所示。

步骤 02 选中V1轨道中的素材，调整其持续时间为10 s，在"效果"面板中搜索"色阶"效果，将其拖曳至V1轨道素材上，在"效果控件"面板中设置参数，如图3-51所示。

图 3-50 新建的项目和序列 图 3-51 在"效果控件"面板中设置参数

步骤 03 预览效果如图3-52所示。

步骤 04 选中V1轨道素材，按住Alt键向上拖曳进行复制，复制素材如图3-53所示。

图 3-52 预览效果 图 3-53 复制素材

步骤 05 移动播放指示器至00:00:00:00处,设置缩放级别,使用矩形工具在"节目"监视器面板中绘制一个矩形,并旋转调整,效果如图3-54所示。此时,V3轨道自动出现矩形素材,调整矩形素材持续时间与V1、V2轨道素材一致。

步骤 06 设置缩放级别为"适合",在"效果"面板中搜索"轨道遮罩键"视频效果,将其拖曳至V2轨道素材上,在"效果控件"面板中设置"缩放"参数为120.0%,"遮罩"为轨道3,预览效果如图3-55所示。

图 3-54 绘制矩形

图 3-55 预览效果

步骤 07 在"效果"面板中搜索"投影"效果,将其拖曳至V2轨道素材上,在"效果控件"面板中设置参数,如图3-56所示。预览效果如图3-57所示。

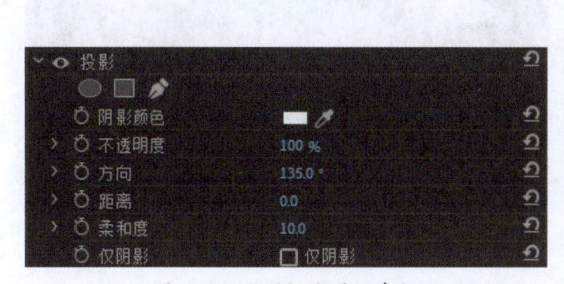

图 3-56 设置投影属性参数

图 3-57 预览效果

步骤 08 再次将"投影"效果拖曳至V2轨道素材上,在"效果控件"面板中设置参数,如图3-58所示。预览效果如图3-59所示。

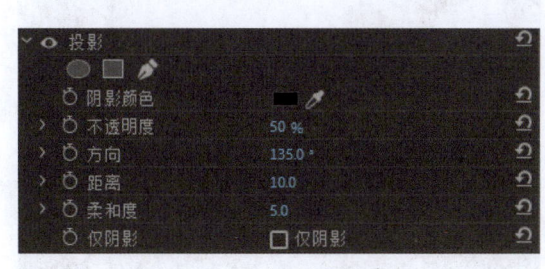

图 3-58 设置投影属性参数

图 3-59 预览效果

步骤09 在"效果"面板中搜索"颜色平衡（HLS）"视频效果并将其拖曳至V2轨道素材上，在"效果控件"面板中设置参数，如图3-60所示。预览效果如图3-61所示。

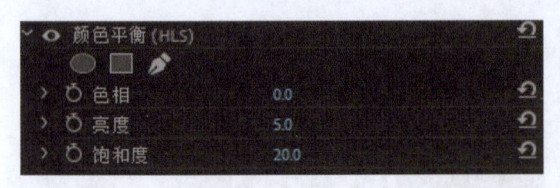

图 3-60 设置颜色平衡（HLS）属性参数

图 3-61 预览效果

步骤10 在"效果"面板中搜索"变换"视频效果并将其拖曳至V3轨道素材上，移动播放指示器至00:00:00:00，在"效果控件"面板中单击"变换"效果中"位置"参数左侧的"切换动画"按钮添加关键帧，调整数值使矩形完全向左移出画面，如图3-62所示。

步骤11 移动播放指示器至00:00:03:00处，调整"位置"参数，效果如图3-63所示。软件将自动添加关键帧。

图 3-62 将矩形左移出画面

图 3-63 调整"位置"参数后的效果

步骤12 移动播放指示器至00:00:04:00处，调整"位置"参数，效果如图3-64所示。软件将自动添加关键帧。

步骤13 移动播放指示器至00:00:08:00处，调整"位置"参数将矩形完全向右移出画面，如图3-65所示。软件将自动添加关键帧。

图 3-64 调整矩形位置

图 3-65 将矩形右移出画面

步骤 14 选中所有关键帧并右击，在弹出的快捷菜单中执行"临时插值"→"缓入"和"临时插值"→"缓出"命令，使运动更加平滑，如图3-66所示。

步骤 15 展开"效果控件"面板中的位置属性，调整速率曲线，如图3-67所示。

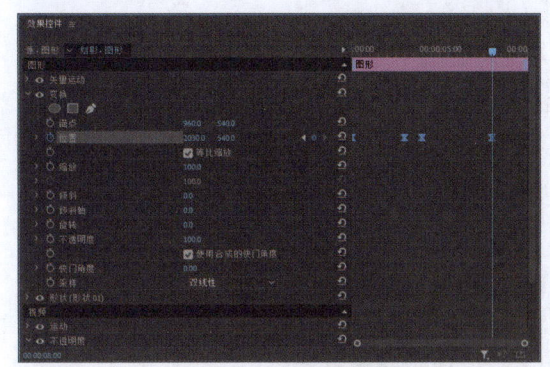

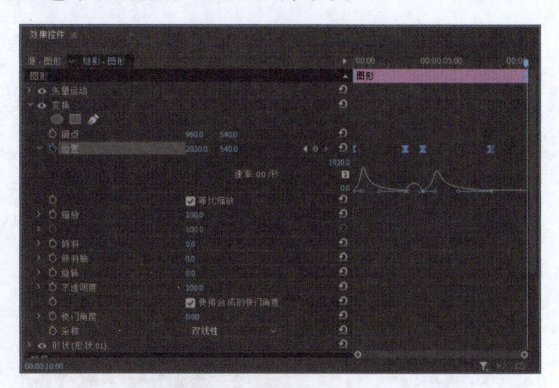

图 3-66 设置关键帧插值

图 3-67 调整速率曲线

步骤 16 按Enter键渲染预览，如图3-68所示。至此，完成清透划影效果的制作。

图 3-68 预览效果

3.2.7 风格化类视频效果

"风格化"视频效果组中包括"Alpha发光""复制""查找边缘"等9种效果。这些效果可以制作艺术化效果，使素材图像产生独特的艺术风格。下面将对其中的常用效果进行介绍。

1. Alpha发光

"Alpha发光"效果可以在蒙版Alpha通道的边缘添加单色或双色过渡的发光效果。添加该效果并调整参数，前后效果对比如图3-69、图3-70所示。

图 3-69 原图像

图 3-70 "Alpha发光"效果

2. 复制

"复制"效果可以将屏幕分成多个拼贴并在每个拼贴中显示整个图像。为图像添加该效果并调整后效果如图3-71所示。

3. 彩色浮雕

"彩色浮雕"效果可以锐化图像中对象的边缘制作出浮雕的效果。添加该效果并调整参数后，效果如图3-72所示。

图 3-71 "复制"效果

图 3-72 "彩色浮雕"效果

4. 查找边缘

"查找边缘"效果可以识别素材图像中有明显过渡的图像区域并突出边缘，制作线条图效果。添加该效果后即可在"节目"监视器面板中查看效果，如图3-73所示。选择"效果控件"面板中的"反转"复选框将反转效果，如图3-74所示。

图 3-73 "查找边缘"效果

图 3-74 反转查找边缘效果

5. 粗糙边缘

"粗糙边缘"效果通过使用计算方法使素材Alpha通道的边缘变粗糙。添加该效果后，在"效果控件"面板中可设置边缘参数，如图3-75所示。添加该效果并调整参数后，效果如图3-76所示。

6. 色调分离

"色调分离"效果可以简化素材图像中具有丰富色阶渐变的颜色，使图像呈现出木刻版画或卡通画的效果。添加该效果并调整参数后，效果如图3-77所示。

7. 闪光灯

"闪光灯"效果可以模拟闪光灯制作出播放闪烁的效果。添加该效果后播放视频即可观察效果。

8. 马赛克

"马赛克"效果是通过使用纯色矩形填充素材，像素化原始图像。添加该效果后播放视频即可观察效果。用户还可以在"效果控件"面板中设置矩形块水平和垂直方向上的数量以调整马赛克效果，如图3-78所示。

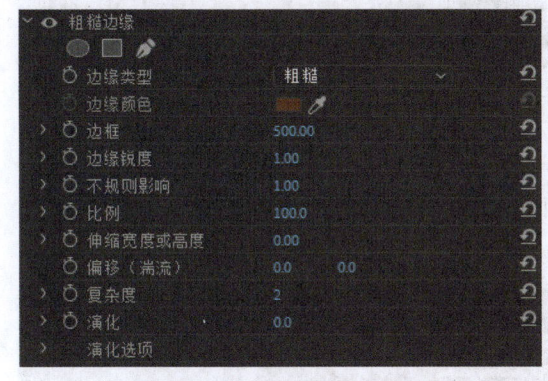

图 3-75 "粗糙边缘"属性参数

图 3-76 "粗糙边缘"效果

图 3-77 "色调分离"效果

图 3-78 "马赛克"效果

3.3 视频过渡效果的应用

视频过渡效果能够实现多个视频之间的平滑转场，使场景切换更加自然。Premiere提供了多种过渡效果，如划像、擦除和溶解等，丰富了视频的表现力。下面对其中常用的部分进行介绍。

3.3.1 内滑类视频过渡效果

内滑类视频过渡效果中包括"急摇""中心拆分""带状内滑""拆分""推"和"内滑"6种视频过渡效果。这些效果可以通过滑动画面切换素材。下面将对其中的常用效果进行介绍。

1. 中心拆分

该视频过渡效果可以将素材A从中心向四角滑动，直至完全显示素材B，如图3-79所示。

图3-79 "中心拆分"视频过渡效果

2. 带状内滑

该视频过渡效果是将素材B拆分为带状，从画面两端向画面中心滑动，直至合并为完整图像，完全覆盖素材A，如图3-80所示。

图3-80 "带状内滑"视频过渡效果

3. 推

该视频过渡效果是将素材A和素材B并排向画面一侧推动，直至素材A完全消失，素材B完全出现。

4. 内滑

该视频过渡效果中，素材B将从画面一侧滑动至画面中，直至完全覆盖素材A。

5. 拆分

该视频过渡效果中，素材A将被平分为2个部分并分别向画面两侧滑动，直至完全消失，显示出素材B。

6. 急摇

该视频过渡效果中，素材A从左至右被快速推动，产生动感模糊的效果，切换至素材B，如图3-81所示。

图 3-81 "急摇"视频过渡效果

3.3.2 划像类视频过渡效果

划像类视频过渡效果中包括"交叉划像""盒形划像""圆形划像"和"菱形划像"4种效果。这些效果主要是通过分割画面来切换素材。下面将对其中的常用效果进行介绍。

1. 盒形划像

该视频过渡效果中素材B将以盒形出现并向四周扩展，直至充满整个画面并完全覆盖素材A，如图3-82所示。

图 3-82 "盒形划像"视频过渡效果

2. 圆形划像

该视频过渡效果中素材B将以圆形出现并向四周扩展，直至充满整个画面并完全覆盖素材A，如图3-83所示。

扫码唤醒AI影视大师
- 配套资源 ● 精品课程
- 进阶训练 ● 知识笔记

图 3-83 "圆形划像"视频过渡效果

3.3.3 擦除类视频过渡效果

擦除类视频过渡效果中包括17种视频过渡效果。这些效果主要是通过擦除素材的方式切换素材。图3-84为棋盘视频过渡的效果。

图 3-84 "棋盘"视频过渡效果

擦除类视频过渡效果组中常用效果的作用分别如下：
- **插入**：从画面中的一角开始擦除素材A，显示出素材B。
- **划出**：从画面一侧擦除素材A，显示出素材B。
- **双侧平推门**：从中心向两侧擦除素材A，显示出素材B。
- **带状擦除**：从画面两侧呈带状擦除素材A，显示出素材B。
- **径向擦除**：从画面的一角以射线扫描的方式擦除素材A，显示出素材B。
- **时钟式擦除**：以时钟转动的方式擦除素材A，显示出素材B。

- **棋盘**：将素材B划分为多个方格，方格从上至下坠落直至完全覆盖素材A。
- **棋盘擦除**：将素材A划分为多个方格，并从每个方格的一侧单独擦除素材A直至完全显示出素材B。
- **楔形擦除**：从画面中心以楔形旋转擦除素材A，显示出素材B。
- **水波块**：以之字形块擦除的方式擦除素材A，显示出素材B。
- **油漆飞溅**：素材A将以泼墨的形式被擦除，直至完全显示素材B。
- **百叶窗**：模拟百叶窗开合，擦除素材A，显示出素材B。
- **螺旋框**：以从外至内螺旋块推进的方式擦除素材A，显示出素材B。
- **随机块**：素材B将以小方块的形式随机出现，直至完全覆盖素材A。
- **随机擦除**：素材A将被小方块从画面一侧开始随机擦除，直至完全显示素材B。
- **风车**：以风车旋转的方式擦除素材A，显示出素材B。

3.3.4 溶解类视频过渡效果

溶解类视频过渡效果中包括"叠加溶解""黑场过渡""白场过渡"等7种视频过渡效果。这些效果主要是通过使素材溶解淡化的方式切换素材。下面对其中的常用效果进行介绍。

1. 叠加溶解

该视频过渡效果中素材A和素材B将以亮度叠加的方式相互融合，素材A逐渐变亮的同时慢慢显示出素材B，从而切换素材，如图3-85所示。

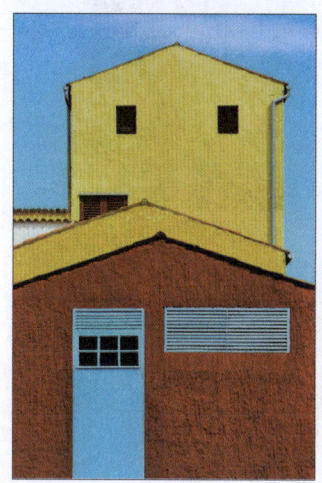

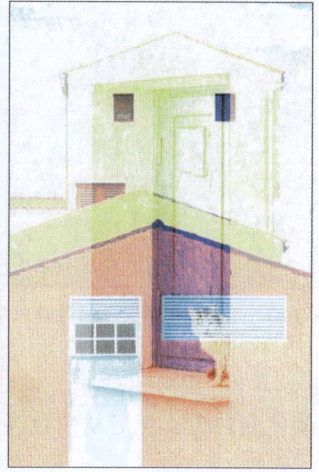

图3-85 "叠加溶解"视频过渡效果

2. 胶片溶解

该视频过渡效果是混合在线性色彩空间中的溶解过渡（灰度系数=1.0），如图3-86所示。

3. 非叠加溶解

该视频过渡效果中素材A暗部至亮部依次消失，素材B亮部至暗部依次出现，从而切换素材。

图 3-86 "胶片溶解"视频过渡效果

4. 交叉溶解

该视频过渡效果可以在淡出素材A的同时淡入素材B，从而切换素材，如图3-87所示。

图 3-87 "交叉溶解"视频过渡效果

5. 白场过渡

该视频过渡效果可以将素材A淡化到白色，然后从白色淡化到素材B。

6. 黑场过渡

该视频过渡效果与"白场过渡"类似，仅是将白色变为黑色。

■3.3.5 缩放类视频过渡效果

缩放类视频过渡效果只有"交叉缩放"一种，该效果通过缩放图像来切换素材。在使用时，素材A将被放大至无限大，素材B将被从无限大缩放至原始比例，从而切换素材，如图3-88所示。

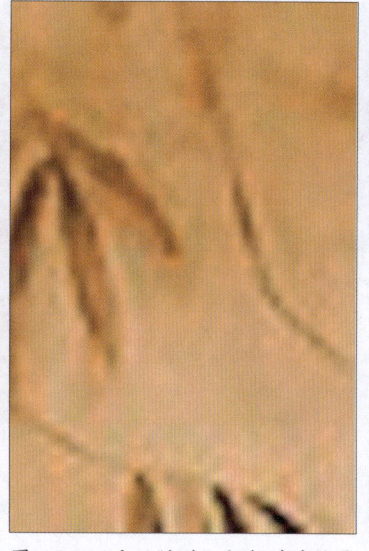

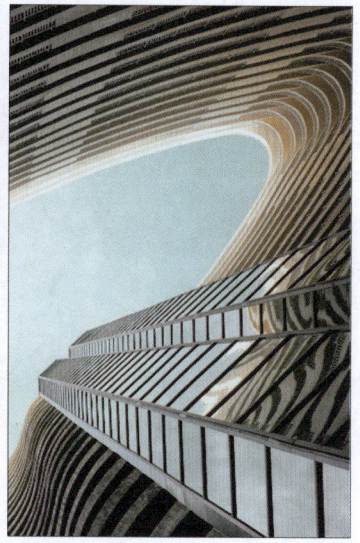

图 3-88 "交叉缩放"视频过渡效果

■3.3.6 页面剥落类视频过渡效果

页面剥落类视频过渡效果中包括"翻页"和"页面剥落"两种视频过渡效果，可以模拟翻页或者页面剥落的效果，从而切换素材。

1. 页面剥落

该视频过渡效果可以模拟纸张翻页的效果，其中素材A将卷曲并留下阴影直至完全显示出素材B，如图3-89所示。

图 3-89 "页面剥落"视频过渡效果

2. 翻页

该视频过渡效果中素材A以页角对折的方式逐渐消失，素材B逐渐显示，如图3-90所示。

图 3-90 "翻页"视频过渡效果

实例 制作图片集

视频过渡效果可以创建流畅的转场效果，使场景的切换更加自然。下面使用多种类型的视频过渡效果制作电子相册。

步骤 01 根据图像素材新建项目和序列，如图3-91所示。

图 3-91 根据图像素材新建项目和序列

步骤 02 选中V1轨道中右侧8个素材，调整其持续时间为2 s，如图3-92所示。

步骤 03 移动播放指示器至00:00:00:00处，使用文字工具在"节目"监视器面板中单击输入文本，设置喜欢的字体样式，如图3-93所示。

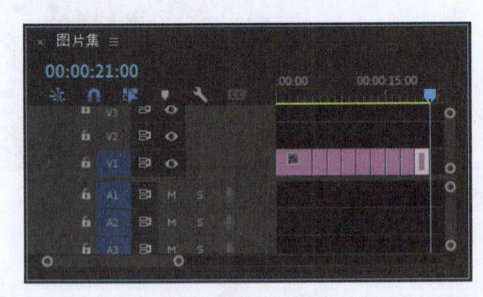

图 3-92 调整素材持续时间　　　　图 3-93 输入文本

· 74 ·

步骤 04 在"时间轴"面板中调整文本素材持续时间为3 s，如图3-94所示。

步骤 05 在"效果"面板中搜索"黑场过渡"视频过渡效果，将其拖曳至V1、V2轨道入点处，以及V1轨道最后一个素材出点处，如图3-95所示。

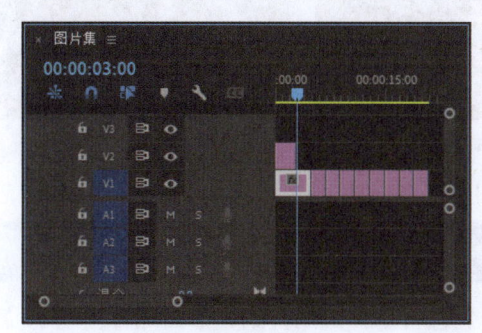

图 3-94　调整素材持续时间 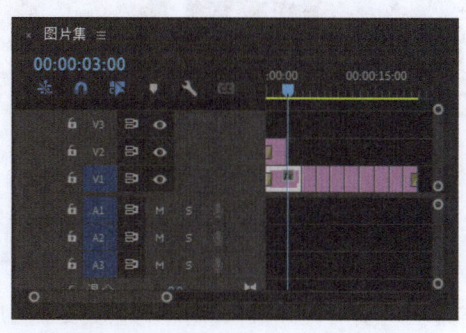　　　　图 3-95　添加"黑场过渡"视频过渡效果

步骤 06 依次选中要添加的视频过渡效果，在"效果控件"面板中设置持续时间为20帧，如图3-96所示。

步骤 07 选择"交叉溶解"视频过渡效果，将其拖曳至V2轨道出点处，并调整持续时间为20帧，如图3-97所示。

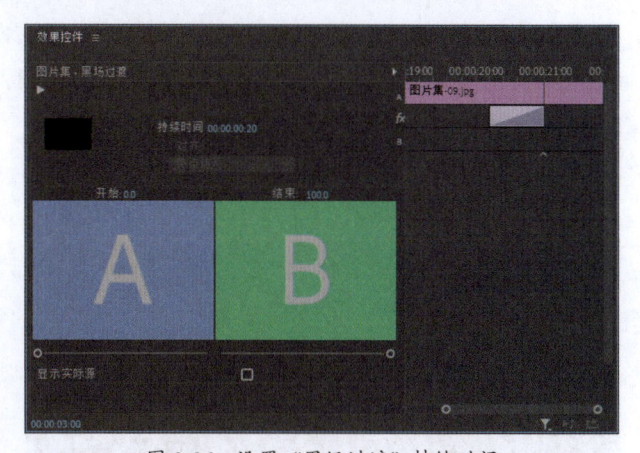

步骤 08 选择"推"视频过渡效果，添加至V1轨道第1和第2个素材之间。选择"圆划像"视频过渡效果，添加至V1轨道第2和第3个素材之间。选择"双侧平推门"视频过渡效果，添加至第3和

图 3-96　设置"黑场过渡"持续时间

第4个素材之间。选择"棋盘擦除"视频过渡效果，添加至第4和第5个素材之间。选择"百叶窗"视频过渡效果，添加至第5和第6个素材之间。选择"风车"视频过渡效果，添加至第6和第7个素材之间。选择"交叉溶解"视频过渡效果，添加至第7和第8个素材之间。选择"叠加溶解"视频过渡效果，添加至第8和第9个素材之间。调整这些视频过渡效果的持续时间均为20帧，如图3-98所示。预览效果如图3-99所示。

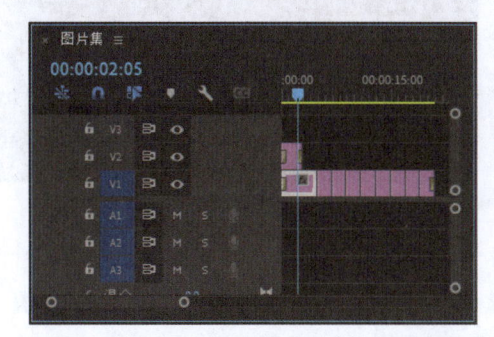

图 3-97　添加"交叉溶解"视频过渡效果并调整参数 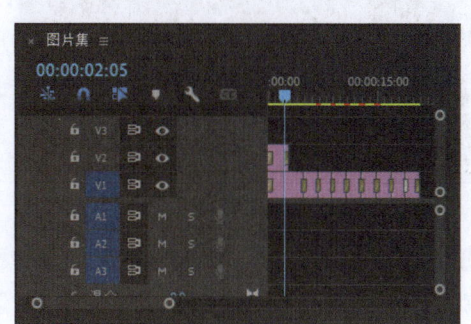　　　图 3-98　添加其他视频过渡效果

· 75 ·

图 3-99　预览效果

至此，完成电子相册的制作。

课堂演练：制作流动的文本特效

本模块主要对视频效果和视频过渡效果的应用进行了详细的介绍，下面综合应用本模块所学知识，制作流动的文本特效。

步骤 01 基于视频素材新建项目和序列，如图3-100所示。

步骤 02 选中V1轨道中的素材，按住Alt键向上拖曳进行复制，如图3-101所示。

扫码观看视频

图 3-100　新建的项目和序列　　　　　　　　图 3-101　复制素材

步骤 03 在"效果"面板中搜索"查找边缘"效果，将其拖曳至V2轨道素材上，在"效果控件"面板中设置参数，如图3-102所示。预览效果如图3-103所示。

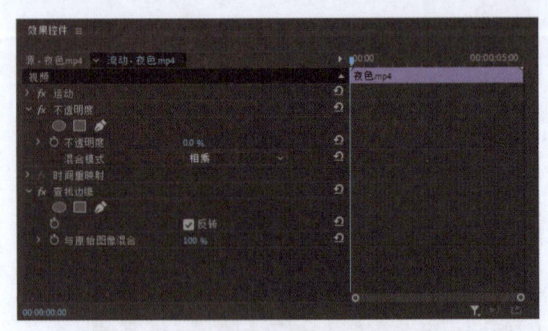

图 3-102　设置查找边缘属性参数　　　　　　　图 3-103　预览效果

步骤 04 移动播放指示器至00:00:02:00处，为"不透明度"属性和"与原始图像混合"属性添加关键帧。移动播放指示器至00:00:05:00处，设置"不透明度"属性参数和"与原始图像混合"属性参数，软件将自动添加关键帧，如图3-104所示。

步骤 05 选中关键帧并右击，在弹出的快捷菜单中执行"缓入"和"缓出"命令，并展开属性，调整速率曲线，如图3-105所示。此时，"节目"监视器面板中的预览效果如图3-106所示。

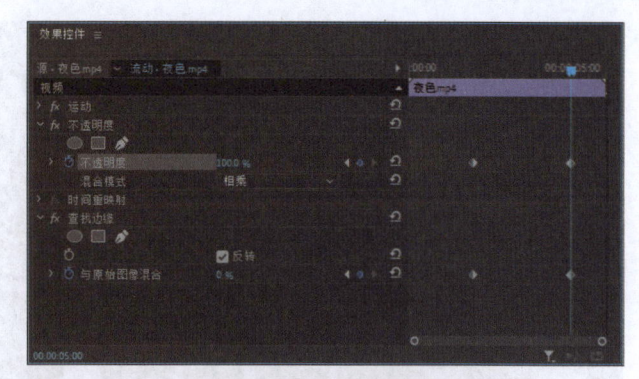

图 3-104 添加关键帧

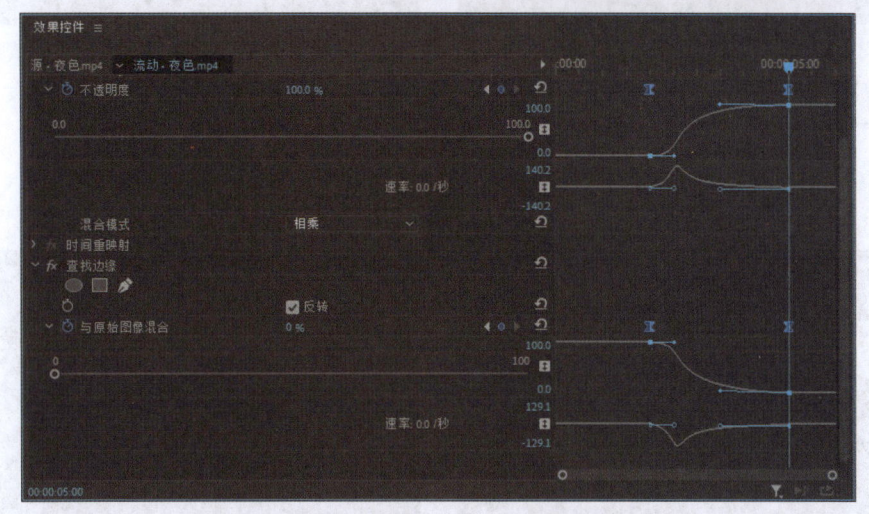

图 3-105 设置关键帧插值并调整速率曲线

步骤 06 移动播放指示器至00:00:02:00处，使用文字工具在画面中单击输入文本，设置喜欢的字体样式，本例中效果如图3-107所示。调整文本素材的持续时间为4 s。

图 3-106 "节目"监视器面板中的预览效果

图 3-107 输入文本

步骤 07 在"效果"面板中搜索"湍流置换"效果，将其拖曳至文本素材上，在"效果控件"面板中设置参数，并为"不透明度"属性和"演化"属性添加关键帧，如图3-108所示。

步骤 08 移动播放指示器至00:00:03:00处，设置"不透明度"属性参数为100%，软件将自动添加关键帧。移动播放指示器至00:00:06:00处，设置"烟花"属性参数为360°，软件将自动添加关键帧。选中所有关键帧，设置缓入与缓出，如图3-109所示。

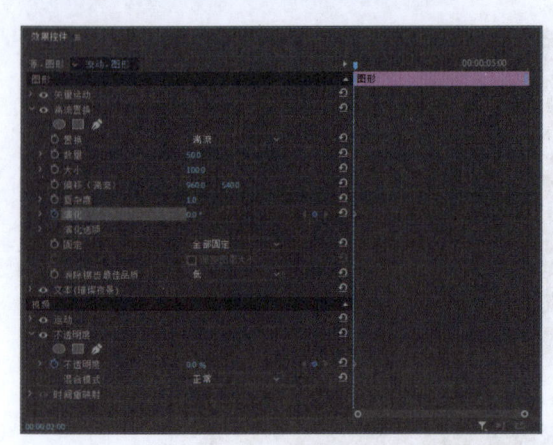

图 3-108　添加"湍流置换"效果并设置　　　　图 3-109　添加关键帧并设置关键帧插值

步骤 09 选中"时间轴"面板中的素材并右击，在弹出的快捷菜单中执行"嵌套"命令将其嵌套为"夜景"，如图3-110所示。

步骤 10 在"效果"面板中搜索"黑场过渡"视频过渡效果，将其拖曳至嵌套素材的入点和出点处，如图3-111所示。

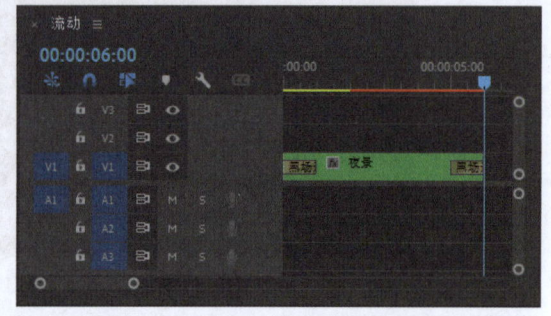

图 3-110　嵌套素材　　　　　　　　　　　图 3-111　添加"黑场过渡"视频过渡效果

步骤 11 按Enter键渲染预览，预览效果如图3-112所示。至此，完成流动文本效果的制作。

图 3-112　预览效果

拓展阅读

特效的边界——从《哪吒之魔童降世》看技术节制

《哪吒》团队在制作"山河社稷图"的长镜头时，尽管掌握了顶尖的粒子特效技术，但却刻意保留了水墨笔触中的留白韵味。这种"三分特效，七分意境"的处理方式，正呼应了宋代画家郭熙在《林泉高致·山水训》中的观点："山水有可行者，有可望者，有可游者，有可居者。画凡至此，皆入妙品。但可行可望不如可居可游之为得。"反观某些网络短剧因滥用转场特效而导致叙事断裂的现象，正好印证了《周礼·考工记》中"材美工巧"的辩证关系——技术应服务于内容，而非喧宾夺主。正确处理技术和内容之间的关系，才能真正实现艺术与技术的和谐统一，创作出既具观赏性又富含深意的作品。

模块 4

视频色彩与情感表现

内容概要

调色是数字影音后期制作中的重要步骤，它在提升影片视觉效果、表达情感和增强艺术价值等方面发挥着不可或缺的作用。通过精心设计的调色，创作者能够制作出更具吸引力和感染力的作品，从而使观众产生更强的共鸣和更深的情感体验。本模块对数字影音中的视频调色进行介绍。

数字资源

【本模块素材】:"素材文件\模块4"目录下

【本模块课堂演练最终文件】:"素材文件\模块4\课堂演练"目录下

4.1 图像控制类视频调色效果

"图像控制"效果组中包括"颜色过滤""颜色替换""灰度系数校正"和"黑白"4种效果,这些效果可以处理素材中的特定颜色。

4.1.1 颜色过滤

"颜色过滤"效果可以仅保留指定的颜色,使其他颜色呈灰色显示或仅使指定的颜色呈灰色显示而保留其他颜色。图4-1为该效果的属性参数。

图 4-1 "颜色过滤"属性参数

其中各选项功能介绍如下:
- **相似性**:用于设置颜色的选取范围。数值越大,选取的范围越大。
- **反相**:用于反转保留和呈灰度显示颜色。
- **颜色**:用于选择要保留的颜色。

图4-2为调整参数前后对比效果。

图 4-2 "颜色过滤"前后对比效果

4.1.2 颜色替换

"颜色替换"效果可以替换素材中指定的颜色,且保持其他颜色不变。图4-3为该效果的属性参数。其中部分选项功能介绍如下:
- **纯色**:选择该选项将替换为纯色。
- **目标颜色**:画面中的取样颜色。
- **替换颜色**:"目标颜色"替换后的颜色。

将"颜色替换"效果拖曳至素材上,在"效果控件"面板中设置要替换的颜色和替换后的颜色即可。图4-4为替换效果。

模块4 视频色彩与情感表现

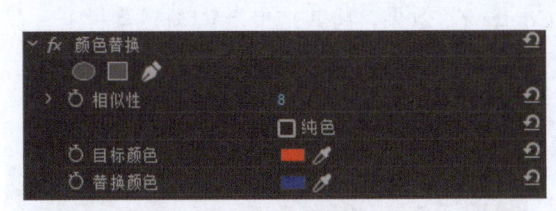

图 4-3 "颜色替换"属性参数

图 4-4 "颜色替换"效果

■ 4.1.3 灰度系数校正

"灰度系数校正"效果可以在不改变图像亮部的情况下使图像变暗或变亮。图4-5为该效果的属性参数。其中，"灰度系数"参数可以设置素材的灰度效果，数值越小，图像越亮；数值越大，图像越暗，如图4-6所示。

扫码唤醒AI影视大师
- 配套资源
- 精品课程
- 进阶训练
- 知识笔记

图 4-5 "灰度系数校正"属性参数

图 4-6 "灰度系数校正"效果

■ 4.1.4 黑白

"黑白"效果可以去除素材的颜色信息，使其显示为黑白图像，如图4-7所示。通过蒙版，用户可以设置部分区域为黑白，如图4-8所示。

图 4-7 "黑白"效果

图 4-8 蒙版设置部分区域为黑白

· 81 ·

实例 色彩复苏效果

巧用颜色过滤可以实现画面从黑白逐渐变为彩色的效果。下面制作色彩复苏的效果。

步骤 01 基于素材新建项目和序列，效果如图4-9所示。

步骤 02 在"效果"面板中搜索"Brightness & Contrast"效果，将其拖曳至V1轨道素材上，在"效果控件"面板中设置"亮度"参数为5，"对比度"参数为11，效果如图4-10所示。

图 4-9　新建的项目和序列效果

图 4-10　提亮效果

步骤 03 搜索"颜色过滤"效果并将其拖曳至V1轨道素材上，在"效果控件"面板中设置"相似性"参数为0，使用"颜色"参数右侧的吸管工具吸取画面中的颜色，本例中吸取的颜色为#FF7B63，如图4-11所示。

步骤 04 移动播放指示器至00:00:01:00处，单击"相似性"参数左侧的"切换动画"按钮添加关键帧，如图4-12所示。

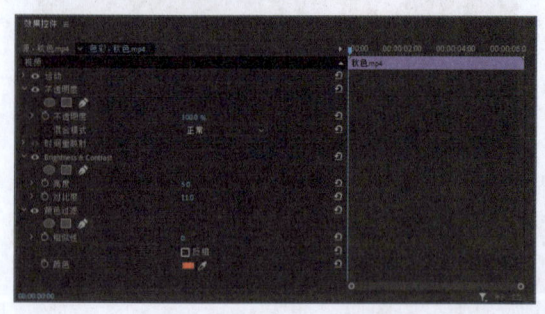

图 4-11　"颜色过滤"属性参数

图 4-12　添加关键帧

步骤 05 移动播放指示器至00:00:04:00处，更改"相似性"参数为100，软件将自动创建关键帧，如图4-13所示。此时，"节目"监视器面板中的预览效果如图4-14所示。

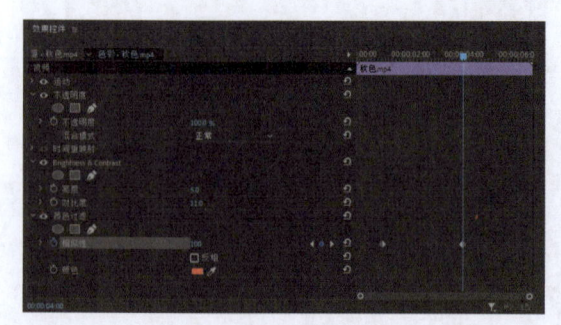

图 4-13　添加关键帧

图 4-14　预览效果

步骤 06 按Enter键渲染预览效果，如图4-15所示。至此完成色彩复苏效果的制作。

图 4-15 预览效果

4.2 过时类调色效果

"过时"效果组中的效果是旧版本软件中保留下来的、效果较好的部分。本节将对其中一些常用的调色效果进行说明。

4.2.1 RGB曲线

"RGB曲线"效果类似于Photoshop软件中的"曲线"命令，可以通过设置不同颜色通道的曲线调整画面显示效果。图4-16为该效果的属性参数。

其中部分选项功能介绍如下：

- **输出**：用于设置输出内容是"合成"还是"亮度"。
- **布局**：用于设置拆分视图是"水平"布局还是"垂直"布局。选择"显示拆分视图"复选框并调整曲线后，水平布局效果和垂直布局效果如图4-17、图4-18所示。
- **拆分视图百分比**：用于设置拆分视图所占百分比。
- **辅助颜色校正**：通过色相、饱和度、明亮度等参数定义颜色并进行校正。

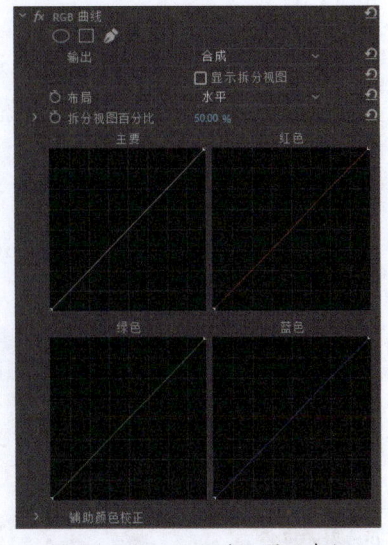

图 4-16 "RGB 曲线"属性参数

图 4-17 "水平"布局效果

图 4-18 "垂直"布局效果

4.2.2 通道混合器

"通道混合器"效果是通过使用当前颜色通道的混合组合来修改颜色通道。图4-19为该效果的属性参数。

其中部分选项功能介绍如下:

- **红色-红色、红色-绿色、红色-蓝色**：要增加到红色通道值的红色、绿色、蓝色通道值的百分比。如红色-绿色设置为20表示在每个像素的红色通道的值上增加该像素绿色通道值的20%。

图 4-19 "通道混合器"属性参数

- **红色-恒量**：要增加到红色通道值的恒量值。如设置为100，则表示通过增加100%红色来为每个像素增加红色通道的饱和度。
- **绿色-红色、绿色-绿色、绿色-蓝色**：要增加到绿色通道值的红色、绿色、蓝色通道值的百分比。
- **绿色-恒量**：要增加到绿色通道值的恒量值。
- **蓝色-红色、蓝色-绿色、蓝色-蓝色**：要增加到蓝色通道值的红色、绿色、蓝色通道值的百分比。
- **蓝色-恒量**：要增加到蓝色通道值的恒量值。
- **单色**：选择该选项将创建灰度图像效果。

图4-20为添加"通道混合器"效果并调整参数前后的对比效果。

图 4-20 添加"通道混合器"并调整参数前后对比效果

4.2.3 颜色平衡（HLS）

"颜色平衡（HLS）"效果是通过设置色相、亮度及饱和度调整画面的显示。图4-21为该效果的属性参数。其中各选项功能介绍如下：

- **色相**：指定图像的配色方案。
- **亮度**：指定图像的亮度。

- **饱和度**：调整图像的颜色饱和度。负值表示降低饱和度，正值表示提高饱和度。图4-22为添加该效果并调整参数后的效果。

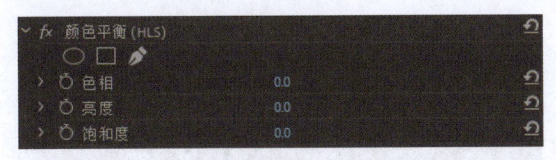

图 4-21 "颜色平衡（HLS）"属性参数

图 4-22 颜色平衡（HLS）效果

实例 视频调色效果

Premiere中丰富的调色效果在视频中起着不同的作用，可以实现不同色彩变换的效果。下面制作视频调色效果。

步骤 01 根据素材新建项目和序列，如图4-23所示。此时，"节目"监视器面板中的预览效果如图4-24所示。

图 4-23 新建的项目和序列

图 4-24 预览效果

步骤 02 新建调整图层，将其拖曳至V2轨道素材上，调整其持续时间与V1轨道素材一致。在"效果"面板中搜索"RGB曲线"效果，将其拖曳至V2轨道素材上，在"效果控件"面板中调整曲线，如图4-25所示。预览效果如图4-26所示。

- 配套资源
- 精品课程
- 进阶训练
- 知识笔记

扫码唤醒AI影视大师

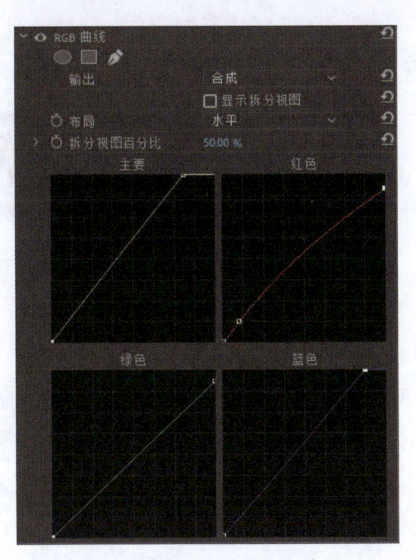

图 4-25 设置 RGB 曲线

步骤 03 在"效果"面板中搜索"颜色平衡（HLS）"效果，将其拖曳至V2轨道素材上，在"效果控件"面板中设置参数，如图4-27所示。预览效果如图4-28所示。

图 4-26 预览效果

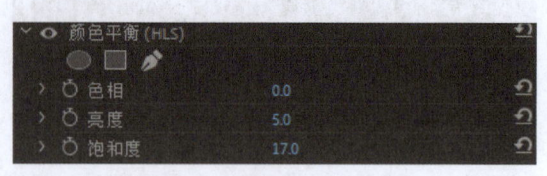

图 4-27 设置颜色平衡（HLS）

图 4-28 预览效果

至此，完成视频调色效果的制作。

4.3 通道类调色效果

"通道"效果组中仅包括"反转"一种效果。该效果可以反转图像的通道，图4-29为该效果的属性参数。

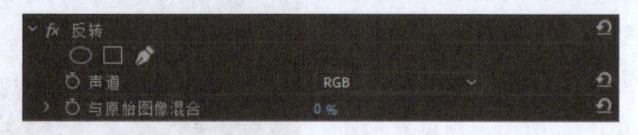

图 4-29 "反转"属性参数

其中各选项功能介绍如下：
- **声道**：设置反转的通道。
- **与原始图像混合**：设置反转后的画面与原图像的混合程度。

图4-30为添加"反转"效果并调整参数前后的对比效果。

图 4-30　添加"反转"效果并调整参数前后对比效果

4.4　颜色校正类调色效果

"颜色校正"效果组中包括"亮度与对比度""色彩"等7种效果,这些效果可以校正素材颜色,实现调色功能。

1. ASC CDL

"ASC CDL"效果可以通过调整素材图像的红、绿、蓝通道的参数及饱和度来校正素材图像。图4-31为添加该效果并调整参数前后的对比效果。

图 4-31　ASC CDL 前后对比效果

2. 亮度与对比度（Brightness & Contrast）

"亮度与对比度"效果通过调整亮度和对比度参数来调整素材图像显示效果。图4-32为该效果的属性参数。

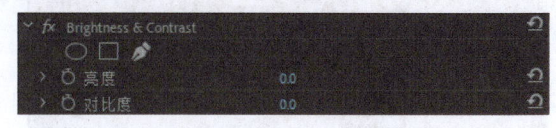

图 4-32　"亮度与对比度"属性参数

其中各选项功能介绍如下：

- **亮度**：调整画面的明暗程度。
- **对比度**：调整画面的对比度。

图4-33为添加该效果并调整参数前后的对比效果。

图 4-33 亮度与对比度设置前后对比效果

3. Lumetri颜色

"Lumetri颜色"效果的功能较为强大，它提供专业质量的颜色分级和颜色校正工具，是一个综合性的颜色校正效果。图4-34为该效果的属性参数。

图 4-34 "Lumetri 颜色"属性参数

其中各选项功能介绍如下：

- **基本校正**：修正过暗或过亮的视频。
- **创意**：提供预设以快速调整剪辑的颜色。
- **曲线**：提供RGB曲线、色相饱和度曲线等曲线快速精确地调整颜色，以获得自然的外观效果。
- **色轮和匹配**：提供色轮以单独调整图像的阴影、中间调和高光。
- **HSL辅助**：多用于在主颜色校正完成后，辅助调整素材文件中的颜色。
- **晕影**：制作类似于暗角的效果。

图4-35、图4-36为添加该效果，并设置不同参数的效果。

图 4-35 Lumetri 颜色效果 1

图 4-36 Lumetri 颜色效果 2

除了"Lumetri颜色"效果外，Premiere软件中还提供单独的"Lumetri颜色"面板进行调色。

> **提示**：在实际应用中，用户可以切换至"颜色"工作区进行调色操作。

4. 色彩

"色彩"效果可以将相等的图像灰度范围映射到指定的颜色，即在图像中将阴影映射到一个颜色，高光映射到另一个颜色，而中间调映射到两个颜色的中间值。图4-37为添加该效果并调整参数前后的对比效果。

图 4-37 色彩设置前后对比效果

5. 视频限制器

"视频限制器"效果可以限制素材图像的RGB值以满足HDTV数字广播规范的要求。图4-38为该效果的属性参数。

其中各选项功能介绍如下：

- **剪辑层级**：指定输出范围。
- **剪切前压缩**：从剪辑层级下方 3%、5%、10% 或 20% 开始，在硬剪辑之前将颜色移入规定范围内。
- **色域警告**：选择该复选框后，压缩后的颜色或超出颜色范围的颜色将分别以暗色或高亮方式显示。
- **色域警告颜色**：指定色域警告颜色。

6. 颜色平衡

"颜色平衡"效果是通过更改图像阴影、中间调和高光中的红、绿、蓝色所占的量调整画面效果。图4-39为该效果的属性参数。

图 4-38 "视频限制器"属性参数

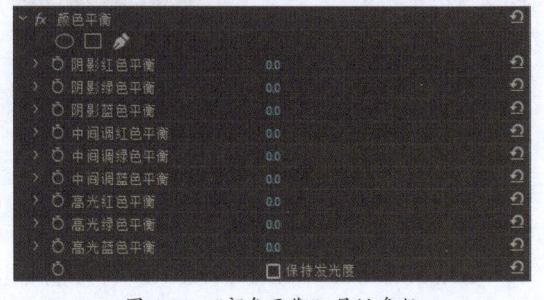

图 4-39 "颜色平衡"属性参数

其中各选项功能介绍如下：

- **阴影红色平衡、阴影绿色平衡、阴影蓝色平衡**：调整素材中阴影部分的红、绿、蓝颜色平衡情况。
- **中间调红色平衡、中间调绿色平衡、中间调蓝色平衡**：调整素材中中间调部分的红、绿、蓝颜色平衡情况。
- **高光红色平衡、高光绿色平衡、高光蓝色平衡**：调整素材中高光部分的红、绿、蓝颜色平衡情况。
- **保持发光度**：在更改颜色时保持图像的平均亮度，以保持图像中的色调平衡。

图4-40为添加该效果并调整参数前后的效果对比。

图 4-40 "颜色平衡"设置前后效果对比

实例 画面提亮效果

合适的调色效果可以提升视频调色的工作效率，下面制作画面提亮的效果。

步骤 01 根据素材新建项目和序列，新建调整图层，如图4-41所示。"节目"监视器面板中的效果如图4-42所示。

图 4-41 新建的项目和序列　　　　　图 4-42 预览效果

步骤 02 将调整图层拖曳至V2轨道，调整其持续时间与V1轨道素材一致。在"效果"面板中搜索"Brightness & Contrast"效果，将其拖曳至V2轨道素材上，在"效果控件"面板中设置参数，如图4-43所示。预览效果如图4-44所示。

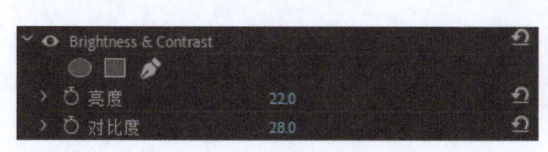

图 4-43 设置亮度和对比度

图 4-44 预览效果

步骤 03 在"效果"面板中搜索"Lumetri颜色"效果,将其拖曳至V2轨道素材上,在"效果控件"面板中设置参数,如图4-45所示。预览效果如图4-46所示。至此,完成短视频提亮并调色的操作。

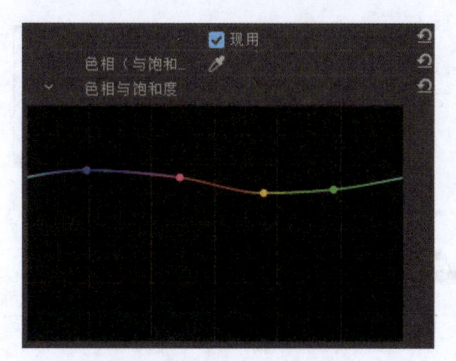

图 4-45 设置 Lumetri 颜色

图 4-46 预览效果

4.5 调整类视频效果

"调整"视频效果组中包括提取、色阶、ProcAmp和光照效果4种效果,这些效果可以修复原始素材在曝光、色彩等方面的不足,也可用于制作特殊的色彩效果。

1. 提取

"提取"效果可以从视频剪辑中移除颜色,从而创建灰度图像。添加该效果前后的对比效果如图4-47、图4-48所示。若对默认效果不满意,还可以在"效果控件"面板中进行调整。

图 4-47 原图像

图 4-48 提取效果

2. 色阶

"色阶"效果是通过调整RGB通道的色阶调整图像效果。用户可以在"效果控件"面板中设置输入黑色阶、输入白色阶、灰度系数等，如图4-49所示。单击"设置" 按钮，将打开"色阶设置"对话框，如图4-50所示。从中设置参数后，单击"确定"按钮，"效果控件"面板中的参数及"节目"监视器面板中的效果也会随之变化。

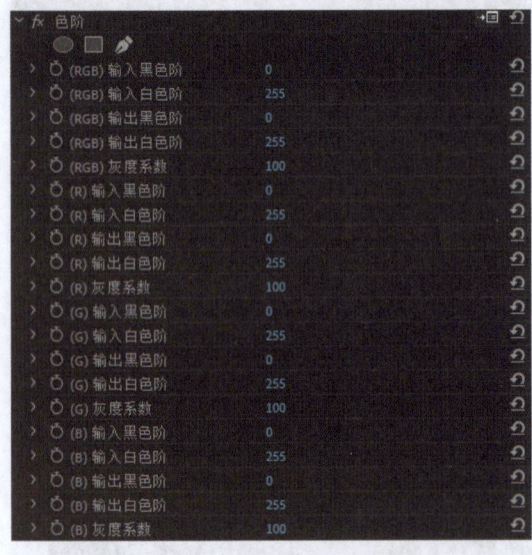

图 4-49 "色阶"属性参数

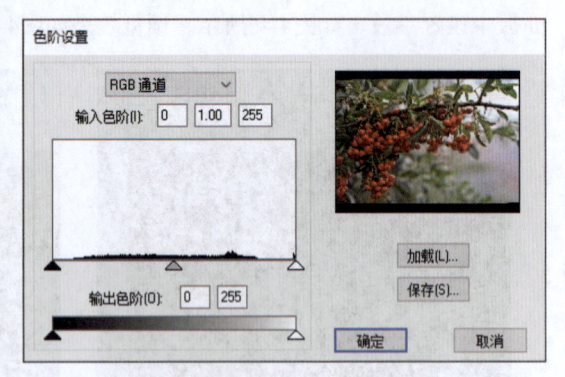

图 4-50 "色阶设置"对话框

3. ProcAmp

"ProcAmp"效果可以模拟标准电视设备上的处理放大器，调节素材图像整体的亮度、对比度、饱和度等参数。用户可以在"效果控件"面板中设置亮度、对比度、色相等参数，如图4-51所示。添加该效果并设置参数后的效果如图4-52所示。

图 4-51 "ProcAmp"属性参数

图 4-52 "ProcAmp"效果

4. 光照效果

"光照效果"可以模拟灯光打在素材上的效果，最多可采用5种光照来产生有创意的照明氛围。添加该效果后即可在"节目"监视器面板中查看效果，如图4-53所示。用户也可以在"效果控件"面板中进一步的调整,图4-54为该效果的属性参数。其中,"凹凸层"参数可以使用其他素材中的纹理或图案产生特殊光照效果。

图 4-53 光照效果

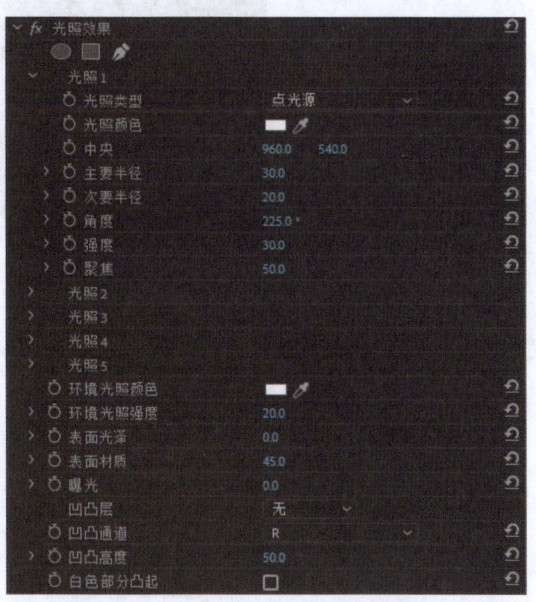

图 4-54 "光照效果"属性参数

课堂演练:制作秋意渐浓效果

本模块主要对不同类型的调色效果进行详细的介绍,下面综合应用本模块所学知识,制作秋意渐浓的视频效果。

扫码观看视频

步骤 01 根据素材新建项目和序列,新建调整图层,如图4-55所示。"节目"监视器面板中的预览效果如图4-56所示。

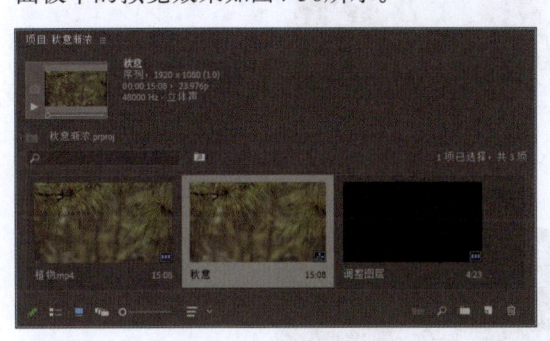

图 4-55 新建的项目和序列

图 4-56 预览效果

步骤 02 将调整图层拖曳至V2轨道,调整其持续时间与V1轨道素材一致,如图4-57所示。
步骤 03 在"效果"面板中搜索"色阶"效果,将其拖曳至V2轨道中的调整图层上,在"效果控件"面板中单击"设置"按钮,打开"色阶设置"对话框,设置参数,如图4-58所示。

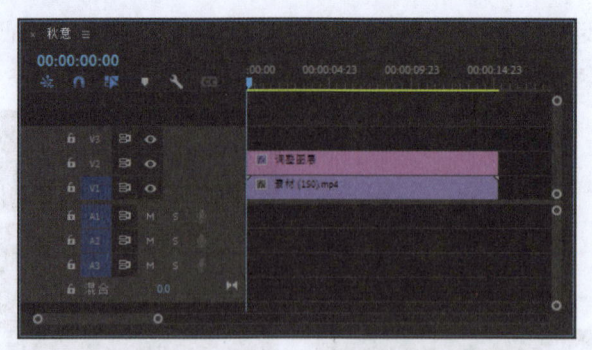

图 4-57 添加素材并调整持续时间

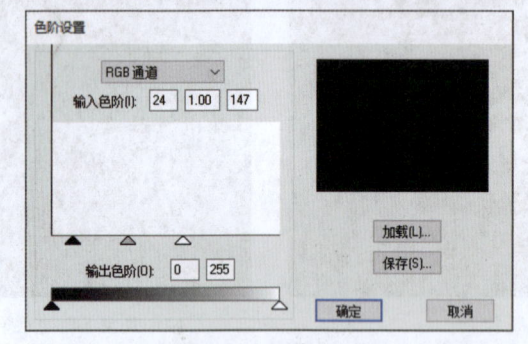

图 4-58 设置色阶

步骤 04 完成后单击"确定"按钮,"节目"监视器面板中的预览效果如图4-59所示。

图 4-59 预览效果

步骤 05 在"效果"面板中搜索"Lumetri颜色"效果,将其拖曳至V2轨道素材上,在"效果控件"面板中设置参数,如图4-60所示。

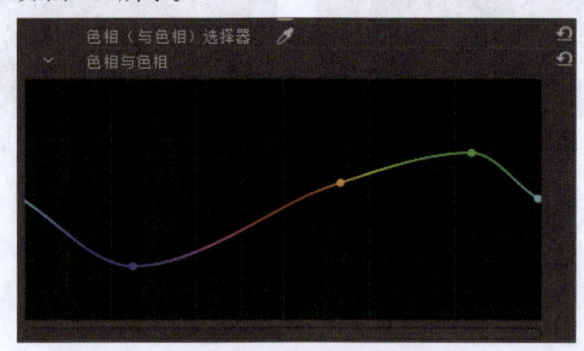

图 4-60 设置 Lumetri 颜色

模块4 视频色彩与情感表现

步骤 06 预览效果如图4-61所示。移动播放指示器至00:00:00:00处，选中V2轨道中的素材，在"效果控件"面板中为"不透明度"属性添加关键帧，并设置数值为0.0%。移动播放指示器至00:00:10:00处，设置"不透明度"属性参数为100.0%，软件将自动添加关键帧，如图4-62所示。选中关键帧，设置缓入与缓出。

图 4-61 预览效果

图 4-62 添加关键帧

步骤 07 按Enter键渲染预览，预览效果如图4-63所示。至此完成秋意渐浓效果的制作。

图 4-63 预览效果

拓展阅读

色谱里的中国精神——从《只此青绿》看色彩文化传承

《千里江山图》的石青颜料需要经过20道工序精细研磨，这种对色彩极致追求的精神在舞蹈诗剧《只此青绿》中通过数字校色技术得到了传承与创新。该剧利用达芬奇调色系统，精准还原了12种传统矿物色相，将色差值控制在 $\Delta E<1.5$。这启示我们：色彩不仅是视觉参数，更是文化基因的载体。2021年，央视春晚的《唐宫夜宴》采用低饱和度处理模拟唐三彩的独特质感，正是运用现代技术守护和展现"中国色谱"的生动实例。

模块 5

视频合成与创意编辑

内容概要

蒙版和抠像技术是制作合成效果的基础，它们支持创作者将不同的视觉元素融合在一起。结合使用关键帧，蒙版和抠像技术可以创造出引人入胜的视觉效果和复杂的叙事场景。本模块对蒙版和抠像进行介绍。

数字资源

【本模块素材】："素材文件\模块5"目录下
【本模块课堂演练最终文件】："素材文件\模块5\课堂演练"目录下

5.1 认识关键帧

关键帧是制作动态变化的核心工具，支持创作者精确控制动画效果和视觉变化。本节对关键帧进行介绍。

■ 5.1.1 什么是关键帧

关键帧是动画和视频制作中的一个重要概念，主要用于定义特定时间点上某个属性的值，通常标志着动画中的关键状态或变化点。在Premiere中，软件会自动在关键帧之间生成中间值，从而实现平滑的过渡效果。这使得用户能够轻松创建流畅的动画和视觉效果，提升视频的表现力和专业性。图5-1为添加的位置关键帧。

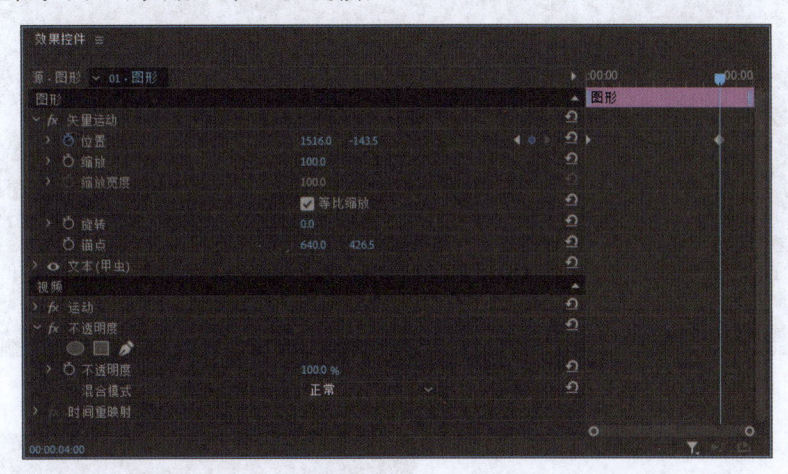

图 5-1　添加的位置关键帧

在数字影音后期制作中，用户还可以尝试为添加的视频效果参数、蒙版等创建关键帧，以制作更加丰富的变化效果。

■ 5.1.2 添加关键帧

Premiere中提供了多种添加关键帧的方式，如使用"效果控件"面板和"节目"监视器面板等，具体操作如下：

1. 通过"效果控件"面板添加关键帧

在"时间轴"面板中选中素材文件，在"效果控件"面板中单击素材固定参数前的"切换动画"按钮，将为素材添加关键帧，如图5-2所示。移动播放指示器，调整参数或单击"添加/移除关键帧"按钮，将继续添加关键帧，如图5-3所示。

2. 在"节目"监视器面板中添加关键帧

在添加固定效果如位置、缩放、旋转等关键帧时，可以在添加第一个关键帧后，移动播放指示器，在"节目"监视器面板中双击素材显示其控制框进行调整，如图5-4所示。调整后"效果控件"面板中会自动出现关键帧，如图5-5所示。

图 5-2　为素材添加关键帧

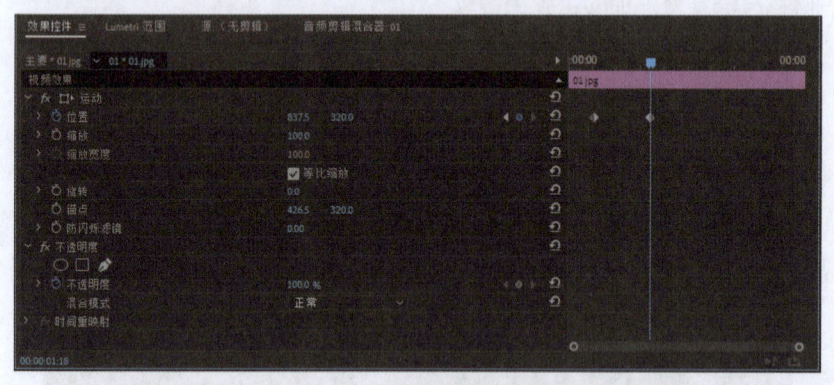

图 5-3　继续添加关键帧

图 5-4　控制框调整旋转

图 5-5　添加的关键帧

5.1.3　管理关键帧

对于已添加的关键帧，用户可以进行移动、复制和删除等操作，对其进行灵活调整，实现理想的动画效果。

1. 移动关键帧

在"效果控件"面板中选择关键帧后，按住鼠标左键拖动可以移动其位置。此时，动画效果的变化速率也会随之变化。一般来说，在不考虑关键帧插值的情况下，关键帧之间的间隔越大，变化速度就越慢。

> **提示**：按住Shift键拖动播放指示器可以自动贴合创建的关键帧，方便定位并重新设置关键帧属性参数。

2. 复制关键帧

复制关键帧可以快速制作相同的效果，用户既可以将其粘贴在同素材上，也可以粘贴在不同素材上。

方法1：在同素材上复制关键帧。选中"时间轴"面板中的素材文件，在"效果控件"面板中设置不透明度关键帧，制作不透明到透明的变化效果，选中不透明度关键帧，按Ctrl+C组合键复制，移动播放指示器至合适位置，按Ctrl+V组合键粘贴关键帧即可，如图5-6、图5-7所示。重复多次可制作选中渐隐渐现的动画效果。

图 5-6　移动播放指示器位置　　　　　图 5-7　粘贴关键帧

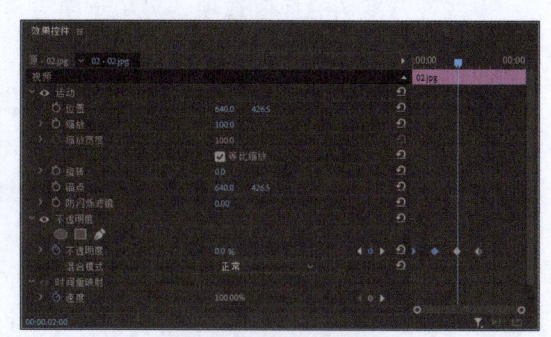

除了使用组合键复制关键帧外，还可以在"效果控件"面板中选中关键帧后，按住Alt键的同时对其拖曳进行复制。或执行"编辑→复制"命令和"编辑→粘贴"命令进行复制。

方法2：在不同素材间复制关键帧。在不同素材间复制关键帧的方法与同素材相似。在"时间轴"面板中选中添加关键帧的素材，选中"效果控件"面板的关键帧，按Ctrl+C组合键复制，选中要添加关键帧的目标素材文件，在"效果控件"面板中调整播放指示器位置，按Ctrl+V组合键粘贴即可。

3. 删除关键帧

删除多余的关键帧有以下两种常用的方法。

方法1：使用快捷键删除。删除关键帧最简单的方法就是使用Delete键删除。选中"效果控件"面板中不需要的关键帧，按Delete键即可。按住Shift键可加选多个关键帧进行删除。删除关键帧后，对应的动画效果也会消失。

方法2：使用按钮删除。"效果控件"面板中的"添加/移除关键帧"■按钮或"切换动画"■按钮同样可以删除关键帧。与使用Delete键删除关键帧不同的是，使用"添加/移除关键帧"■按钮按钮删除关键帧需要移动播放指示器与要删除的关键帧对齐。而"切换动画"■按钮则可以删除同一属性的所有关键帧。

5.1.4 关键帧插值

关键帧插值是关键帧中的一个重要概念，指在两个或多个关键帧之间自动计算中间帧的过程。通过调整关键帧插值，可以使变化效果更加平滑自然。在Premiere中，关键帧插值包括临时插值和时间插值两种类型。

1. 临时插值

"临时插值"控制时间线上的速度变化状态。在"效果控件"面板中选中关键帧并右击，在弹出的快捷菜单中可以选择需要的插值方法，如图5-8所示。"临时插值"各选项作用功能介绍如下：

- **线性**：默认的插值选项，可用于创建匀速变化的插值，运动效果相对来说比较机械。
- **贝塞尔曲线**：用于提供手柄创建自由变化的插值，该选项对关键帧的控制最强。
- **自动贝塞尔曲线**：用于创建具有平滑的速率变化的插值，且更改关键帧的值时会自动更新，以维持平滑过渡效果。
- **连续贝塞尔曲线**：与自动贝塞尔曲线类似，但提供一些手动控件进行调整。在关键帧的一侧更改图表的形状时，关键帧另一侧的形状也相应变化以维持平滑过渡效果。
- **定格**：定格插值仅供时间属性使用，可用于创建不连贯的运动或突然变化的效果。使用定格插值时，将持续前一个关键帧的数值，直到下一个定格关键帧立刻发生改变。
- **缓入**：用于减慢进入关键帧的值变化。
- **缓出**：用于逐渐加快离开关键帧的值变化。

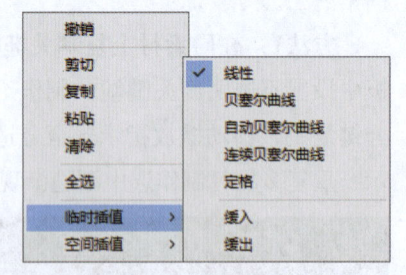

图 5-8 临时插值

2. 空间插值

"空间插值"关注的是对象在屏幕空间内的路径，决定了素材运动轨迹是曲线还是直线。图5-9为"空间插值"的快捷菜单，图5-10为选择"线性"和"自动贝塞尔曲线"时的路径效果。

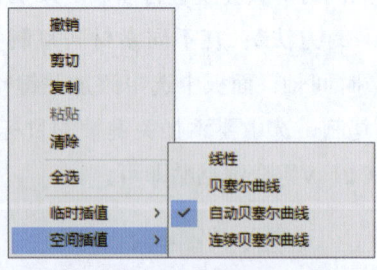

图 5-9 空间插值

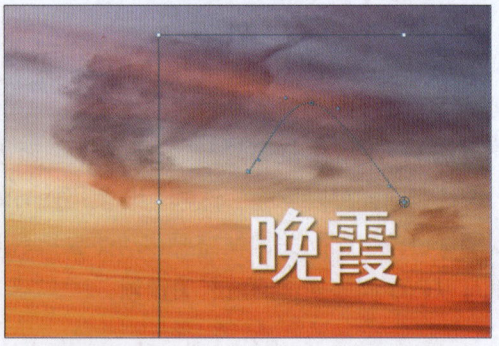

图 5-10 线性和自动贝塞尔曲线效果

> ❗ 提示：关键帧插值仅可更改关键帧之间的属性变化速率，对关键帧间的持续时间没有影响。

5.2 蒙版和跟踪效果

蒙版是一种强大的工具，可以将效果应用于特定区域，从而增强视觉表现力。在处理动态内容时，Premiere的跟踪效果功能能够自动跟随对象的移动，减少手动调整的工作量。

5.2.1 什么是蒙版

蒙版是一种图形设计和视频编辑技术，主要用于定义图像或视频中的可见区域和隐藏区域，通过使用蒙版，用户可以将效果应用于设置的区域，从而创造出更具创意和艺术性的作品。图5-11、图5-12为原图像及通过蒙版使颜色平衡仅作用于天空处的对比效果。

图 5-11　原图像　　　　　　　　　　　图 5-12　蒙版效果

在数字编辑软件中，蒙版通常表现为覆盖在图像或视频上的一个额外层，通过不同的灰度值来控制底层内容的可见性。白色或亮色区域允许底层内容完全显示，黑色或暗色区域则隐藏底层内容，而灰色区域提供不同程度的透明度，实现底层内容的部分可见。这种灵活的控制方式使得用户能够精确调整视觉效果，创作出更具表现力的作品。

5.2.2 创建蒙版

Premiere软件支持创建椭圆形、四边形和自由图形3种类型的蒙版，用户可以通过单击"效果控件"面板中部分可以创建蒙版的效果下方的"创建椭圆形蒙版"◉、"创建4点多边形蒙版"▢或"自由绘制贝塞尔曲线"✒按钮进行创建。

- **创建椭圆形蒙版◉**：单击该按钮将在"节目"监视器面板中自动生成椭圆形蒙版，用户可以通过控制框调整椭圆的大小、比例等，如图5-13所示。
- **创建4点多边形蒙版▢**：单击该按钮将在"节目"监视器面板中自动生成4点多边形蒙版，用户可以通过控制框调整4点多边形的形状，如图5-14所示。
- **自由绘制贝塞尔曲线✒**：单击该按钮后可在"节目"监视器面板中绘制自由的闭合曲线创建蒙版，如图5-15、图5-16所示。

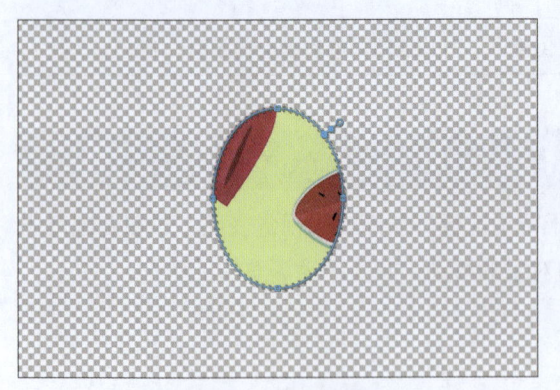

图 5-13　椭圆形蒙版

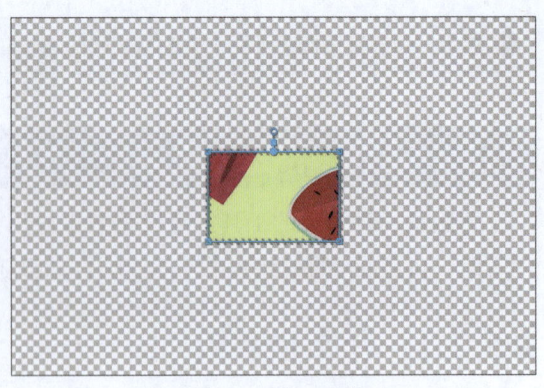

图 5-14　点多边形蒙版

图 5-15　绘制曲线

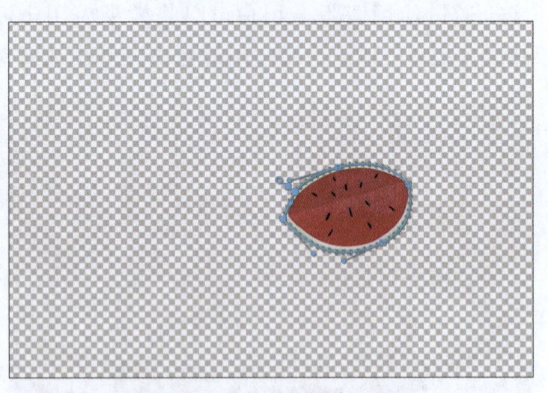

图 5-16　贝塞尔曲线蒙版效果

5.2.3　管理蒙版

创建蒙版后，"效果控件"面板中将出现蒙版选项，如图5-17所示。用户可以通过这些选项管理蒙版效果。

图 5-17　蒙版选项

各选项功能介绍如下：
- **蒙版路径**：用于记录蒙版路径。
- **蒙版羽化**：用于柔化蒙版边缘。也可以在"节目"监视器面板中通过控制框手柄进行设置，如图5-18所示。
- **蒙版不透明度**：用于调整蒙版的不透明度。当值为100时，蒙版完全不透明并会遮挡图层中位于其下方的区域。不透明度越小，蒙版下方的区域就越清晰可见。
- **蒙版扩展**：用于扩展蒙版范围。正值将外移边界，负值将内移边界。也可以在"节目"监视器面板中通过控制框手柄进行设置，如图5-19所示。
- **已反转**：选择该复选框将反转蒙版范围。

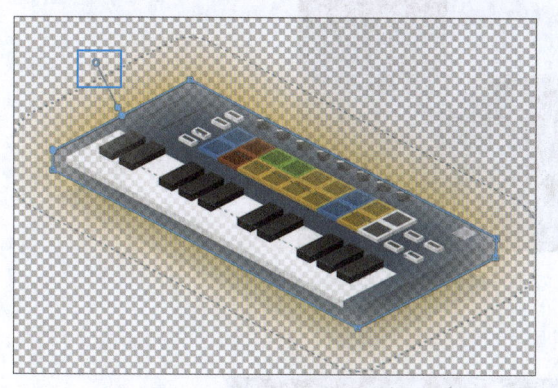

图 5-18 控制框手柄调整蒙版羽化 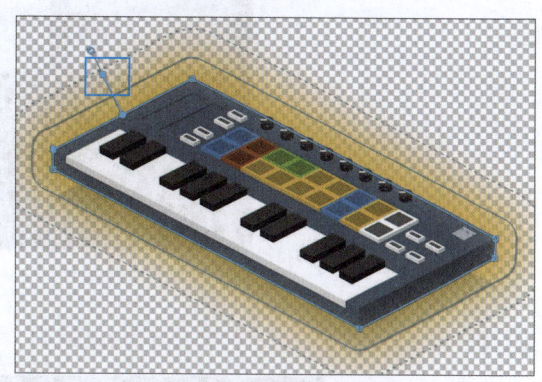　　　　图 5-19 控制框手柄调整蒙版扩展

5.2.4 蒙版跟踪操作

Premiere中的蒙版跟踪主要是通过"蒙版路径"选项进行，该功能可以使蒙版自动跟随运动的对象，减轻工作量，用户只需对其中不精确的部分进行调整即可。图5-20为"蒙版路径"选项。

图 5-20 蒙版路径选项

各按钮功能介绍如下：
- **向后跟踪所选蒙版1个帧**：单击该按钮将向当前播放指示器所在处的左侧跟踪1帧。
- **向后跟踪所选蒙版**：单击该按钮将向当前播放指示器所在处的左侧跟踪直至素材入点处。
- **向前跟踪所选蒙版**：单击该按钮将向当前播放指示器所在处的右侧跟踪直至素材出点处。
- **向前跟踪所选蒙版1个帧**：单击该按钮将向当前播放指示器所在处的右侧跟踪1帧。
- **跟踪方法**：用于设置跟踪蒙版的方式，选择"位置"将只跟踪从帧到帧的蒙版位置；选择"位置和旋转"将在跟踪蒙版位置的同时，根据各帧的需要更改旋转情况；选择"位置、缩放和旋转"将在跟踪蒙版位置的同时，随着帧的移动而自动缩放和旋转。

自动跟踪后，用户可以移动播放指示器位置，对不完善的地方进行处理。

实例 景深效果

蒙版主要用于在视频中创建遮罩或改变某一区域的特效。通过为视频素材画面添加蒙版并应用模糊虚化特效，可以使模糊效果作用于画面中的特定区域，从而模拟景深效果，增强视频的视觉层次感和冲击力。接下来介绍如何制作景深效果。

步骤 01 打开Premiere软件，基于本模块视频素材新建项目和序列，如图5-21所示。

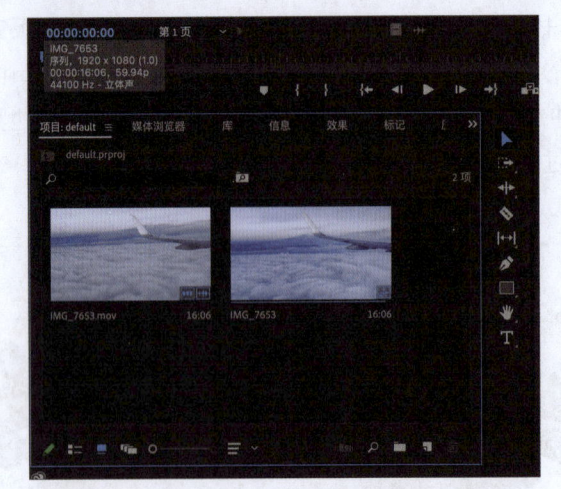

图 5-21 新建的项目和序列

步骤 02 新建调整图层，将其拖曳至V2轨道中，调整持续时间与素材一致，如图5-22所示。

图 5-22 调整素材持续时间

步骤 03 在"效果"面板中搜索"高斯模糊"效果，将其拖曳至V2轨道素材上，调整模糊的柔化边缘程度，并在"效果控件"面板中设置参数，如图5-23所示。调整参数后的预览效果如图5-24所示。

图 5-23 设置高斯模糊属性参数

图 5-24 预览效果

步骤04 单击"高斯模糊"效果中的"创建椭圆形蒙版" 按钮创建椭圆形蒙版,并设置反转,在"节目"监视器面板中根据画面主体调整蒙版的位置和大小。椭圆形蒙版的参数设置如图5-25所示。

图 5-25 创建椭圆形蒙版

步骤05 移动播放指示器至00:00:00:00处,单击"蒙版路径"参数左侧的"切换动画" 按钮添加关键帧,单击"蒙版路径"参数右侧的"向前跟踪所选蒙版" 按钮跟踪蒙版,软件将自动根据"节目"监视器面板中的内容调整蒙版并添加关键帧。根据画面情况,对部分关键帧进行调整,如图5-26所示。

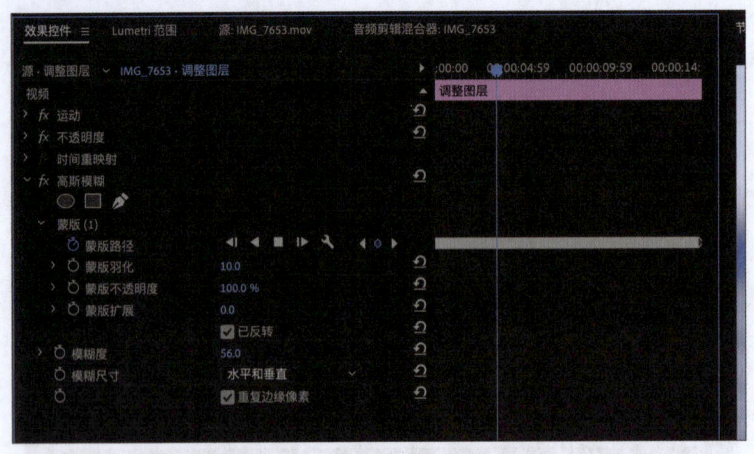

图 5-26　跟踪蒙版并调整参数

至此，完成视频景深效果的制作。

5.3　认识抠像

抠像是一种广泛应用的视觉效果技术，能够合成多个视频，创建出富有创意的视觉效果。下面将对此进行介绍。

■ 5.3.1　什么是抠像

抠像主要用于在视频和图像中去除特定颜色的背景，如绿色或蓝色，从而精确地分离出某个对象，实现前景与背景的有效分离。图5-27为抠像前后效果。

图 5-27　抠像前后对比效果

■ 5.3.2　抠像的作用

抠像是影视制作和图像处理中的一项重要技术，许多夸张和虚拟的镜头画面都可以通过抠像实现，特别是那些现实中无法搭建的科幻场景。在数字影音领域，抠像技术能够轻松将绿幕或蓝幕拍摄的对象放置在虚拟场景中，实现复杂场景的切换。同时，这项技术使设计者摆脱了现实场景和资金压力的限制，从而实现更加自由的创作。图5-28为使用抠像技术替换背景的前后效果。

图 5-28　替换背景前后对比效果

> **提示**：绿幕和蓝幕广泛应用于抠像技术，这是因为绿色和蓝色通常在人类皮肤的颜色谱中出现得较少，且现代数字摄像机对绿色光的感光度更高，便于后期制作中进行抠像。

■ 5.3.3　常用抠像效果

Premiere中的"键控"效果组中提供了一些可以实现抠像功能的效果，包括Alpha调整、亮度键、超级键、轨道遮罩键、颜色键等，如图5-29所示。使用这些效果可以轻松分离前景对象与背景，实现各种视觉效果。

图 5-29　键控效果组

1. Alpha调整

"Alpha调整"效果可以选择一个参考画面，按照它的灰度等级决定该画面的叠加效果，并可通过调整不透明度制作不同的显示效果。图5-30为该效果的属性参数。其中各选项功能介绍如下：

图 5-30　"Alpha调整"属性参数

- **不透明度**：可以设置素材不透明度，数值越小，Alpha通道中的图像越透明。图5-31为100%时的效果。
- **忽略Alpha**：选择该选项时会忽略Alpha通道，使素材透明部分变为不透明。
- **反转Alpha**：选择该选项时将反转透明和不透明区域。
- **仅蒙版**：选择该选项时将仅显示Alpha通道的蒙版，不显示其中的图像，如图5-32所示。

图 5-31　100% 不透明度效果　　　　图 5-32　仅蒙版效果

2. 亮度键

"亮度键"效果可用于抠取图层中具有指定亮度的区域。图5-33为该效果的属性参数。

各选项功能介绍如下：

- **阈值**：用于调整透明程度。
- **屏蔽度**：用来调整阈值以上或以下的像素变得透明的速度或程度。

图5-34为应用该效果并调整参数前后的对比效果。

图 5-33 "亮度键"属性参数

图 5-34 "亮度键"效果设置前后对比

3. 超级键

"超级键"效果非常实用，它可以指定图像中的颜色范围生成遮罩。图5-35为该效果的属性参数。

各选项功能介绍如下：

- **输出**：设置素材输出类型，包括合成、Alpha通道和颜色通道3种类型。
- **设置**：设置抠像类型，包括默认、弱效、强效和自定义4种类型。
- **主要颜色**：设置要透明的颜色，可通过吸管直接吸取画面中的颜色。
- **遮罩生成**：设置遮罩产生的方式。"透明度"选项可以在背景上抠出源区域后控制源区域的透明度；"高光"选项可以增加源图像的亮区的不透明度；"阴影"选项可以增加源图像的暗区的不透明度；"容差"选项可以从背景中滤出前景图像中的颜色；"基值"选项可以从Alpha通道中滤出通常由粒状或低光素材所造成的杂色。

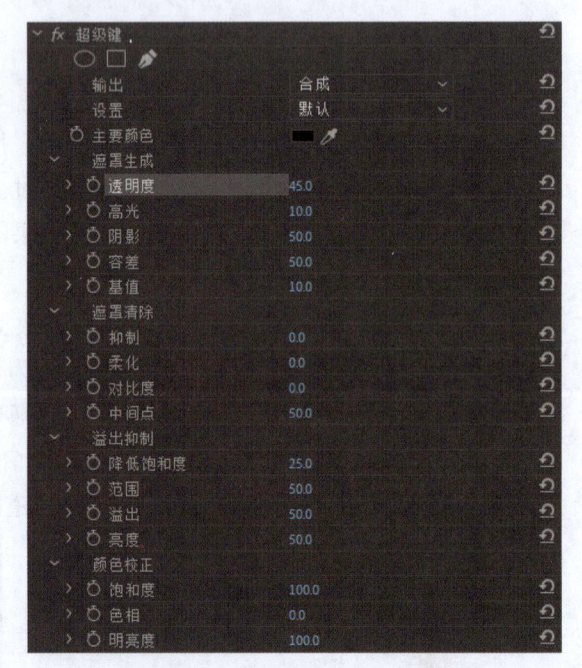

图 5-35 "超级键"属性参数

- **遮罩清除**：设置遮罩的属性类型。
- **溢出抑制**：调整对溢出色彩的抑制。
- **颜色校正**：校正素材颜色。"饱和度"选项可以控制前景源的饱和度；"色相"选项可以控制色相；"明亮度"选项可以控制前景源的明亮度。

图5-36为应用该效果并调整参数前后的对比效果。

图 5-36 "超级键"效果设置前后对比

4. 轨道遮罩键

"轨道遮罩键"效果可以使用上层轨道中的图像遮罩当前轨道中的素材。图5-37为该效果的属性参数。

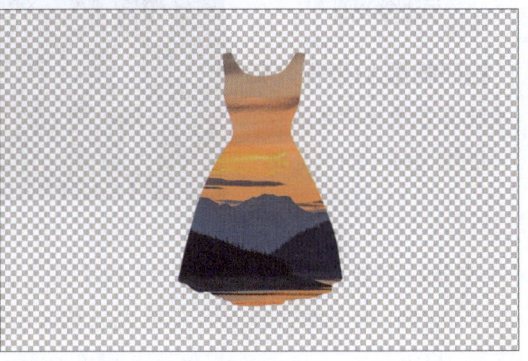

图 5-37 "轨道遮罩键"属性参数

其中各选项功能介绍如下：
- **遮罩**：用于选择跟踪抠像的视频轨道，图5-38为选择"视频2"前后的对比效果。
- **合成方式**：用于选择合成的选项类型，包括Alpha遮罩和亮度遮罩两种。
- **反向**：选择该选项将反向选择。

图 5-38 "轨道遮罩键"效果设置前后对比

5. 颜色键

"颜色键"效果可以去除图像中指定的颜色。图5-39为该效果的属性参数。要注意的是此效果仅修改剪辑的Alpha通道。

其中各选项功能介绍如下：
- **主要颜色**：用于设置抠像的主要颜色。
  图5-40为设置主要颜色后前后的对比效果。

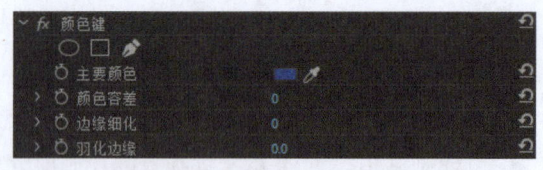

图 5-39 "颜色键"属性参数

图 5-40 "颜色键"效果设置前后对比

- **颜色容差**：用于设置主要颜色的范围，容差越大，范围越大。
- **边缘细化**：用于设置抠像边缘的平滑程度。
- **羽化边缘**：用于柔化抠像边缘。

6. 非红色键

"非红色键"效果主要用于抠除画面内的蓝色和绿色背景，适用于那些背景颜色较为单一且与主体形成鲜明对比的场景。该效果虽然没有吸管工具，但不仅能实现抠图，还能制作特殊的颜色效果。图5-41为该效果的属性参数。

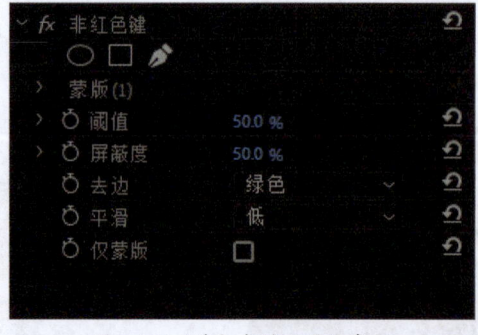

图 5-41 "非红色键"属性参数

各选项功能介绍如下：
- **阈值**：用于调整画面中蓝色或绿色区域的透明程度，数值变化可增加或减少透明区域的范围。
- **屏蔽度**：用于控制阈值变化所产生的透明效果的速度和程度，以进一步优化抠像效果。
- **去边**：通过选择合适的去边选项（绿色或蓝色）来去除抠像边缘残余的绿色或蓝色。

- **平滑**：通过调节平滑度参数来减少因背景不平整或光线不均匀而导致的锯齿现象。
- **仅蒙版**：勾选该选项后只显示素材的Alpha通道。其中黑色部分表示透明区域，白色部分表示不透明区域，灰色部分表示半透明的过渡区域。若仅需部分抠像，可勾选此选项并利用蒙版来操作；若需全部抠像，则无须勾选此选项。

图5-42为应用该效果并调整参数前后的对比效果。

图 5-42 "非红色键"效果设置前后对比

实例 录像效果

抠像是制作合成的关键技术，可以快速扣除画面中的蓝幕、绿幕等内容，实现画面内容的替换。下面练习使用抠像制作录像效果。

步骤 01 根据"鸟.mp4"视频素材新建项目和序列，并导入本模块素材文件，新建的项目与序列如图5-43所示。

步骤 02 将"录制.avi"视频素材拖曳至V2轨道中，裁剪素材，使其持续时间与V1轨道素材一致，如图5-44所示。

图 5-43 新建的项目与序列　　　　　图 5-44 裁剪素材

步骤 03 在"效果"面板中搜索"超级键"视频效果，将其拖曳至V2轨道素材上，单击"效果控件"面板中的吸管工具，在"节目"监视器面板中选择吸管工具，吸取"节目"监视器面板中的绿色，设置主要颜色，并设置"设置"为"强效"，如图5-45所示。

步骤 04 此时，"节目"监视器面板中的效果如图5-46所示。

图 5-45　设置超级键属性参数　　　　　图 5-46　预览效果 1

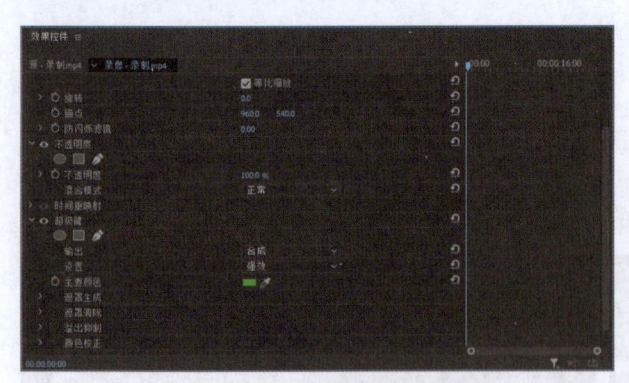

步骤 05　按Enter键渲染预览，如图5-47所示。至此，完成录像效果的制作。

图 5-47　预览效果 2

课堂演练：制作计算机播放视频的效果

本模块主要对关键帧、蒙版、抠像等技术知识进行了详细的介绍，下面综合应用本模块所学知识，制作计算机播放视频的效果。

步骤 01　根据图像素材新建项目和序列，并导入本模块视频素材文件，新建的项目和序列如图5-48所示。

扫码观看视频

步骤 02　将"风景.mp4"视频素材拖曳至V2轨道中，将"门.mp4"视频素材拖曳至V3轨道中，取消音视频链接并删除音频，如图5-49所示。

图 5-48　新建的项目和序列　　　　　图 5-49　删除音频

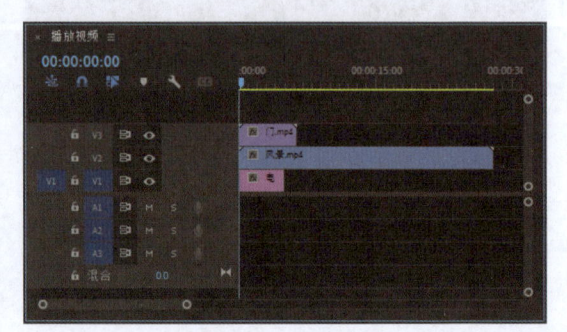

步骤 03　选中V2轨道素材并右击，在弹出的快捷菜单中执行"速度/持续时间"命令，打开"剪辑速度/持续时间"对话框，调整持续时间，如图5-50所示。完成后单击"确定"按钮。

步骤 04　调整V1轨道素材持续时间与V2轨道一致，如图5-51所示。

· 112 ·

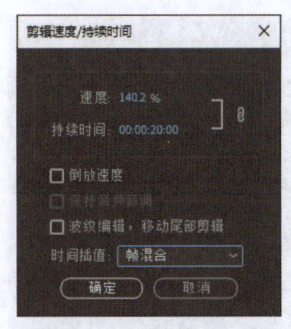

图 5-50　调整素材持续时间 1　　　　　图 5-51　调整素材持续时间 2

步骤 05 在"效果"面板中搜索"超级键"视频效果，将其拖曳至V3轨道素材上，移动播放指示器至00:00:05:00，单击"效果控件"面板中的吸管工具，在"节目"监视器面板中选择吸管工具，吸取"节目"监视器面板中的绿色，以设置主要颜色，如图5-52所示。预览效果如图5-53所示。

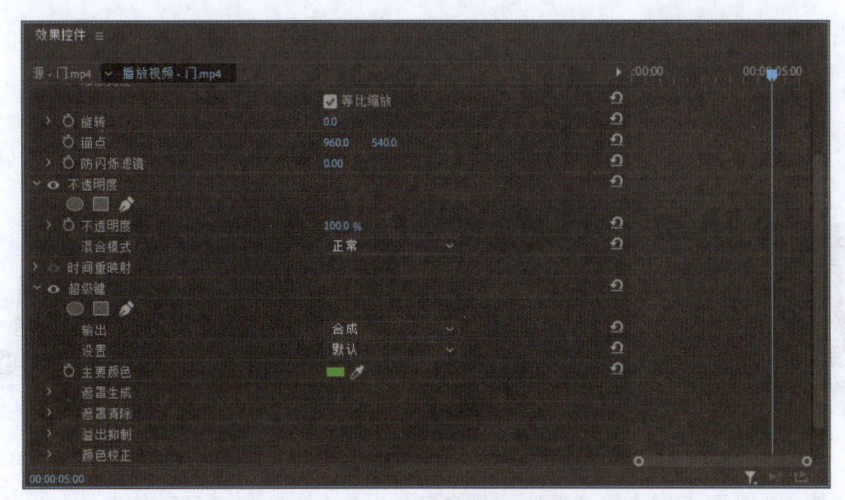

图 5-52　设置超级键属性参数

步骤 06 选中V2轨道和V3轨道素材，嵌套为"视频"，如图5-54所示。

图 5-53　预览效果　　　　　　　　　图 5-54　嵌套素材

步骤 07 选中嵌套序列，在"效果控件"面板中设置"位置"和"缩放"参数，如图5-55所示。预览效果如图5-56所示。

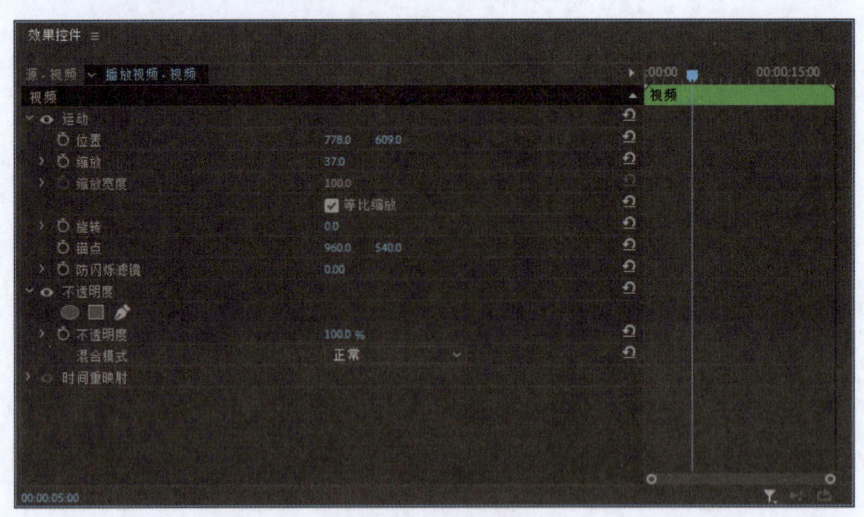

图 5-55　设置参数

步骤 08 单击"不透明度"属性参数中的"创建4点多边形蒙版"■按钮,在"节目"监视器面板中根据计算机屏幕调整蒙版,如图5-57所示。

图 5-56　预览效果　　　　　　　　　　图 5-57　创建蒙版

步骤 09 在"效果控件"面板中设置蒙版属性参数,如图5-58所示。预览效果如图5-59所示。

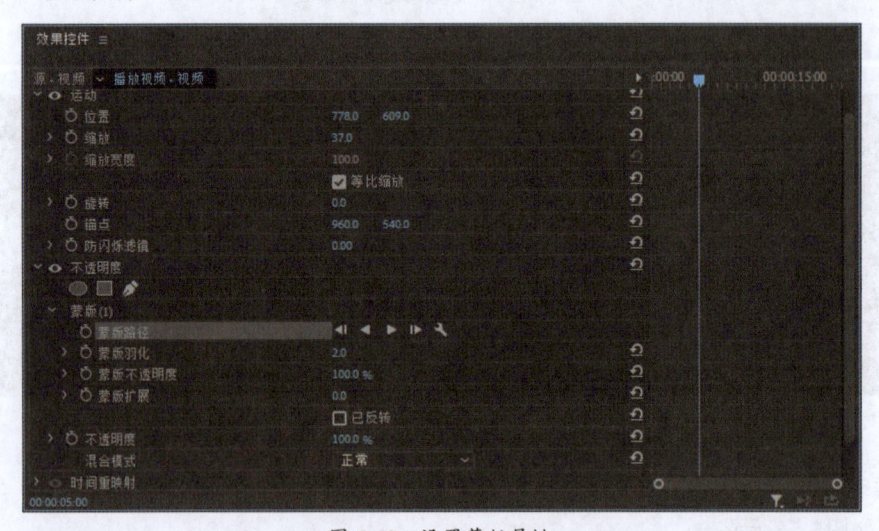

图 5-58　设置蒙版属性

图 5-59 预览效果

步骤 10 按Enter键渲染预览，预览效果如图5-60所示。至此，完成播放视频的计算机效果的制作。

图 5-60 预览效果

扫码唤醒AI影视大师
- 配套资源 ● 精品课程
- 进阶训练 ● 知识笔记

拓展阅读

合成技术的双刃剑——从《觉醒年代》看历史影像修复伦理

《觉醒年代》制作团队在修复1915年《新青年》编辑部的历史影像时，严格遵循"可识别原则"，即新增元素采用50%透明度叠加，从而与原始素材形成视觉上的区分。这种对历史真实的敬畏态度，与某些网络平台滥用Deepfake技术随意篡改历史人物形象的做法形成了鲜明对比。根据《网络音视频信息服务管理规定》的要求，合成内容必须进行显著标识，这启示我们：技术能力的提升须与历史责任感的增强同步进行。只有这样，才能确保在利用先进技术的同时，不丢失对历史真实性的尊重和维护。

模块 6

提升视频的听觉体验

内容概要

音频是数字影音中不可或缺的关键组成部分，为视频内容提供了重要支持。在叙事引导方面，音频增强了故事的情节性和连贯性；背景音效则营造出真实的场景氛围；音乐能够渲染情绪，增强观众的沉浸感。此外，音频在信息传递和节奏控制上也非常重要，引导观众的注意力和情感反应，从而提升整体观看体验。本模块将对音频的处理进行介绍。

数字资源

【本模块素材】："素材文件\模块6"目录下

【本模块课堂演练最终文件】："素材文件\模块6\课堂演练"目录下

6.1 认识音频

音频指通过声波传播的声音信号，它涵盖了人声、环境声、噪声等一切人类能够听到的声音。音频一般包括模拟音频和数字音频两种主要形式，模拟音频是声音的连续波形表示，直接反映了声波的物理特性，数字音频可以将声音转换为数字格式，便于存储和管理。

在数字影音后期制作中，音频发挥着以下重要作用：

- **增强情感表达**：音频通过声音传递情感，帮助观众更好地理解视频的主题和情感基调。合适的音乐和音效能够引导观众的情绪反应。
- **提供信息**：旁白和对话等音频元素能够清晰准确地传达信息，帮助观众理解故事情节和背景，增强叙事的连贯性。
- **营造氛围**：环境声和背景音乐能够营造特定的氛围，提升观众的沉浸体验，使其更深入地参与到视频内容中。
- **提高观看体验**：通过音频的剪辑、混合和效果处理，可以显著增强视频的观看体验，提升内容的吸引力和专业性，吸引观众的注意力。

Premiere支持导入编辑多种音频格式，常用的包括以下三种：

- **MP3格式**：MP3是一种使用非常广泛的音频编码方式，它可以在保持较好音质的情况下显著降低音频数据的容量大小，适用于移动设备的存储和使用。
- **波形音频格式**：波形音频格式是最早的音频格式，保存文件后缀为".wav"。该格式支持多种压缩算法，能够提供高质量的音频输出。然而，由于其未压缩或低压缩的特性，WAV格式占用的存储空间相对较大，因此在分享和发布方面不够便捷。
- **AAC音频格式**：AAC音频格式的中文名称为"高级音频编码"，该格式采用了全新的算法进行编码，压缩效率较高，能够在保持相对较好音质的同时减少文件大小。但由于其为有损压缩，音质可能相对其他无损格式略有不足。

6.2 音频的编辑

通过对原始音频的编辑和调整，可以增强音频与视频内容的协调性，使其更加紧密地适配于整体视频效果，从而提升视听体验。

6.2.1 音频增益

音频增益指剪辑中的输入电平或音量，它直接影响音量的大小。若"时间轴"面板中有多条音频轨道且在多条轨道上都有音频素材文件，就需要平衡这几个音频轨道的增益。选中要调整音频增益的音频素材，执行"剪辑→音频选项→音频增益"命令，打开"音频增益"对话框，如图6-1所示。

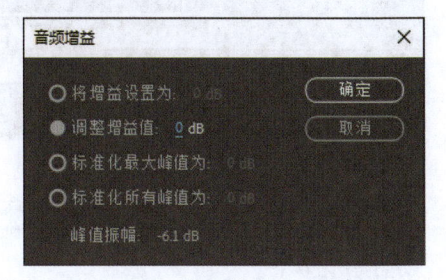

图6-1 "音频增益"对话框

各选项作用介绍如下：
- **将增益设置为**：将增益设置为某一特定值，该值始终更新为当前增益。
- **调整增益值**：用于调整具体的增益数值，在此字段中输入非零值，"将增益设置为"值会自动更新，以反映应用于该剪辑的实际增益值。
- **标准化最大峰值为**：用于设置选定素材的最大峰值振幅。
- **标准化所有峰值为**：用于设置选定素材的峰值振幅。

6.2.2 音频持续时间

音频持续时间是指音频文件从开始到结束的时间长度，它决定了音频在视频或多媒体项目中的位置和作用。在Premiere中，用户可以在不改变音频音调的前提下，灵活调整音频的持续时间。

选中"时间轴"面板中的音频素材并右击，在弹出的快捷菜单中执行"速度/持续时间"命令，打开"剪辑速度/持续时间"对话框进行设置即可，如图6-2所示。

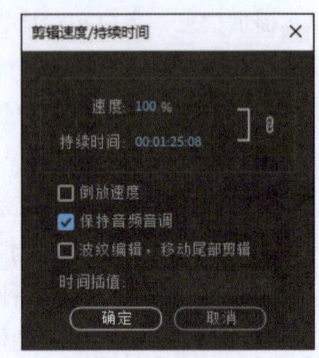

图 6-2　"剪辑速度/持续时间"对话框

6.2.3 音频关键帧

通过设置音频关键帧，可以实现对音频的动态调整，从而增强音频的表现力和适应性。用户可以选择在"时间轴"面板中，或"效果控件"面板中添加音频关键帧。

1. 在"时间轴"面板中添加音频关键帧

若想在"时间轴"面板中添加音频关键帧，则需先双击音频轨道前的空白处将其展开，如图6-3所示。再次双击此处可折叠音频轨道。

在展开的音频轨道中单击"添加-移除关键帧"按钮，可以添加或删除音频关键帧。添加音频关键帧后，可通过选择工具移动其位置，从而改变音频效果，如图6-4所示。

图 6-3　展开音频轨道　　　　图 6-4　添加并调整音频关键帧

> **提示**：按住Ctrl键靠近已有的关键帧，待鼠标指针变为状时按住鼠标左键拖动，可以创建更加平滑的变化效果。

2. 在"效果控件"面板中添加音频关键帧

在"效果控件"面板中添加音频关键帧的方式与创建视频关键帧的方式类似。

选择"时间轴"面板中的音频素材后，在"效果控件"面板中单击"级别"参数左侧的"切换动画"按钮，可以在播放指示器当前位置添加关键帧，移动播放指示器，调整参数或单击"添加/移除关键帧"按钮，可继续添加关键帧，如图6-5所示。单独设置"左侧"或"右侧"参数的关键帧，可以制作特殊的左右声道效果。

图 6-5　添加音频关键帧

6.2.4 音频过渡效果

音频过渡效果可以平滑音频剪辑之间的连接，避免突然的音量变化。在软件中，有三种主要的音频过渡效果可供选择：恒定功率、恒定增益和指数淡化。这些效果均可用于创建音频交叉淡化的效果。

- **恒定功率**：该音频过渡效果可以创建类似于视频剪辑之间的溶解过渡效果的平滑渐变的过渡。应用该音频过渡效果，首先会缓慢降低第一个剪辑的音频，然后快速接近过渡的末端。对于第二个剪辑，此交叉淡化首先快速增加音频，然后更缓慢地接近过渡的末端。
- **恒定增益**：该音频过渡效果在剪辑之间过渡时将以恒定速率更改音频进出，但听起来会比较生硬。
- **指数淡化**：该音频过渡效果淡出位于平滑的对数曲线上方的第一个剪辑，同时自下而上淡入同样位于平滑对数曲线上方的第二个剪辑。通过从"对齐"控件菜单中选择一个选项，可以指定过渡的定位。

添加音频过渡效果后，选择"时间轴"面板中添加的过渡效果，在"效果控件"面板中可以设置持续时间、对齐等参数，如图6-6所示。

图 6-6　设置音频过渡属性参数

6.2.5 "基本声音"面板

"基本声音"面板集成了多种功能，在其中可以完成统一音量级别、修复音频问题、制作特殊音效等操作。图6-7为未设置的"基本声音"面板。

"基本声音"面板中将音频分为对话、音乐、SFX及环境4种类型，其中对话指对话、旁白等人声，选择该类型，将提供一些对话相关的参数选项，包括去噪、清晰度调整等；音乐指伴奏；SFX指一些音效，可以为音频创建伪声效果；而环境指一些表现氛围的环境音。为选中的音频素材标记类型，如音乐，将显示"音乐"的相关参数，如图6-8所示。用户可以通过其中的"回避"选项组，制作音乐回避的效果。

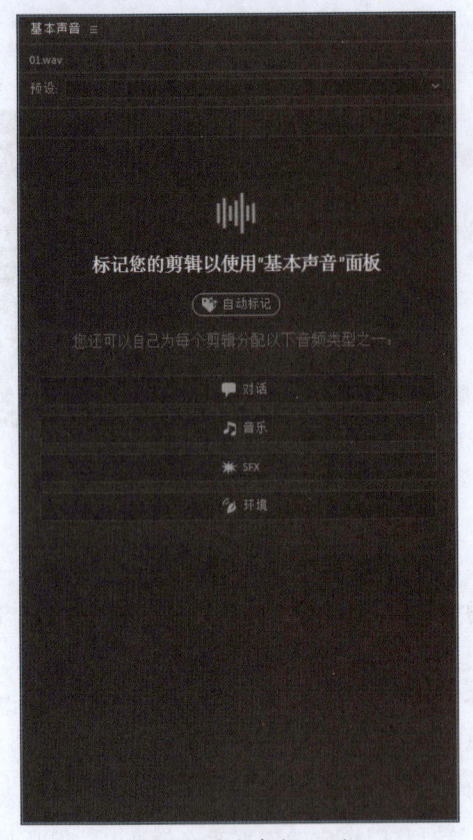

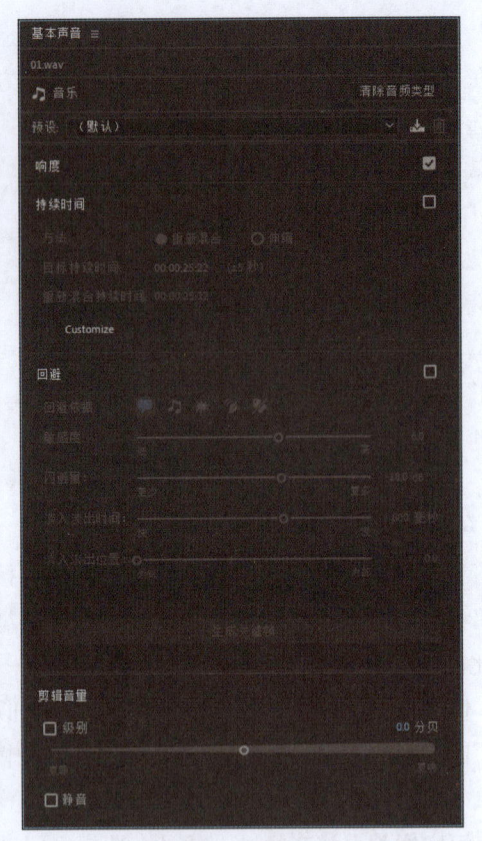

图 6-7 "基本声音"面板　　　　　图 6-8 "基本声音"面板的"音乐"选项卡

每种类型音频的参数略有不同，用户根据需要进行编辑即可。

实例 人声回避效果

通过"基本声音"面板，用户可以制作音乐避让人声的效果，下面练习制作人声回避效果。

步骤 01 根据图像素材新建项目和序列，并导入音频，如图6-9所示。
步骤 02 将"问.wav"音频素材拖曳至A1轨道中，如图6-10所示。

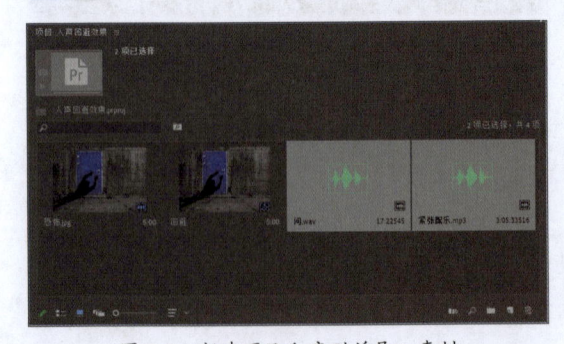

图 6-9　新建项目和序列并导入素材　　　　　图 6-10　添加音频素材

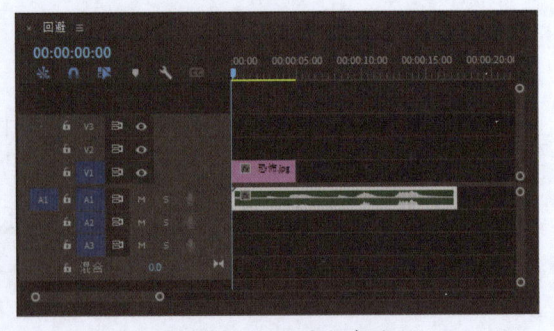

步骤 03 将"紧张配乐.mp3"音频素材拖曳至A2轨道中，如图6-11所示。

模块6 提升视频的听觉体验

步骤 04 在00:00:22:10处裁切A2轨道中的素材,并删除右半部分,并在出点处添加"恒定增益"音频过渡效果。调整图像素材持续时间与A2轨道素材一致,如图6-12所示。

图 6-11 添加音频素材

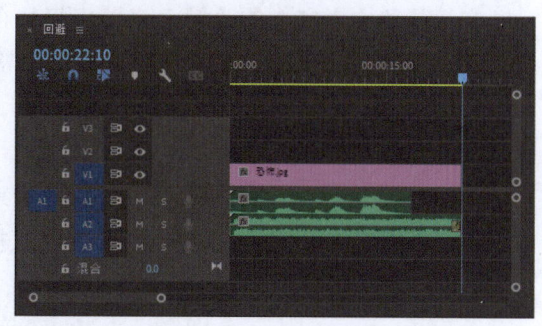

图 6-12 裁剪音频素材并添加音频过渡效果

步骤 05 选中A2轨道中的音频,执行"剪辑→音频选项→音频增益"命令,打开"音频增益"对话框,设置参数,如图6-13所示。完成后单击"确定"按钮。

步骤 06 选中A1轨道中的音频,在"基本声音"面板中设置其类型为"对话"。选择A2轨道中的音频,在"基本声音"面板中设置其类型为"音乐",选择"回避"复选框并进行设置,如图6-14所示。

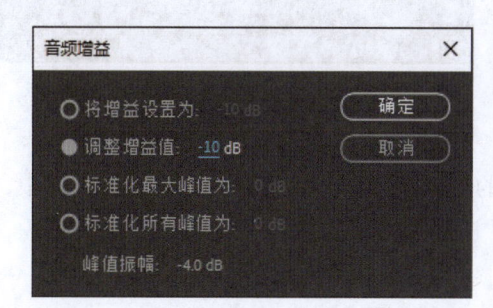

图 6-13 设置音频增益

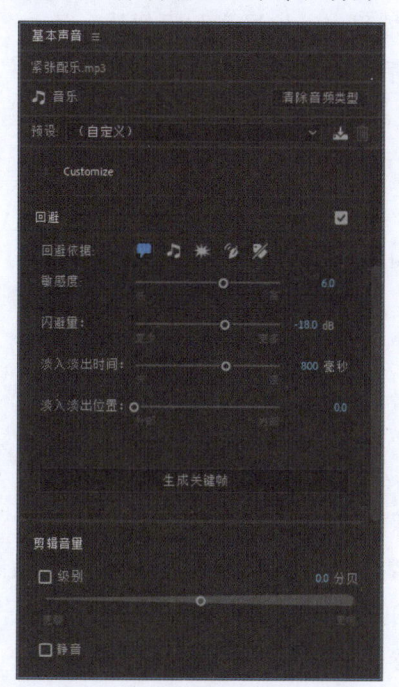

图 6-14 设置音乐回避对话

步骤 05 完成后单击"生成关键帧"按钮,在"时间轴"面板中展开A2轨道可看到添加的音频关键帧,如图6-15所示。

至此,完成人声回避效果的制作。

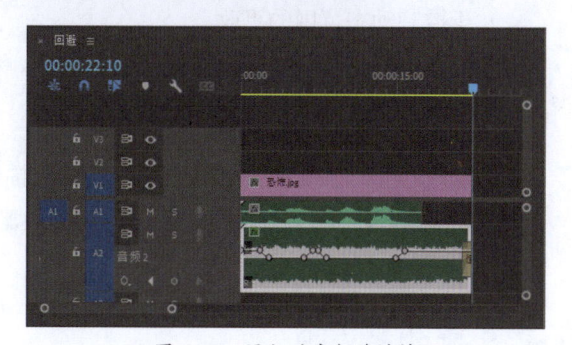

图 6-15 添加的音频关键帧

· 121 ·

6.3 音频效果的应用

音频是数字影音中的关键元素，声画结合可以显著提升视频的视觉表现力和影响力。Premiere软件提供了多种内置的音频效果，以帮助用户处理音频。

6.3.1 振幅与压限类音频效果

"振幅与压限"音频效果组中包括10种音频效果，可以对音频的振幅进行处理，避免出现较低或较高的声音。下面对部分常用音频效果进行介绍。

1. 动态

"动态"音频效果可以控制一定范围内音频信号的增强或减弱。该效果包括4个部分：自动门、压缩程序、扩展器和限幅器。添加该音频效果后，在"效果控件"面板中单击"编辑"按钮，可以打开"剪辑效果编辑器-动态"面板进行设置，如图6-16所示。各选项功能介绍如下：

- **自动门**：用于删除低于特定振幅阈值的噪声。其中，"阈值"参数可以设置指定效果器的上限或下限值；"攻击"参数可以指定检测到达到阈值的信号多久启动效果器；"释放"参数可以设置指定效果器的工作时间；"定格"参数则用于保持时间。

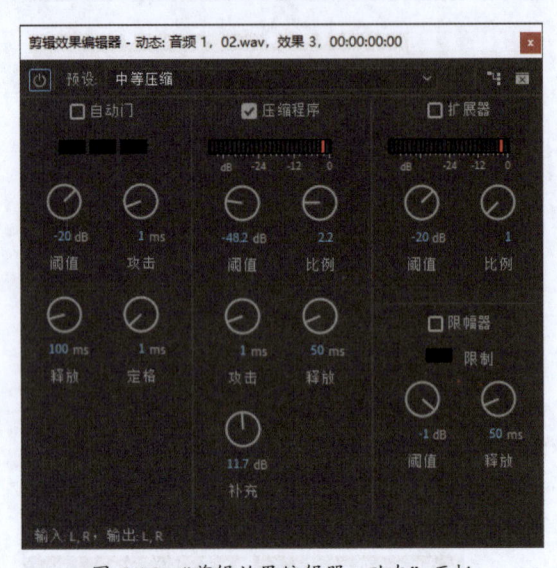

图 6-16 "剪辑效果编辑器-动态"面板

- **压缩程序**：用于通过衰减超过特定阈值的音频来减少音频信号的动态范围。其中，"攻击"和"释放"参数更改临时行为时，"比例"参数可以控制动态范围中的更改；"补充"参数可以补偿增加音频电平。
- **扩展器**：通过衰减低于指定阈值的音频来增加音频信号的动态范围。"比例"参数可以用于控制动态范围的更改。
- **限幅器**：用于衰减超过指定阈值的音频。信号受到限制时，表 LED 会亮起。

2. 动态处理

"动态处理"音频效果可用作压缩器、限幅器或扩展器。作为压缩器和限制器时，该效果可减少动态范围，产生一致的音量。作为扩展器时，它通过减小低电平信号的电平来增加动态范围。

3. 单频段压缩器

"单频段压缩器"音频效果可减少动态范围，从而产生一致的音量并提高感知响度。该效果常作用于画外音，以便在音乐音轨和背景音频中突显语音。

4. 增幅

"增幅"音频效果可增强或减弱音频信号。该效果实时起效，用户可以结合其他音频效果一起使用。

5. 多频段压缩器

"多频段压缩器"音频效果可单独压缩4种不同的频段，每个频段通常包含唯一的动态内容，常用于处理音频母带。添加该音频效果后，在"效果控件"面板中单击"编辑"按钮，可以打开"剪辑效果编辑器-多频段压缩器"面板进行设置，如图6-17所示。其中部分选项功能介绍如下：

- **独奏** S：单击该按钮，将只能听到当前频段。
- **阈值**：用于设置启用压缩的输入电平。若想压缩极端峰值并保留更大动态范围，阈值需低于峰值输入电平5dB左右；若想高度压缩音频并大幅减小动态范围，阈值需低于峰值输入电平15dB左右。

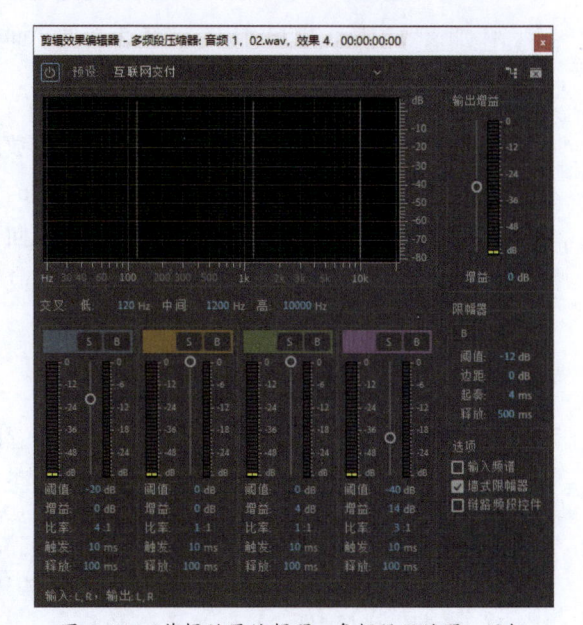

图 6-17 "剪辑效果编辑器-多频段压缩器"面板

- **增益**：用于在压缩之后增强或消减振幅。
- **输出增益**：用于在压缩之后增强或消减整体输出电平。
- **限幅器**：用于输出增益后在信号路径的末尾应用限制，优化整体电平。
- **输入频谱**：选择该复选框，将在多频段图形中显示输入信号的频谱，而不是输出信号的频谱。
- **墙式限幅器**：选择该复选框，将在当前裕度设置应用即时强制限幅。
- **链路频段控件**：选择该复选框，将全局调整所有频段的压缩设置，同时保留各频段间的相对差异。

6. 强制限幅

"强制限幅"音频效果可以减弱高于指定阈值的音频。该效果可提高整体音量同时避免扭曲。

7. 消除齿音

"消除齿音"音频效果可去除齿音和其他高频"嘶嘶"类型的声音。

6.3.2 延迟与回声音频效果

"延迟与回声"音频效果组中包括3种音频效果,可以通过延迟制作回声的效果,使声音更加饱满有层次。

1. 多功能延迟

"多功能延迟"音频效果可以制作延迟音效的回声效果,适用于5.1、立体声或单声道剪辑。添加该效果后,用户可以在"效果控件"面板中设置(最多)4个回声效果。

2. 延迟

"延迟"音频效果可以制作指定时间后播放的回声效果,生成单一回声,其对应的选项如图6-18所示。35 ms或更长时间的延迟可产生不连续的回声,而15~34 ms之间的延迟可产生简单的和声或镶边效果。

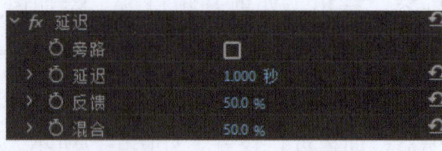

图6-18 "延迟"属性参数

3. 模拟延迟

"模拟延迟"音频效果可模拟老式延迟装置的温暖声音特性,制作缓慢的回声效果。添加该效果后,在"效果控件"面板中单击"编辑"按钮,打开"剪辑效果编辑器-模拟延迟"面板,如图6-19所示。其中部分选项功能介绍如下:

- **预设**:包括多种软件预设的效果,用户可以直接选择进行应用。
- **干输出**:用于确定原始未处理音频的电平。
- **湿输出**:用于确定延迟的、经过处理的音频的电平。
- **延迟**:用于设置延迟的长度。
- **反馈**:用于通过延迟线重新发送延迟的音频,来创建重复回声。数值越高,回声强度增长越快。
- **劣音**:用于增加扭曲并提高低频,增加温暖度的效果。

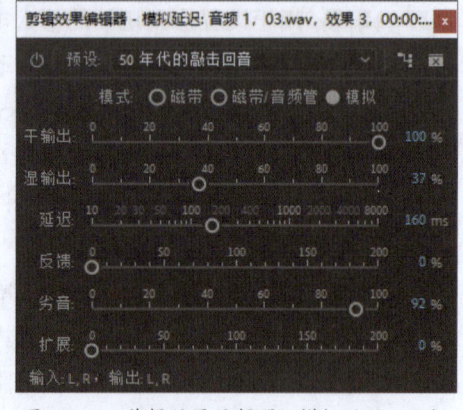

图6-19 "剪辑效果编辑器-模拟延迟"面板

6.3.3 滤波器和EQ音频效果

"滤波器和EQ"音频效果组中包括14种音频效果,可以过滤掉音频中的某些频率,得到更加纯净的音频。部分常用音频效果介绍如下:

1. FFT滤波器

"FFT滤波器"音频效果可以轻松绘制用于抑制或增强特定频率的曲线或陷波。

2. 低通

"低通"音频效果可以消除高于指定频率界限的频率，使音频产生浑厚的低音音场效果。添加该效果后，在"效果控件"面板中设置"切断"参数即可，如图6-20所示。

图6-20 "低通"属性参数

3. 低音

"低音"音频效果可以增大或减小低频（200 Hz及以下），适用于5.1、立体声或单声道剪辑。

4. 图形均衡器（10段）/（20段）/（30段）

"图形均衡器"音频效果可以增强或消减特定频段，并直观地表示生成的EQ曲线。在使用时，用户可以选择不同频段的"图形均衡器"音频效果进行添加，其中。"图形均衡器（10段）"音频效果频段最少，调整最快；"图形均衡器（30段）"音频效果频段最多，调整最精细。

5. 带通

"带通"音频效果移除在指定范围外发生的频率或频段，图6-21为其选项。其中Q表示提升或者衰减的频率范围。

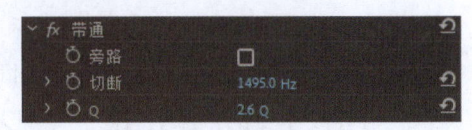

图6-21 "带通"属性参数

6. 科学滤波器

"科学滤波器"音频效果对音频进行高级操作。添加该效果后，在"效果控件"面板中单击"编辑"按钮，打开"剪辑效果编辑器-科学滤波器"面板，如图6-22所示。

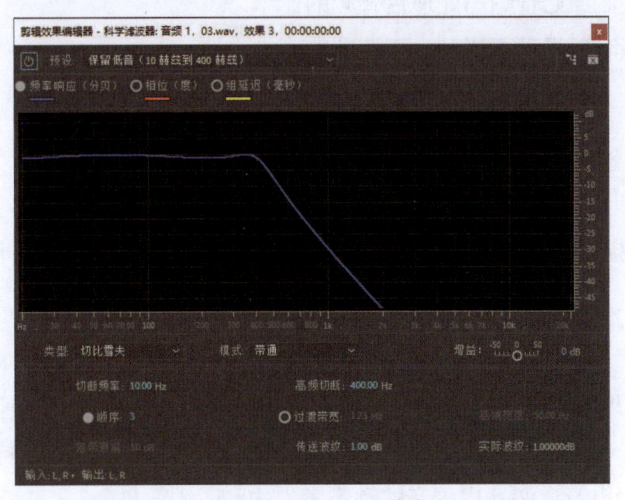

图6-22 "剪辑效果编辑器-科学滤波器"面板

其中部分选项功能介绍如下：

- **预设**：用于选择软件自带的预设进行应用。
- **类型**：用于设置科学滤波器的类型，包括"贝塞尔""巴特沃斯""切比雪夫"和"椭圆"4种类型。

- **模式**：用于设置滤波器的模式，包括"低通""高通""带通"和"带阻"4种模式。
- **增益**：用于调整音频整体音量级别，避免产生太响亮或太柔和的音频。

6.3.4 调制音频效果

"调制"音频效果组中包括3种音频效果，可以通过混合音频效果或移动音频信号的相位改变声音。

1. 和声/镶边

"和声/镶边"音频效果可以模拟多个音频的混合效果，增强人声音轨或为单声道音频添加立体声空间感。添加该效果后，在"效果控件"面板中单击"编辑"按钮，打开"剪辑效果编辑器-和声/镶边"面板，如图6-23所示。

其中部分选项功能介绍如下：

- **模式**：用于设置模式，包括"和声"和"镶边"2个选项。"和声"可以模拟同时播放多个语音或乐器的效果；"镶边"可以模拟最初在打击乐中听到的延迟相移声音。

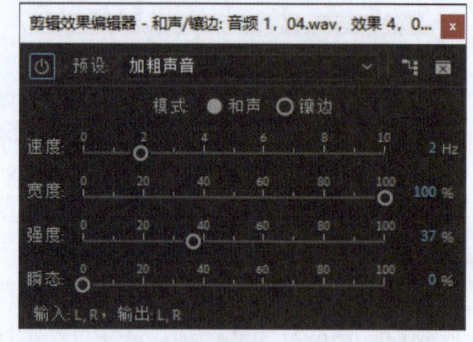

图 6-23 "剪辑效果编辑器-和声/镶边"面板

- **速度**：用于控制延迟时间循环从零到最大设置的速率。
- **宽度**：用于指定最大延迟量。
- **强度**：用于控制原始音频与处理后音频的比率。
- **瞬态**：强调瞬时，提供更锐利、更清晰的声音。

2. 移相器

"移相器"音频效果类似于镶边，该效果可以移动音频信号的相位，并将其与原始信号重新合并，制作出20世纪60年代流行的打击乐效果。与镶边不同的是，"移相器"效果会以上限频率为起点/终点扫描一系列相移滤波器。相位调整可以显著改变立体声声像，创建超自然的声音。

3. 镶边

"镶边"音频效果可以通过将原始音频信号与一个略微延迟并快速变化延迟时间的副本混合在一起，创造出一种深度和空间感的变化以及具有周期性颤音的声音特征。"镶边"音频效果多用于增强音乐、电影或游戏中声音的动态表现力和艺术效果。

6.3.5 降杂/恢复音频效果

"降杂/恢复"音频效果组中包括4种音频效果，可用于去除音频中的杂音，使音频更加纯净。

1. 减少混响

"减少混响"音频效果可以消除混响曲线并辅助调整混响量。

2. 消除嗡嗡声

"消除嗡嗡声"音频效果可以去除窄频段及其谐波。常用于处理照明设备和电子设备电线发出的嗡嗡声。用户可以在"剪辑效果编辑器-消除嗡嗡声"面板中详细进行设置,如图6-24所示。其中部分选项功能介绍如下:

- **频率**:设置嗡嗡声的根频率,若不确定,可预览时反复拖动调整。
- **Q**:设置根频率和谐波的宽度,值越高,影响的频率范围越窄;值越低,影响的范围越宽。
- **谐波数**:设置要影响的谐波频率数量。
- **谐波斜率**:用于更改谐波频率的减弱比。

3. 自动咔嗒声移除

"自动咔嗒声移除"音频效果可以去除音频中的咔嗒声音或静电噪声。图6-25为"剪辑效果编辑器-自动咔嗒声移除"面板。其中,"阈值"参数可以设置噪声灵敏度,设置越低,可检测到的咔嗒声和爆音越多;"复杂度"参数可以设置噪声复杂度,设置越高,应用的处理越多,但可能降低音质。

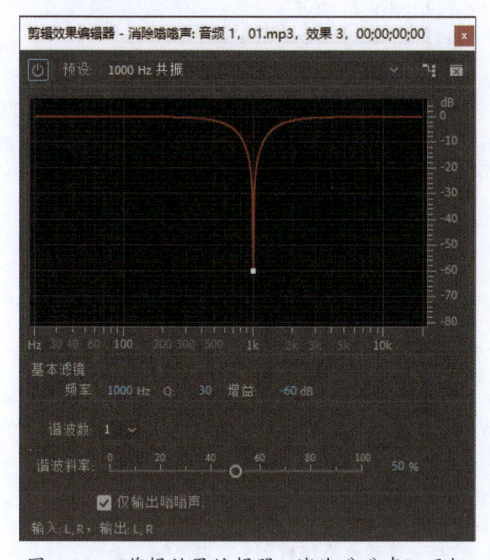

图 6-24 "剪辑效果编辑器-消除嗡嗡声"面板　　图 6-25 "剪辑效果编辑器-自动咔嗒声移除"面板

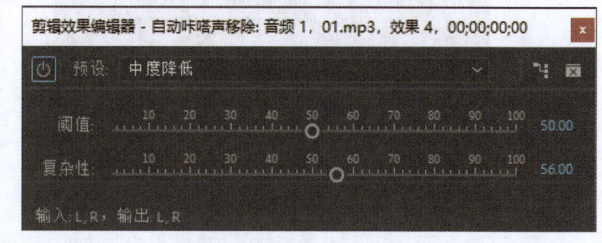

4. 降噪

"降噪"音频效果可以降低或完全去除音频文件中的噪声,包括不需要的嗡嗡声、嘶嘶声、空调噪声或任何其他背景噪声。

6.3.6 混响音频效果

"混响"音频效果组中包括3种音频效果,可为音频添加混响,模拟声音反射的效果。

1. 卷积混响

"卷积混响"音频效果可以基于卷积的混响使用脉冲文件模拟声学空间，使之如同在原始环境中录制一般真实。添加该效果后，在"效果控件"面板中单击"编辑"按钮，打开"剪辑效果编辑器-卷积混响"面板，如图6-26所示。其中部分选项功能介绍如下：

- **预设**：该下拉列表中包括多种预设效果，用户可以直接选择应用。
- **脉冲**：用于指定模拟声学空间的文件。单击"加载"按钮可以添加自定义的脉冲文件。
- **混合**：用于设置原始声音与混响声音的比率。
- **房间大小**：用于设置由脉冲文件定义的完整空间的百分比，数值越大，混响越长。
- **阻尼LF**：用于减少混响中的低频重低音分量，避免模糊，产生更清晰的声音。
- **阻尼HF**：用于减少混响中的高频瞬时分量，避免刺耳声音，产生更温暖、更生动的声音。
- **预延迟**：用于确定混响形成最大振幅所需的毫秒（ms）数。数值较低时声音比较自然；数值较高时可生成特殊效果。

2. 室内混响

"室内混响"音频效果可以模拟室内空间演奏音频的效果。用户可以在多轨编辑器中快速有效地进行实时更改，无须对音轨预渲染效果。添加该效果后，在"效果控件"面板中单击"编辑"按钮，打开"剪辑效果编辑器-室内混响"面板，如图6-27所示。

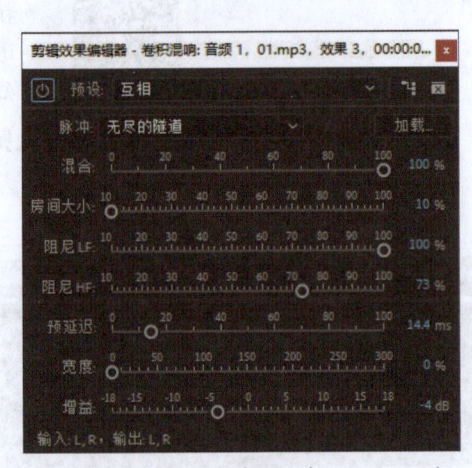

图 6-26 "剪辑效果编辑器-卷积混响"面板 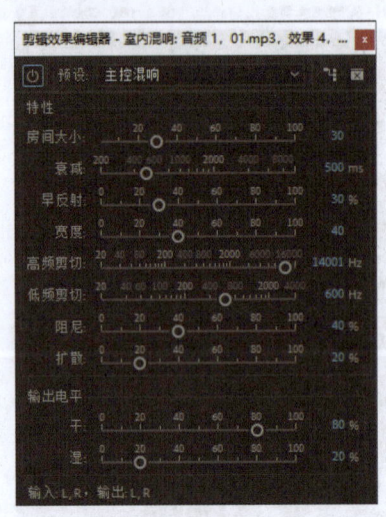　　图 6-27 "剪辑效果编辑器-室内混响"面板

其中部分选项功能介绍如下：

- **衰减**：用于调整混响衰减量（以毫秒为单位）。
- **早反射**：用于控制先到达耳朵的回声的百分比，提供对整体空间大小的感觉。过高值会导致声音失真，而过低值会失去表示空间大小的声音信号。
- **高频剪切**：用于设置可产生混响的最高频率。与之相对的"低频剪切"则用于设置可产生混响的最低频率。

- **扩散**：用于模拟混响信号在地毯和挂帘等表面上反射时的吸收。设置越低，产生的回声越多；设置越高，产生的混响越平滑，且回声越少。
- **干**：用于设置源音频在含有效果的输出中的百分比。
- **湿**：用于设置混响在输出中的百分比。

3. 环绕声混响

"环绕声混响"音频效果可模拟声音在室内声学空间中的效果和氛围，常用于5.1音源，也可为单声道或立体声音源提供环绕声环境。

■ 6.3.7 特殊效果音频效果

"特殊效果"音频效果组中包括12种音频效果，常用于制作一些特殊的效果，如交换左右声道、模拟汽车音箱爆裂声音等。下面对部分常用音频效果进行介绍。

1. Loudness Rader

"Loudness Rader（雷达响度计）"音频效果可以测量剪辑、轨道或序列中的音频级别，帮助用户控制声音的音量，以满足广播电视要求。添加该效果后，在"效果控件"面板中单击"编辑"按钮，打开"剪辑效果编辑器- Loudness Rader"面板，如图6-28所示。在该面板中，播放声音时若出现较多黄色区域，表示音量偏高；仅出现蓝色区域，表示音量偏低，一般来说，需要将响度保持在雷达的绿色区域中，才可满足要求。

2. 互换声道

"互换声道"音频效果仅适用于立体声剪辑，可用于交换左右声道信息的位置。

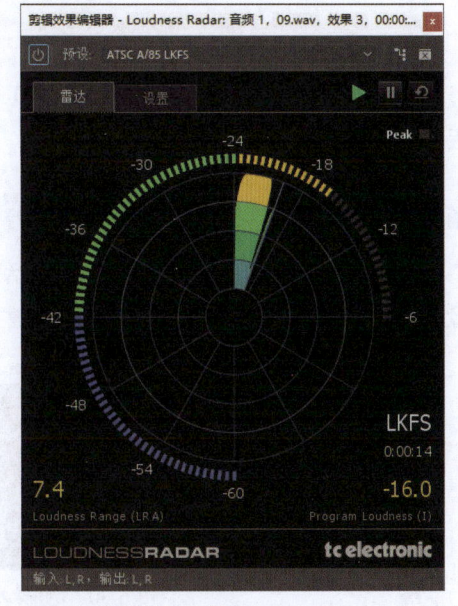

图6-28 "剪辑效果编辑器 - Loudness Rader"面板

3. 人声增强

"人声增强"音频效果可以增强人声，改善旁白录音质量。

4. 吉他套件

"吉他套件"音频效果将应用一系列可以优化和改变吉他音轨声音的处理器，模拟吉他弹奏的效果，使音频更具有表现力。图6-29为打开的"剪辑效果编辑器-吉他套件"面板。其中，"压缩程序"可以减少动态范围以保持一致的振幅，并帮助在混合音频中突出吉他音轨；"扭曲"可以增加可经常在吉他独奏中听到的声音边缘；"放大器"可以模拟吉他手用来创造独特音调的各种放大器和扬声器组合。

图 6-29 "剪辑效果编辑器 - 吉他套件"面板

5. 用右侧填充左侧

"用右侧填充左侧"音频效果可以复制音频剪辑的左声道信息,并将其放置在右声道中,丢弃原始剪辑的右声道信息。

6. 用左侧填充右侧

"用左侧填充右侧"音频效果可以复制音频剪辑的右声道信息,并将其放置在左声道中,丢弃原始剪辑的左声道信息。

■ 6.3.8 "立体声声像"音频效果组

"立体声声像"音频效果组中仅包括"立体声扩展器"1种音频效果,可以调整立体声声像,控制其动态范围。图6-30为"剪辑效果编辑器-立体声声像"面板。

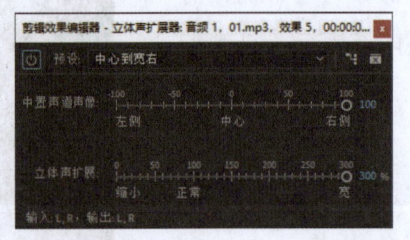

图 6-30 "剪辑效果编辑器 - 立体声声像"面板

部分常用选项功能介绍如下:

- **中置声道声像**:将立体声声像的中心定位到极左(-100%)和极右(100%)之间的任意位置。
- **立体声扩展**:将立体声声像从缩小/正常(0)扩展到宽(300)。缩小/正常反映的是未经处理的原始音频。

■ 6.3.9 "时间与变调"音频效果组

"时间与变调"音频效果组中仅包括"音高换档器"一种音频效果,可以实时改变音调。图6-31为"剪辑效果编辑器-音高换挡器"面板。

模块6 提升视频的听觉体验

图 6-31 "剪辑效果编辑器-音高换挡器"面板

部分常用选项功能介绍如下：
- **变调**：用于调整音调。其中，"半音阶"以半音阶增量变调，这些增量相当于音乐的二分音符；"音分"按半音阶的分数调整音调；"比率"确定变换后频率和原始频率之间的关系。
- **精度**：用于确定音质。"低精度"为8位或低质量音频使用的低设置；"中等精度"为中等品质音频使用的中等设置；"高精度"为专业录制的音频使用的高设置，处理时间较长。
- **音高设置**：用于控制如何处理音频。"拼接频率"可以确定每个音频数据块的大小，数值越高，随时间伸缩的音频放置越准确，同时人为噪声也越明显；"重叠"用于确定每个音频数据块与前一个和下一个块的重叠程度。

实例 纯净人声

去除声音中的噪声可以提升音频的整体质量和清晰度，使观众获得良好的视听体验。下面练习使用"降噪"效果去除声音中的噪声以制作纯净人声。

步骤 01 新建项目，导入本模块素材文件，并将其拖曳至"时间轴"面板中，软件将根据素材自动创建序列，如图6-32所示。

步骤 02 在"效果"面板中搜索"降噪"音频效果，将其拖曳至A1轨道素材上，在"效果控件"面板中单击"编辑"按钮，打开"剪辑效果编辑器-降噪"面板，在"预设"下拉列表中选择"强降噪"选项，如图6-33所示。

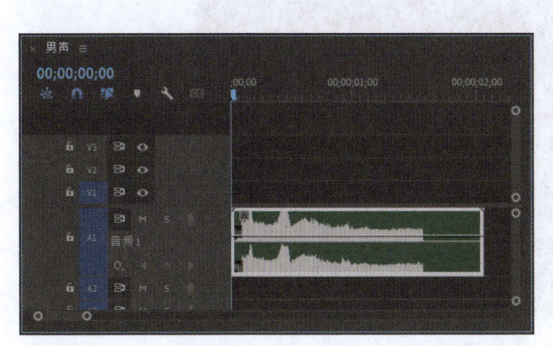

图 6-32 添加音频　　　　　图 6-33 设置降噪

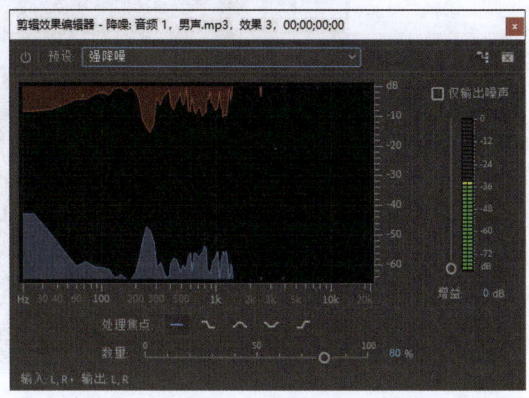

· 131 ·

步骤 03 关闭"剪辑效果编辑器-降噪"面板,在"效果"面板中搜索"室内混响"音频效果,将其拖曳至A1轨道素材上,在"效果控件"面板中单击"编辑"按钮,打开"剪辑效果编辑器-室内混响"面板,在"预设"下拉列表中选择"人声混响(大)"选项,如图6-34所示。

步骤 04 关闭"剪辑效果编辑器-室内混响"面板,在"效果"面板中搜索"参数均衡器"音频效果,将其拖曳至A1轨道素材上,在"效果控件"面板中单击"编辑"按钮,打开"剪辑效果编辑器-参数均衡器"面板,在"预设"下拉列表中选择"人声增强"选项,如图6-35所示。

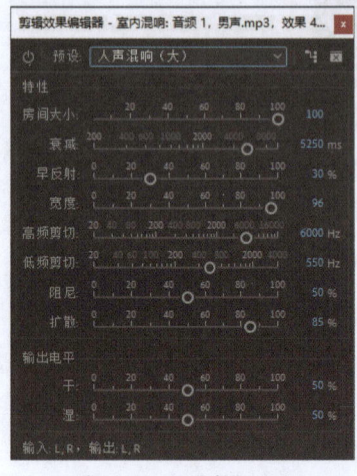

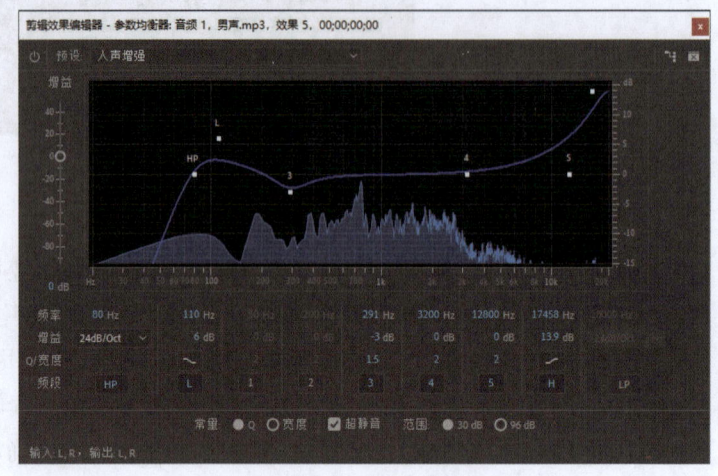

图 6-34 设置室内混响　　　　图 6-35 设置参数均衡器

至此,完成纯净人声效果的制作。

课堂演练:制作回声效果

本模块主要对音频、音频的编辑及常用音频效果进行了详细的介绍,下面综合本模块所学知识,制作回声效果。

步骤 01 基于图像素材新建项目和序列,并导入音频素材,如图6-36所示。此时,"节目"监视器面板中的预览效果如图6-37所示。

扫码观看视频

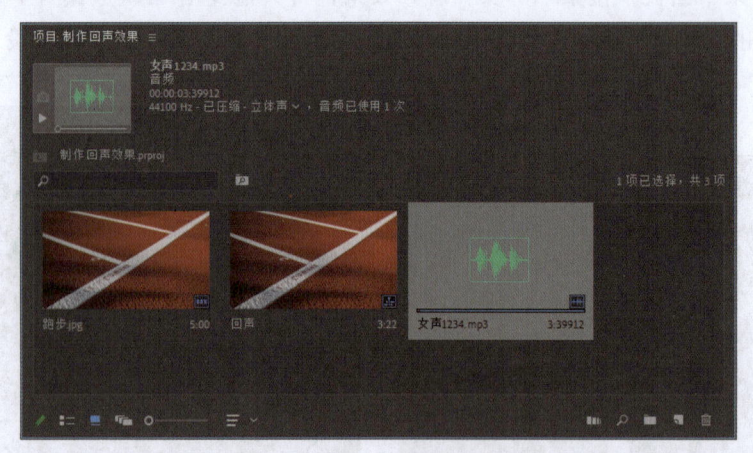

图 6-36 新建的项目和序列

模块6　提升视频的听觉体验

步骤 02 将音频素材拖曳至A1轨道中，调整图像素材持续时间与音频素材一致，如图6-38所示。

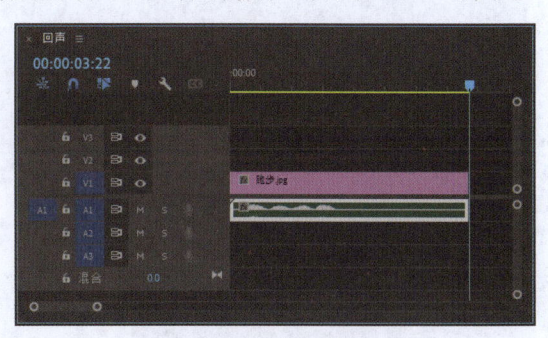

图 6-37　预览效果　　　　　　　　　　图 6-38　调整素材持续时间

步骤 03 在"效果"面板中搜索"模拟延迟"效果，将其拖曳至A1轨道素材上，在"效果控件"面板中单击"编辑"按钮，打开"剪辑效果编辑器-模拟延迟"面板，在"预设"下拉列表中选择"峡谷回声"选项，如图6-39所示。关闭面板。

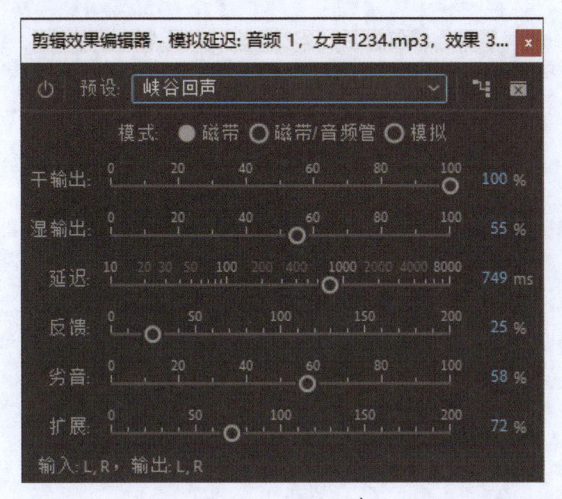

图 6-39　设置回声

至此，完成回声效果的制作。

拓展阅读

听见中国——从曾侯乙编钟到杜比全景声的文化解码

1978年出土的曾侯乙编钟，其"一钟双音"的声学原理为现代环绕声场设计提供了灵感。纪录片《中国》在使用5.1声道技术还原唐代宫廷雅乐时，特别保留了钟磬余韵的自然衰减过程，避免了因数字降噪而造成的声场扁平化问题。反观某些综艺节目过度依赖罐头笑声而导致情感表达失真的情况，正印证了《礼记·乐记》中"声成文，谓之音"的审美准则——声音设计应如传统书画中的"计白当黑"，留出情感呼吸的空间。通过这种方式，不仅能增强听觉体验的真实性和丰富性，同时也体现了对传统文化的尊重与传承。

扫码唤醒AI影视大师
● 配套资源 ● 精品课程
● 进阶训练 ● 知识笔记

模块 7

解析 AE 图层与关键帧

内容概要

After Effects 是一款专业的视频后期制作软件，广泛应用于数字应用后期制作、动画制作、特效合成等领域，它提供了强大的工具和功能，支持用户创建精彩的动态视觉效果。本模块将对 After Effects 的基础操作进行介绍。

数字资源

【本模块素材】："素材文件\模块7"目录下
【本模块课堂演练最终文件】："素材文件\模块7\课堂演练"目录下

7.1 After Effects的工作界面

After Effects工作界面由"工具"面板、"项目"面板、"合成"面板、"时间轴"面板及其他常用面板组成,如图7-1所示。这些面板在数字影音后期制作中起着不同的作用。

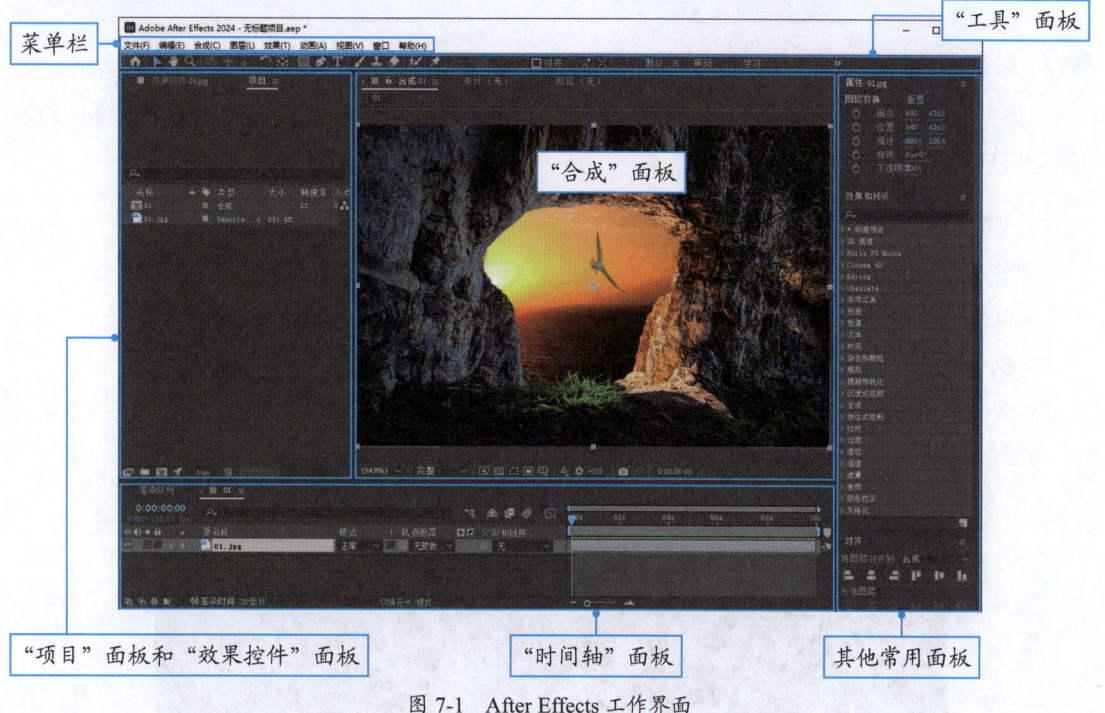

图 7-1　After Effects 工作界面

> **提示**:After Effects工作界面不固定,用户可以自由调整面板位置。

部分常用面板作用介绍如下:

- **"工具"面板**:"工具"面板中包括一些常用的工具,如选取工具、抓手工具等。其中部分图标右下角有下拉列表按钮的工具含有多重工具选项,单击展开可看到隐藏的工具。通过这些工具,用户可以在"合成"面板中处理素材,完成移动、缩放、绘图等操作。
- **"项目"面板**:"项目"面板中存储着After Effects当前项目文件的所有素材文件、合成文件以及文件夹,选中其中的素材或文件,可在"项目"面板的上半部分查看缩览图及属性等信息。
- **"合成"面板**:"合成"面板是After Effects的核心面板之一,用户可以在其中实时预览视频项目的整体视觉效果,并进行各项视觉和特效编辑工作。单击该面板底部的"放大率弹出式菜单" (44.1%) 按钮,在弹出的菜单中可以选择显示比例。
- **"时间轴"面板**:"时间轴"面板可以控制图层效果及图层运动,用户可以在该面板中精确设置合成中各种素材的位置、时间、特效和属性等,合成影片,还可以调整图层的顺序和制作关键帧动画。

7.2 After Effects基础操作

项目与合成是After Effects工作的基础，项目是整体的容器，管理所有素材和合成；而合成则是具体的工作单元，负责实现特定的视觉效果和动画。

7.2.1 创建与管理项目

项目文件扩展名为.aep，一般存储在硬盘中，用户可以根据数字影音后期制作需要，创建项目并进行管理。

1. 创建项目

创建项目的方式一般有以下3种：
- 单击主页中的"新建项目"按钮。
- 执行"文件"→"新建"→"新建项目"命令。
- 按Ctrl+Alt+N组合键。

通过这3种方式，均可新建默认设置的空白项目，如图7-2所示。

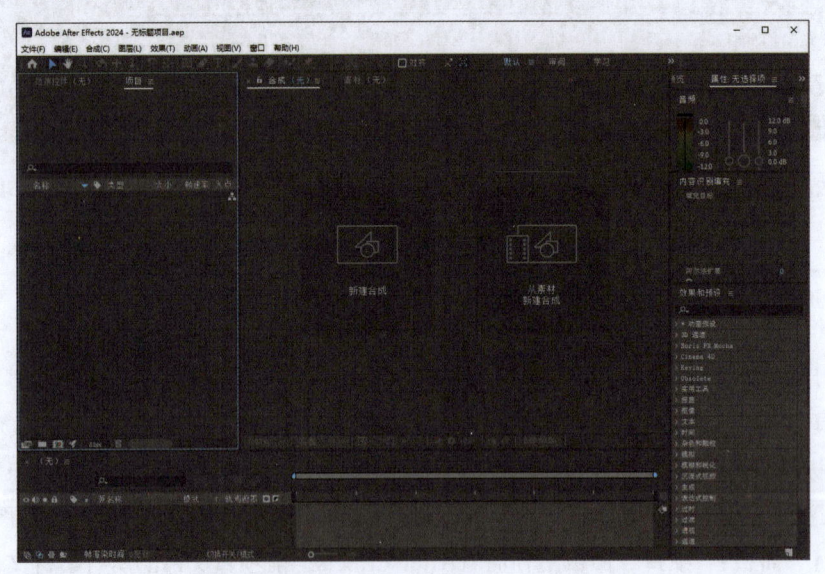

图 7-2 创建项目

2. 打开项目

除了新建项目外，也可以选择打开已有的项目文件进行操作，常用的打开方式有以下4种：
- 单击主页中的"打开项目"按钮，打开"打开"对话框，如图7-3所示。从中选择项目文件，单击"打开"按钮即可。
- 执行"文件"→"打开项目"命令或按Ctrl+O组合键，打开"打开"对话框进行设置。
- 执行"文件"→"打开最近的文件"命令，在其子菜单中将显示最近打开的文件，进行选择即可。
- 在本地文件夹中找到项目文件，双击打开，或将其拖曳至"项目"或"合成"面板中。

3. 保存项目

及时地保存文件是避免误操作或意外关闭造成损失的有效方法，下面对保存项目的操作进行介绍。

保存过的项目文件执行"文件"→"保存"命令或按Ctrl+S组合键后，会自动覆盖原项目进行保存。对于从未保存过的项目文件，执行"文件"→"保存"命令，将打开"另存为"对话框，如图7-4所示。从中可以设置项目文件的存储名称和存储位置，设置完成后单击"保存"按钮，将根据设置保存文件。

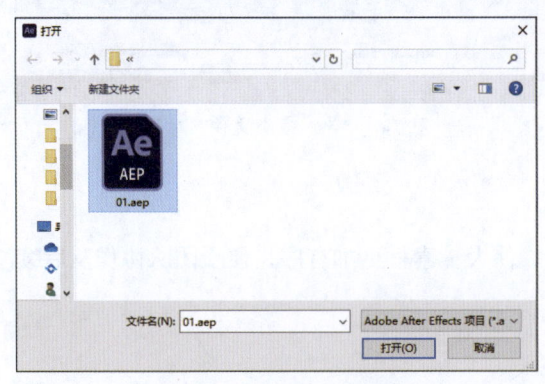

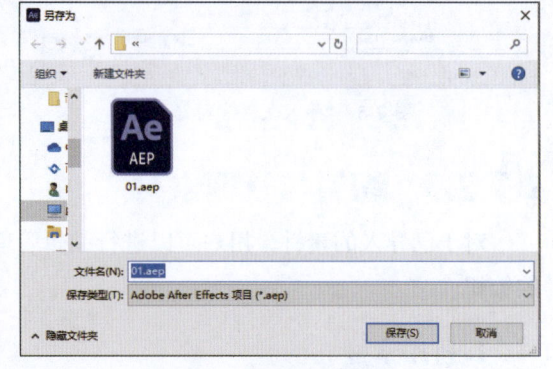

图 7-3 "打开"对话框　　　　　　　　图 7-4 "另存为"对话框

若既想保留原有项目，又想保留当前项目的更改内容，可以执行"文件"→"另存为"→"另存为"命令或按Ctrl+Shift+S组合键，打开"另存为"对话框进行设置，将当前操作的项目文件另存。

7.2.2 导入素材

用户可以选择导入多种素材，如视频、音频、图像、文件、预合成等，常用的导入素材的方式有以下5种：

- 执行"文件"→"导入"→"文件"命令或按Ctrl+I组合键，打开"导入文件"对话框（见图7-5），从中选择素材后，单击"导入"按钮即可。
- 执行"文件"→"导入"→"导入文件"命令或按Ctrl+Alt+I组合键，打开"导入多个文件"对话框（见图7-6），从中选择文件素材后，单击"导入"按钮。要注意的是，执行该命令导入素材后，将再次打开"导入多个文件"对话框继续导入操作，而不需要多次执行导入命令。
- 在"项目"面板素材列表空白区域右击，在弹出的菜单中执行"导入"→"文件"命令，打开"导入文件"对话框进行设置。
- 在"项目"面板素材列表空白区域双击，打开"导入文件"对话框进行设置；
  将素材文件或文件夹直接拖曳至"项目"面板。

Premiere项目文件可以以层的形式直接导入至After Effects中。执行"文件"→"导入"→"导入Adobe Premiere Pro项目"命令，打开"导入Adobe Premiere Pro项目"对话框进行相应的操作即可。

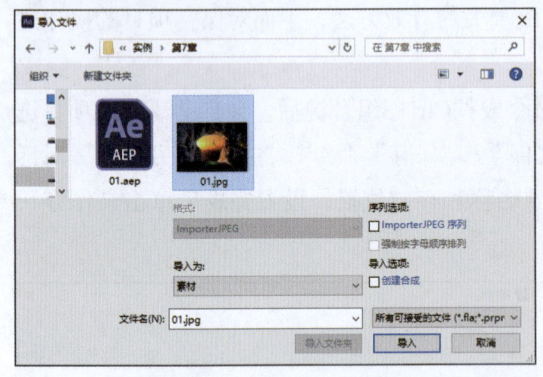

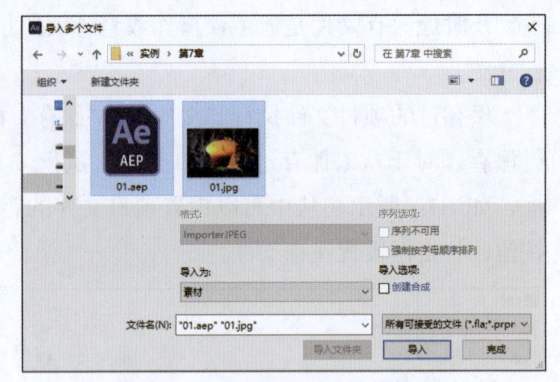

图 7-5 "导入文件"对话框　　　　图 7-6 "导入多个文件"对话框

■ 7.2.3　编辑与管理素材

对于已导入的素材，用户可以进行编辑管理，使大量素材更加有序，便于团队协作及后续的编辑。

1. 排序素材

"项目"面板中的素材默认以名称排序，用户可以单击其他列的名称，切换至以该列排序。图7-7为通过"大小"排序的效果。再次单击相同的列名称，将反向排列顺序。

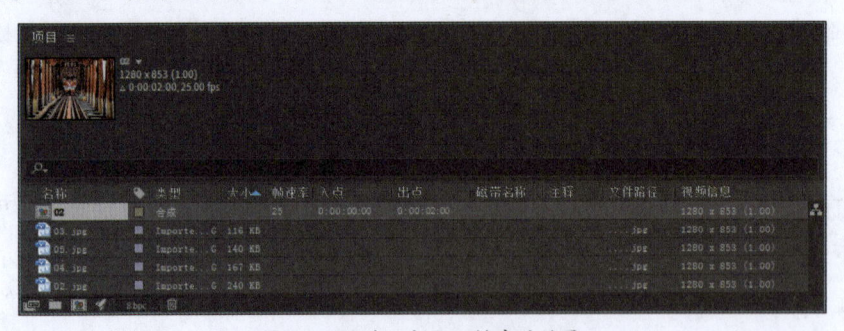

图 7-7　通过"大小"排序的效果

2. 归纳素材

为了便于区分素材，可以新建文件夹进行归纳，即将不同类型的文件分门别类地放置在文件夹中。After Effects提供3种常用的新建文件夹的方式：

- 执行"文件"→"新建"→"新建文件夹"命令或按Ctrl+Alt+Shift+N组合键。
- 在"项目"面板素材列表空白区域右击，在弹出的快捷菜单中执行"新建文件夹"命令。
- 单击"项目"面板下方的"新建文件夹" ■ 按钮。

这3种方式都将在"项目"面板中新建一个文件夹，如图7-8所示。用户可以通过修改文件夹名称进行区分，完成后将素材按照需要拖曳至文件夹中即可。

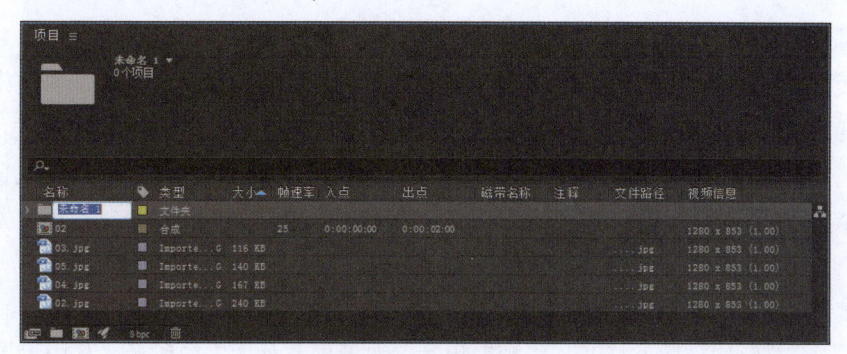

图 7-8　新建文件夹

3. 搜索素材

"项目"面板中提供了搜索框,在其中输入关键字,可以快速找到相应的素材,如图7-9所示。

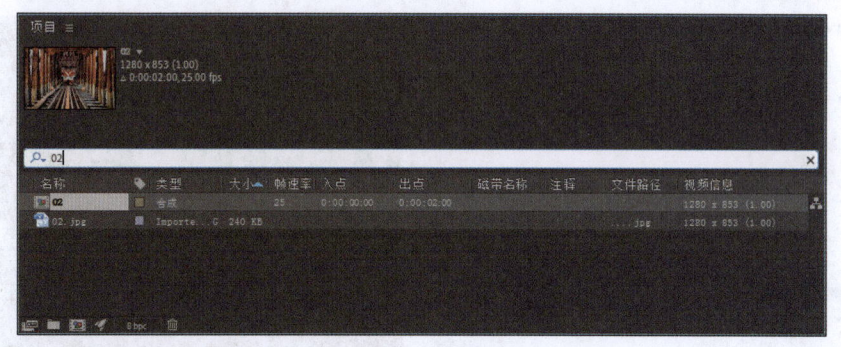

图 7-9　搜索素材

4. 替换素材

"替换素材"命令可以将当前素材替换为其他素材,而保持动画、特效和属性不变。在"项目"面板中选中要替换的素材并右击,在弹出的快捷菜单中执行"替换素材"→"文件"命令,打开"替换素材文件"对话框,如图7-10所示。从中选择素材进行替换即可。

在"替换素材"子菜单中,用户还可以执行"纯色"命令或"占位符"命令进行替换。其中占位符是一个静止的彩条图像,执行该命令后软件会自动生成占位符,而不需提供相应的占位符素材,图7-11为替换为占位符的效果。

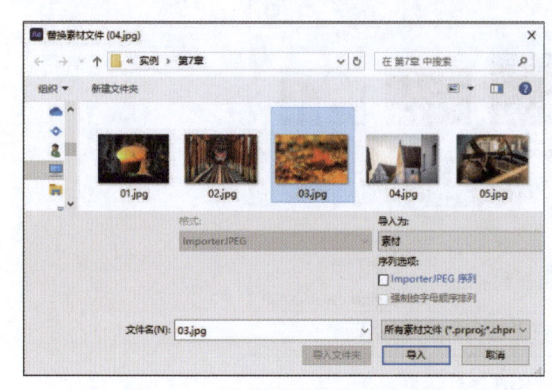

图 7-10　"替换素材文件"对话框　　　　图 7-11　占位符效果

5. 代理素材

代理素材是指使用低分辨率或低质量的素材代替已编辑好的素材，从而加快渲染显示，提高编辑速度。用户可以选择创建代理或设置代理。

使用"创建代理"命令可从在"项目"面板或"时间轴"面板中选择的素材或合成创建代理。此命令将选定的素材添加到"渲染队列"面板中，并将"渲染后动作"选项设置为"设置代理"。

选中"项目"面板中的素材并右击，在弹出的快捷菜单中执行"创建代理"命令，选择"静止图像"或"影片"后，打开"将帧输出到"对话框，如图7-12所示。从中设置代理名称和输出目标后，在"渲染队列"面板中指定渲染设置后单击"渲染"按钮，"项目"面板中选中的素材名称左侧将出现代理指示器，如图7-13所示。单击代理指示器可以在使用原始素材还是代理素材之间进行切换。

图 7-12 "将帧输出到"对话框　　　　　图 7-13 代理素材

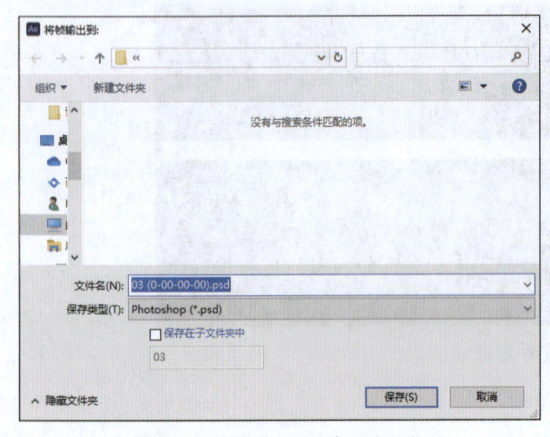

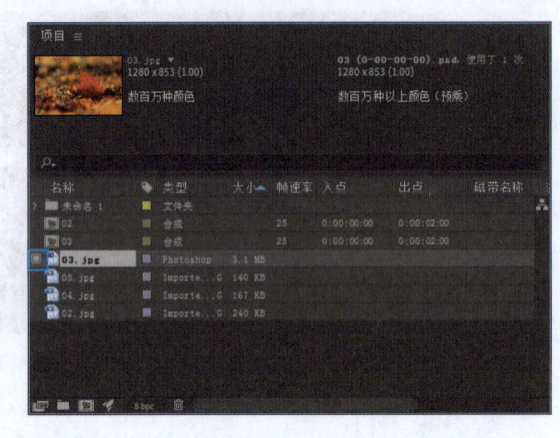

若已有代理文件，可选中原始素材项目后右击，在弹出的快捷菜单中执行"设置代理"→"文件"命令或按Ctrl+Alt+P组合键打开"设置代理文件"对话框选择代理文件使用，如图7-14所示。

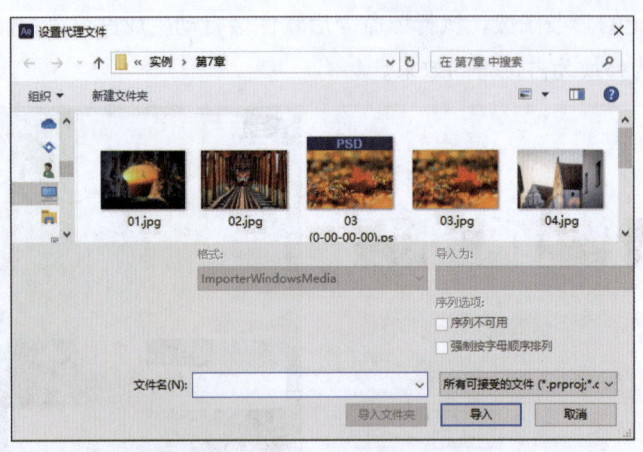

图 7-14 "设置代理文件"对话框

7.2.4 创建与编辑合成

合成是影片制作的核心概念，主要用于创建、组织和管理动画、特效以及各种图层元素。下面对合成的创建与编辑进行介绍。

1. 创建合成

在After Effects中创建合成，既可以创建空白合成，也可以基于素材创建合成。

执行"合成"→"新建合成"命令或按Ctrl+N组合键，打开"合成设置"对话框，如图7-15所示。从中设置参数后，单击"确定"按钮，将创建空白合成，如图7-16所示。用户也可以单击"项目"面板底部的"新建合成"按钮，或在"项目"面板素材列表空白处右击，在弹出的快捷菜单中执行"新建合成"命令，打开"合成设置"对话框进行创建。

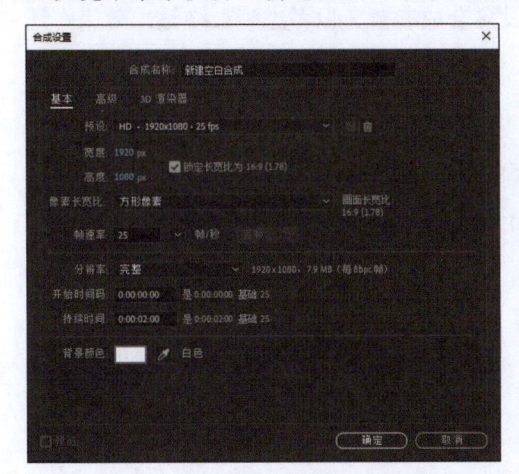

图 7-15 打开"合成设置"对话框   图 7-16 新建合成

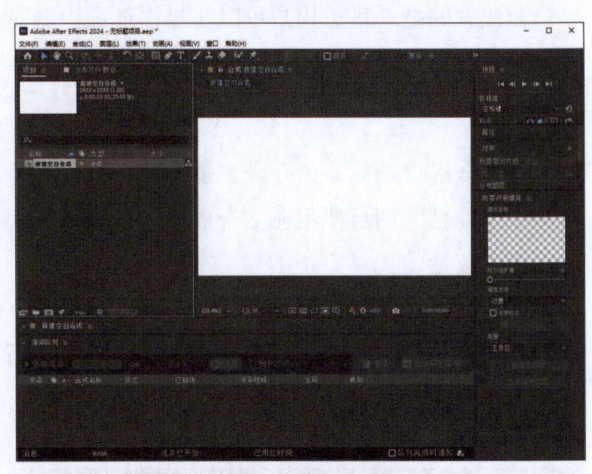

选中"项目"面板中的某个素材并右击，在弹出的快捷菜单中执行"基于所选项新建合成"命令，或将该素材拖曳至"项目"面板底部的"新建合成"按钮即可，如图7-17所示。若选中的是多个素材，进行相同的操作后，将打开"基于所选项新建合成"对话框，如图7-18所示。从中可以设置创建单个合成、多个合成及合成的选项，完成后单击"确定"按钮即可。

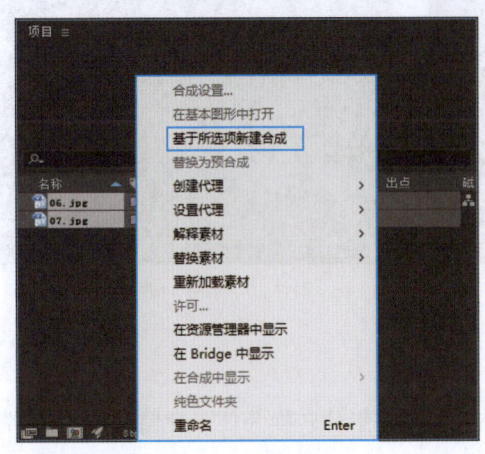

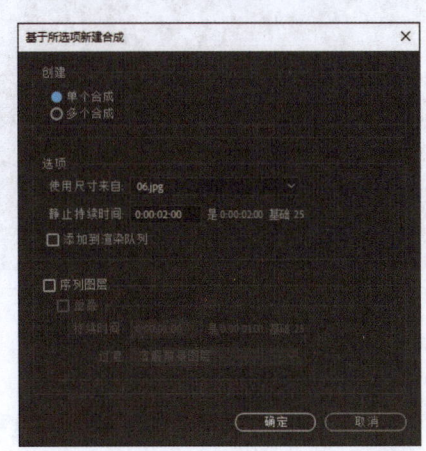

图 7-17 新建合成菜单   图 7-18 "基于所选项新建合成"对话框

该对话框中部分常用选项作用如下：
- **使用尺寸来自**：用于选择新合成从中获取合成设置的素材项目。
- **静止持续时间**：用于设置添加的静止图像的持续时间。
- **添加到渲染队列**：选择该复选框可将新合成添加到渲染队列中。
- **序列图层**：按顺序排列图层，可以选择使其在时间上重叠、设置过渡的持续时间，以及选择过渡类型。

2. 设置合成

用户既可以在创建合成时设置合成参数，也可以创建合成后，选中合成，执行"合成"→"合成设置"命令或按Ctrl+K组合键打开"合成设置"对话框重新进行设置，如图7-19所示。

要注意的是，虽然用户可以在操作过程中随时设置合成参数，但考虑到最终输出效果，还是在创建时指定帧长宽比和帧大小等参数比较好。

3. 嵌套合成

嵌套合成也被称为预合成，是指将一个或多个图层组合成一个新的合成，这个新合成可以作为一个单独的图层使用在主合成中。该操作可用于管理和组织复杂合成，也可以简化主合成中的图层数量。

在"时间轴"面板中选择图层，执行"图层"→"预合成"命令或按Ctrl+Shift+C组合键，打开"预合成"对话框，如图7-20所示。从中设置新合成的名称和属性等参数后，单击"确定"按钮即可。

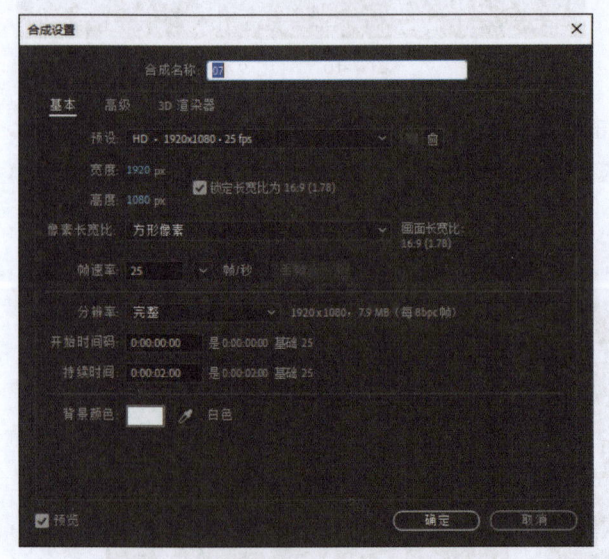

图 7-19 打开"合成设置"对话框进行设置　　图 7-20 打开"预合成"对话框

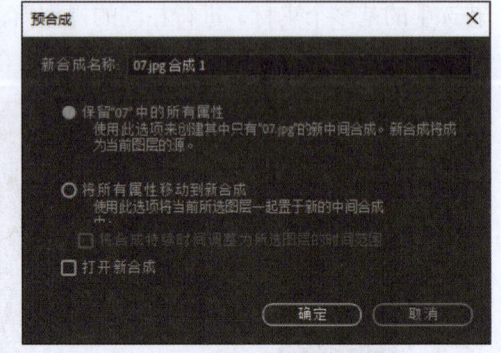

7.2.5 渲染和输出

渲染和输出是影片制作的最后一步，这一过程可将影片转换为便于存储和传输的格式，方便分享与播放。

1. 预览效果

预览可以实时查看合成效果，以便进行调整和优化。执行"窗口"→"预览"命令，打开"预览"面板，如图7-21所示。从中设置参数，可以设置预览效果。"预览"面板中部分常用选项作用如下：

- **快捷键**：选择用于播放/停止的键盘快捷键，默认为Space键。选择不同的快捷键时，预览设置也会有所不同。
- **重置**：单击该按钮将恢复所有快捷键的默认预览设置。
- **包含**：用于设置在预览时播放的内容，从左至右依次为包含视频、包含音频、包含叠加和图层控件。
- **循环**：用于设置是否要循环播放预览。
- **在回放前缓存**：启用该选项，在开始回放前将缓存帧。
- **范围**：用于设置要预览的帧的范围。
- **帧速率**：用于设置预览的帧速率，选择自动则与合成的帧速率相等。
- **跳过**：选择预览时要跳过的帧数，以提高回放性能。
- **分辨率**：用于指定预览分辨率。

图7-21 打开"预览"面板

2. "渲染队列"面板

渲染是从合成创建影片帧的过程，包括预览和最终输出。在After Effects中，渲染和导出影片主要通过"渲染队列"面板进行操作，将合成放入"渲染队列"面板中后，它将变为渲染项，用户可以一次性添加多个渲染项，批量进行渲染。

选中要渲染的合成，执行"合成"→"添加到渲染队列"命令或按Ctrl+M组合键，将其添加至渲染队列，如图7-22所示。也可以直接将合成拖曳至"渲染队列"面板中添加。

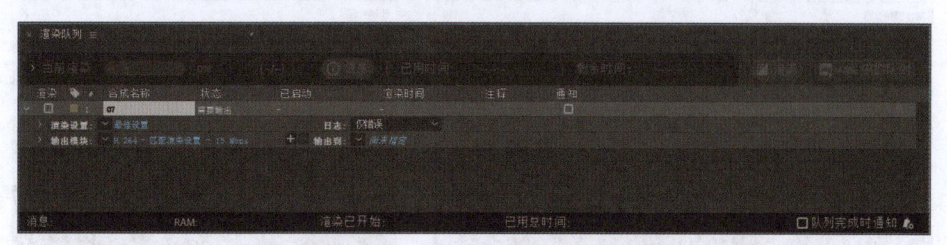

图7-22 将"合成"添加至渲染队列

"渲染队列"面板中包括"渲染设置"和"输出模块"两部分。其中，渲染设置应用于每个渲染项，并确定如何渲染该特定渲染项的合成，包括输出帧速率、持续时间、分辨率等。单击"渲染队列"面板"渲染设置"右侧的模块名称打开"渲染设置"对话框，如图7-23所示。

该对话框中部分选项作用如下：

- **品质**：用于设置图层的品质。
- **分辨率**：用于设置合成的分辨率。
- **代理使用**：用于设置渲染时是否使用代理。
- **场渲染**：用于设置是否使用渲染合成的场渲染技术。

- **时间跨度**：用于设置要渲染合成的持续时间。
- **帧速率**：用于设置渲染影片时使用的采样帧速率。

输出模块设置应用于每个渲染项，并确定如何针对最终输出处理渲染的影片，包括输出格式、压缩选项、裁剪等。单击"渲染队列"面板"输出模块"右侧的模块名称打开"输出模块设置"对话框，如图7-24所示。该对话框中部分选项作用如下：

- **格式**：用于设置输出文件或文件序列的格式。
- **格式选项**：单击该按钮将打开相应的格式选项对话框，以设置视频及音频参数，图7-25为"H.264选项"对话框。
- **通道**：用于设置输出通道。
- **深度**：用于设置输出影片的颜色深度。
- **颜色**：用于设置使用Alpha通道创建颜色的方式。
- **调整大小**：用于设置输出影片的大小。
- **裁剪**：用于在输出影片的边缘减去或增加像素行或列。其中，数值为正将裁剪输出影片，数值为负将增加像素行或列。
- **音频输出**：用于设置输出音频参数。

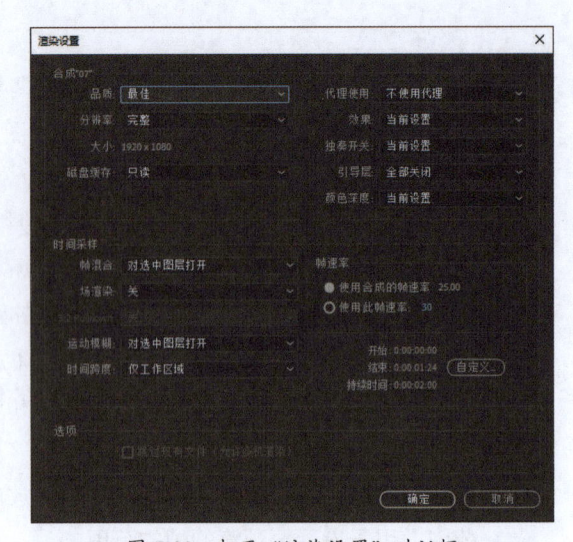

图 7-23 打开"渲染设置"对话框

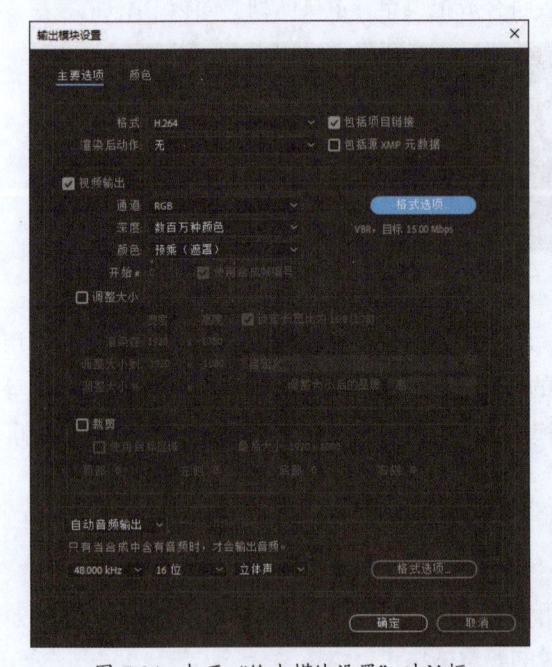

图 7-24 打开"输出模块设置"对话框

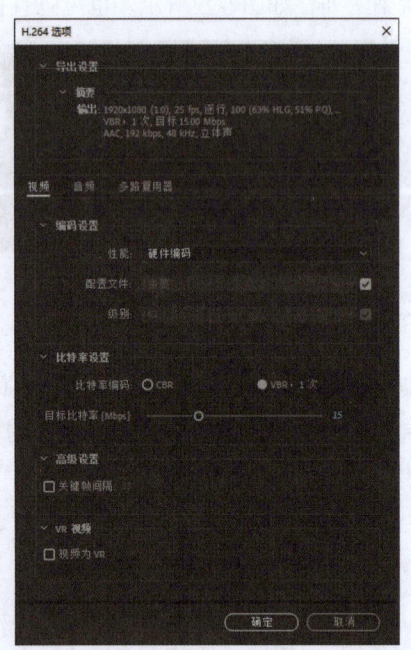

图 7-25 "H.264 选项"对话框

实例 合成照片

了解After Effects的简单操作后，就可以制作简单的合成效果。下面介绍如何合成照片。

步骤 01 打开After Effects软件，将素材文件夹中的素材拖曳至"项目"面板中，如图7-26所示。

步骤 02 执行"合成"→"新建合成"命令，打开"合成设置"对话框，新建空白合成，如图7-27所示。

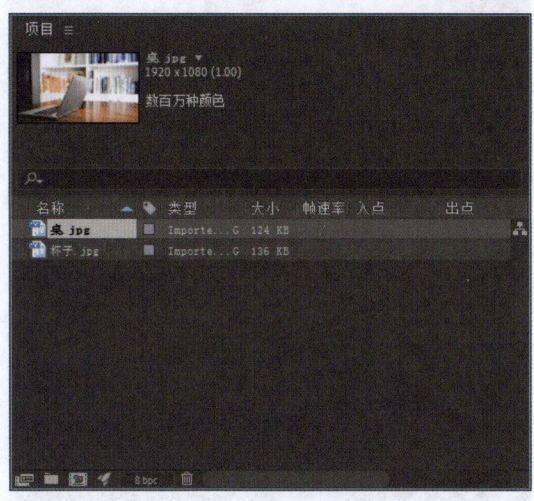

图 7-26 添加素材　　　　　　　　　图 7-27 新建合成

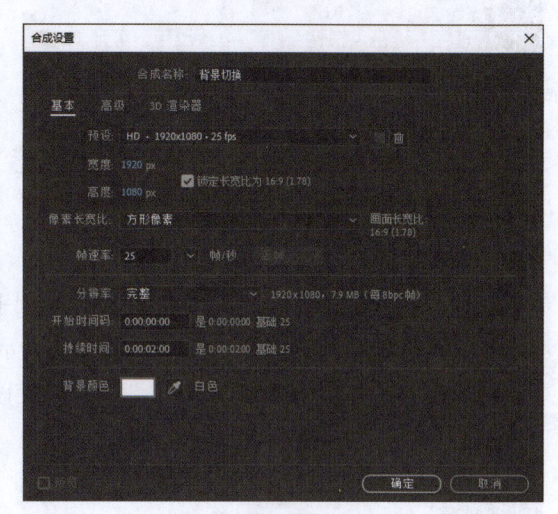

步骤 03 完成后单击"确定"按钮新建合成，将"杯子"素材拖曳至"时间轴"面板中，将"桌"素材拖曳至杯子图层下方，如图7-28所示。

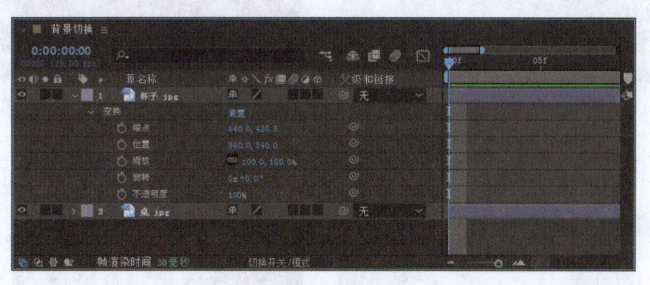

图 7-28 添加素材

步骤 04 选中杯子图层，在"时间轴"面板中设置"位置"参数为"1412.0,787.0"，设置"缩放"参数为"66.0,66.0%"，如图7-29所示。

图 7-29 设置缩放

步骤 05 在"合成"面板中预览效果，如图7-30所示。

步骤 06 选中杯子图层，选择"工具"面板中的钢笔工具 ，沿杯子轮廓绘制形状以创建蒙版，如图7-31所示。

图 7-30 预览效果　　　　　　　　　　图 7-31 创建蒙版

步骤 07 使用相同的方法，选中杯子图层，沿把手内侧绘制形状，在"时间轴"面板中设置"蒙版2"的混合模式为"相减"，效果如图7-32所示。

步骤 08 在"时间轴"面板中展开"蒙版"属性设置参数，如图7-33所示。效果如图7-34所示。

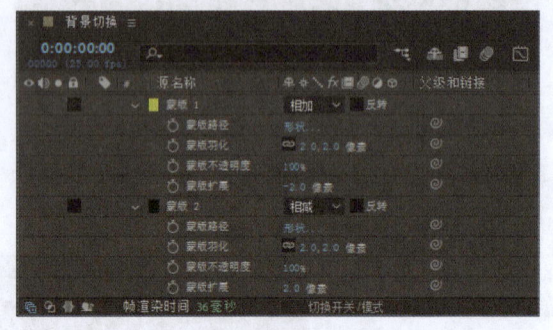

图 7-32 创建蒙版　　　　　　　　　　图 7-33 设置蒙版属性

步骤 09 不选择任何图层，使用椭圆工具 绘制一个黑色椭圆，如图7-35所示。

图 7-34 预览效果　　　　　　　　　　图 7-35 绘制椭圆

步骤 10 在"时间轴"面板中选中形状图层1，将其拖曳至杯子图层下方，效果如图7-36所示。

步骤 11 选中形状图层1，执行"效果"→"模糊和锐化"→"高斯模糊"命令添加效果，在"效果控件"面板中设置参数，如图7-37所示。"高斯模糊"效果如图7-38所示。至此完成照片的合成。

模块7 解析AE图层与关键帧

图 7-36 调整图层顺序

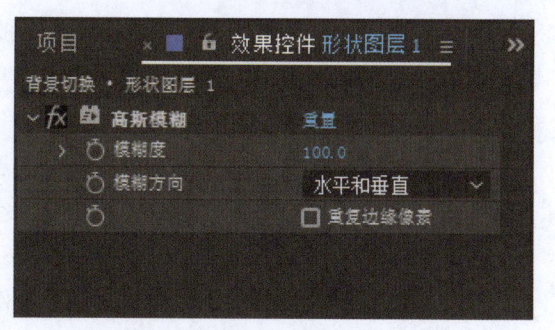

图 7-37 在"效果控件"面板中设置参数

图 7-38 添加高斯模糊效果

7.3 图层基础知识

图层是构成合成的基本单元，每个图层可以包含视频、音频、图像、文本等元素，并支持用户对其进行独立编辑和动画处理，创建出丰富的视觉效果。

■ 7.3.1 图层的种类

根据承载内容的不同，一般可以将图层分为素材图层、文本图层、纯色图层、形状图层、灯光等不同类型的图层，这些图层的作用各不相同。

- **素材图层**：After Effects中最常见的图层就是素材图层。将图像、视频、音频等素材从外部导入至After Effects软件中，然后应用至"时间轴"面板，会自动形成素材图层，用户可以对其进行移动、缩放、旋转等操作。
- **文本图层**：使用文本图层可以快速地创建文字，并制作文字动画，还可以进行移动、缩放、旋转及透明度等操作。此外，还可以应用各种特效，如模糊、阴影和颜色渐变等，使文字更加生动和引人注目。
- **纯色图层**：用户可以创建任何颜色和尺寸（最大尺寸可达30 000 px×30 000 px）的纯色图层，纯色图层和其他素材图层一样，可以创建遮罩、修改图层的变换属性，还可以添加特效。

- **灯光图层**：灯光图层主要用于模拟不同种类的真实光源，模拟出真实的阴影效果。
- **摄像机图层**：摄像机图层常用于固定视角。用户可以制作摄像机动画，模拟真实的摄像机游离效果。要注意的是，摄像机和灯不影响2D图层，仅适用于3D。
- **空对象图层**：空对象图层是具有可见图层的所有属性的不可见图层。用户可以将"表达式控制"效果应用于空对象，然后使用空对象控制其他图层中的效果和动画。空对象图层多用于制作父子链接和配合表达式等。
- **形状图层**：形状图层可以制作多种矢量图形效果。在不选择任何图层的情况中，使用形状工具或钢笔工具可以直接在"合成"面板中绘制形状生成形状图层。
- **调整图层**：调整图层效果可以影响在图层堆叠顺序中位于该图层之下的所有图层。用户可以通过调整图层同时将效果应用于多个图层。
- **Photoshop图层**：执行"图层"→"新建"→"Adobe Photoshop文件"命令，可创建PSD图层及PSD文件，在Photoshop中打开该文件进行更改并保存后，After Effects中引用这个PSD源文件的影片也会随之更新。创建的PSD图层的尺寸与合成一致，色位深度与After Effects项目相同。

7.3.2 图层的属性

每个图层都具有属性，通过修改属性并创建对应的关键帧，可以制作动画效果。锚点、位置、缩放、旋转和不透明度5个基本属性是大部分图层都具备的属性。图层属性如图7-39所示。

图 7-39　图层属性

1. 锚点

锚点又被称为变换点或变换中心，一般位于图层的中心，是图层的轴心点。若想调整锚点位置，可以选择"工具"面板中的"向后平移（锚点）工具"，选中锚点并进行移动。若仅需更改"锚点"参数，可以选择"向后平移（锚点）工具"后，按住Alt键进行拖动。

2. 位置

位置可以控制图层对象的位置，调整"位置"参数后，可在"合成"面板中查看效果。

3. 缩放

图层对象的缩放将以锚点为中心进行，锚点位置不同缩放效果也会有所不同。取消选择"约束比例"按钮，可以单独调整水平方向或垂直方向的缩放。在"时间轴"面板中右击

"缩放"属性值，在弹出的快捷菜单中执行"编辑值"命令，打开"缩放"对话框，如图7-40所示。从中可以设置缩放大小、单位等。

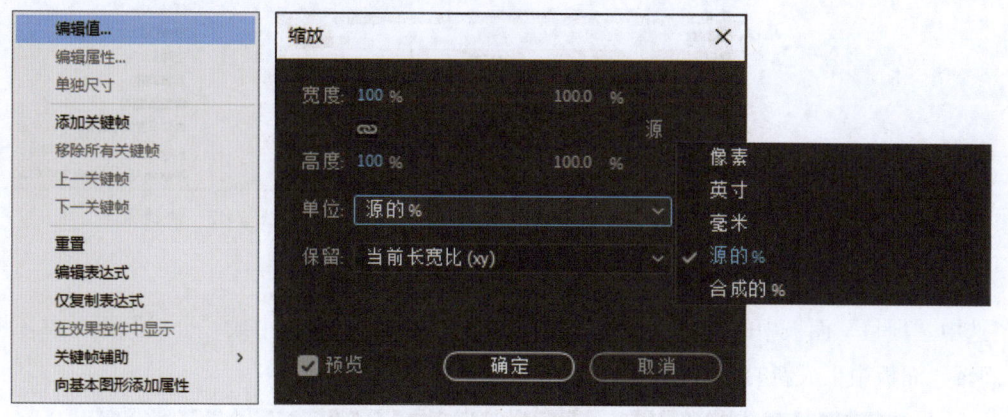

图 7-40　设置缩放

4. 旋转

旋转图层可以改变图层的角度，旋转时，将以锚点为中心进行变换。

5. 不透明度

用于设置图层的透明效果，数值越低，图层越透明。

> **提示**：在编辑图层属性时，可以利用快捷键快速打开属性。选择图层后，按A键可以打开"锚点"属性，按P键可以打开"位置"属性，按R键可以打开"旋转"属性，按T键可以打开"不透明度"属性。在显示一个图层属性的前提下按Shift键及其他图层属性快捷键可以显示多个图层的属性。

7.4　图层的创建与编辑

图层的创建与编辑操作大多在"时间轴"面板中进行，包括调整图层顺序、设置图层样式等。本节对图层的创建与编辑进行介绍。

■7.4.1　创建图层

创建图层有多种方式，用户可以创建空白图层，也可以通过现有素材创建图层。

1. 创建空白图层

执行"图层"→"新建"命令，在其子菜单中执行命令，将创建相应类型的图层。图7-41为"新建"命令的子菜单。在"时间轴"面板空白处右击，在弹出的快捷菜单中执行"新建"命令，在其子菜单中执行命令也将创建图层。快捷菜单如图7-42所示。

在创建部分类型图层，如纯色图层、灯光图层时，会弹出对话框用于设置图层参数，根据需要进行设置即可。

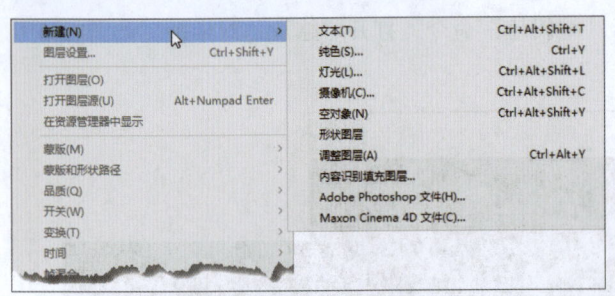

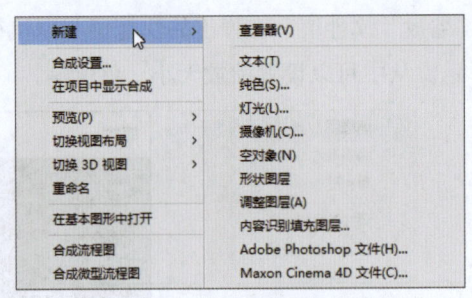

图 7-41 "新建"命令子菜单　　　　　　　　　图 7-42 快捷菜单

2. 根据素材创建图层

选中"项目"面板中的素材，将其直接拖曳至"时间轴"面板中或"合成"面板中，将在"时间轴"面板中生成新的图层，如图7-43所示。

图 7-43 根据素材创建图层

7.4.2 编辑图层

对于图层，用户可以根据制作需要进行图层的扩展、工作区域调整等工作，下面对常用操作进行介绍。

1. 选择图层

在对图层进行操作之前，首先需要选中图层，一般可以通过以下3种方式选择图层：

- 在"时间轴"面板中单击选择图层即可。按住Ctrl键可选择不连续图层，如图7-44所示；按住Shift键单击选择两个图层，可选中这两个图层之间的所有图层。
- 在"合成"面板中单击选中素材，"时间轴"面板中素材对应的图层也将被选中。
- 在键盘右侧的数字键盘中按图层对应的数字键，选中图层。

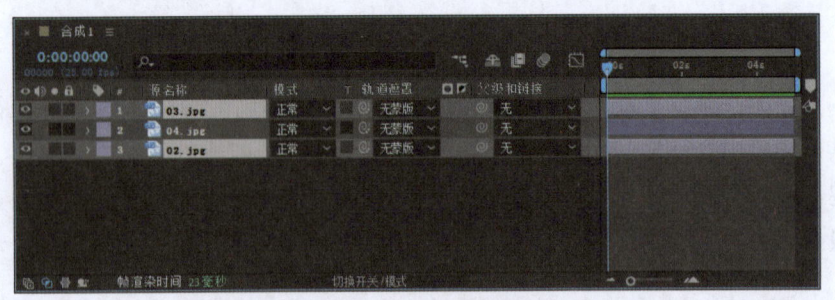

图 7-44 选择不连续图层

2. 复制图层

复制图层可以创建原始图层的备份，避免在编辑过程中丢失或破坏原始图层，也可以快速制作相同的效果和动画。常用的复制图层的方式包括以下3种：

- 在"时间轴"面板中选中图层，执行"编辑"→"复制"命令和"编辑"→"粘贴"命令进行复制粘贴。
- 选中图层，按Ctrl+C组合键复制，按Ctrl+V组合键粘贴。
- 选中图层，执行"编辑"→"重复"命令或按Ctrl+D组合键。

图7-45为复制后效果。

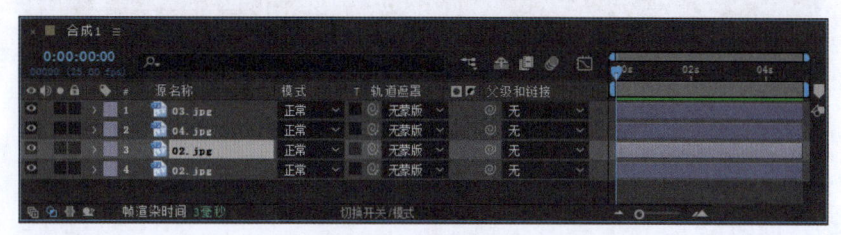

图 7-45 复制后效果

3. 删除图层

在"时间轴"面板中选中图层，执行"编辑"→"清除"命令将删除该图层。用户也可以按Delete键或BackSpace键快速删除图层。

4. 重命名图层

重命名图层可以分类整理区分素材，便于团队协作和后期修改。选择"时间轴"面板中的图层，按Enter键进入编辑状态，输入名称即可，如图7-46所示。用户也可以选中图层后右击，在弹出的快捷菜单中执行"重命名"命令，进入编辑状态输入修改即可。

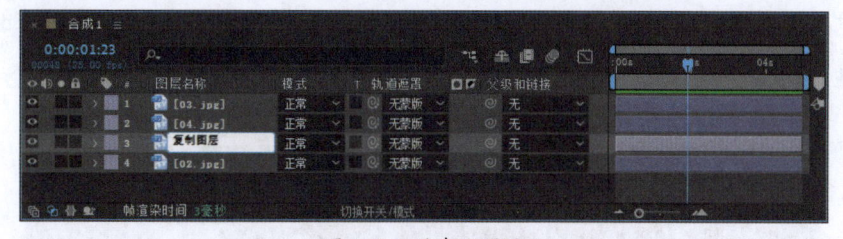

图 7-46 重命名图层

5. 调整图层顺序

After Effects是一个层级式的后期处理软件，图层顺序影响视觉显示效果，用户可以根据制作需要进行调整。选中"时间轴"面板中的图层，执行"图层"→"排列"命令，在其子菜单中执行命令前移或后移选中的图层，如图7-47所示。移动后效果如图7-48所示。

用户也可以直接在"时间轴"面板中选中图层上下拖曳进行调整，如图7-49所示。

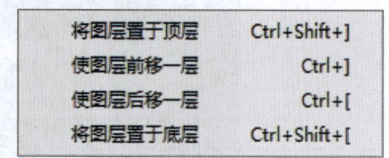

将图层置于顶层	Ctrl+Shift+]
使图层前移一层	Ctrl+]
使图层后移一层	Ctrl+[
将图层置于底层	Ctrl+Shift+[

图 7-47 排列命令

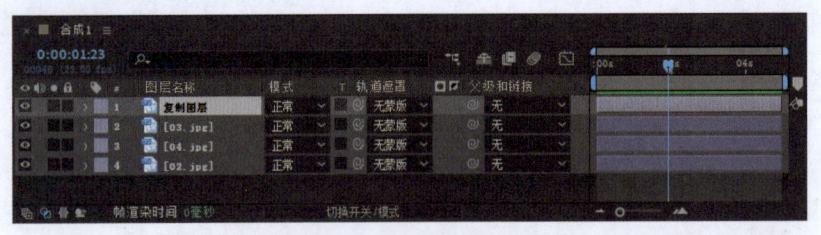

图 7-48 调整图层顺序

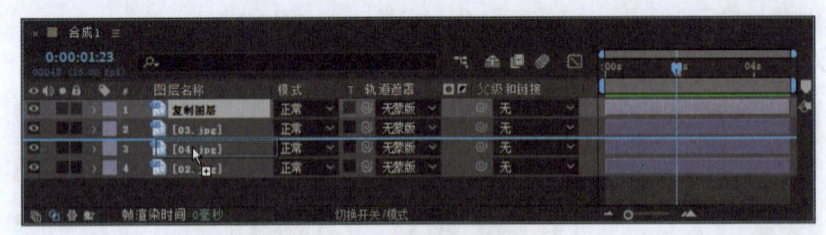

图 7-49 拖曳调整

6. 剪辑/扩展图层

剪辑和扩展图层可以调整图层长度，从而改变影片显示内容。移动鼠标指针至图层的入点或出点处，按住鼠标左键拖曳进行剪辑，图层长度会发生变化，如图7-50所示。

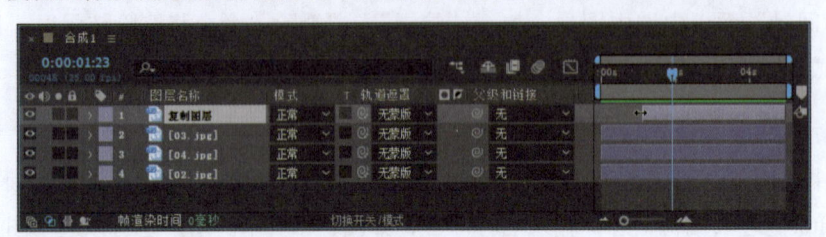

图 7-50 调整图层长度

用户也可以通过移动当前播放指示器至指定位置，选中图层后，按Alt + [组合键定义图层的入点位置，如图7-51所示。或按Alt +]组合键定义图层的出点位置，如图7-52所示。

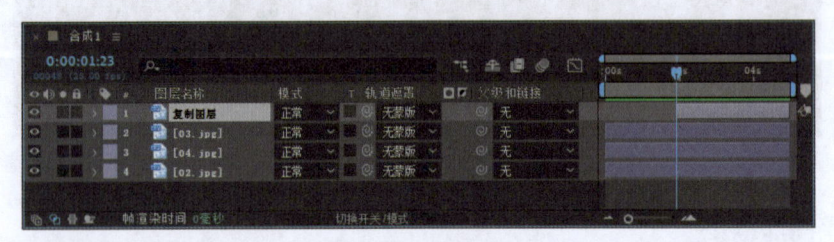

图 7-51 设置入点

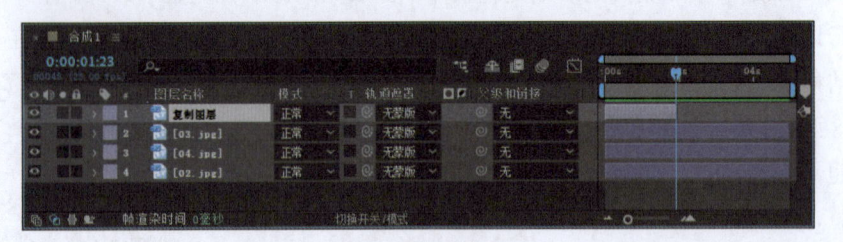

图 7-52 设置出点

要注意的是，图像图层和纯色图层可以随意剪辑或扩展，视频图层和音频图层可以剪辑，但不能直接扩展。

7. 提升/提取工作区域

"提升工作区域"命令和"提取工作区域"命令均可以去除工作区域内的部分素材，但适用场景和效果略有不同。

"提升工作区域"命令可以移除选中图层工作区域内的内容，并保留移除后的空隙，将工作区域前后的素材拆分到两个图层中。在"时间轴"面板中调整工作区域入点和出点，如图7-53所示。

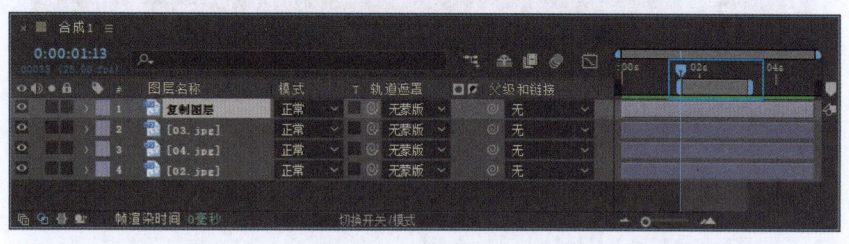

图 7-53　设置工作区域

> **提示**：用户也可以移动当前播放指示器，按B键确定工作区域入点，按N键确定出点。

选中图层后，执行"编辑"→"提升工作区域"命令，提升工作区域，如图7-54所示。

图 7-54　提升工作区域

"提取工作区域"命令同样可以移除选中图层工作区域内的内容，但不会保留空隙，如图7-55所示。

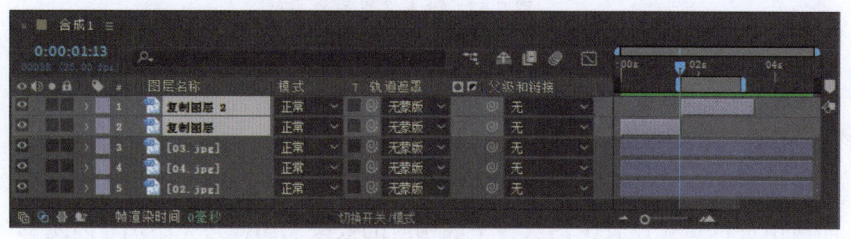

图 7-55　提取工作区域

8. 拆分图层

"拆分图层"命令可以在当前播放指示器处复制并修剪素材，使其前后段分布在两个独立的图层上，以便进行不同的操作。在"时间轴"面板中选中图层，移动当前播放指示器至要拆分的位置，执行"编辑"→"拆分图层"命令或按Ctrl+Shift+D组合键即可，图7-56为拆分前后效果。

图 7-56 拆分图层前后对比效果

7.4.3 父图层和子图层

父级图层可以将其变换属性同步到子级图层，影响除不透明度以外的所有变换属性。当一个图层成为另一个图层的父级后，前者被称为父图层，后者则为子图层。每个图层只能有一个父级，但可以有多个子图层。

在"时间轴"面板"父级和链接"列中选择要从中继承和变换的图层，将创建父级关系，如图7-57所示。用户也可以选择子图层中的"父级关联器" 按钮，将其拖曳至父图层上创建父级关系。

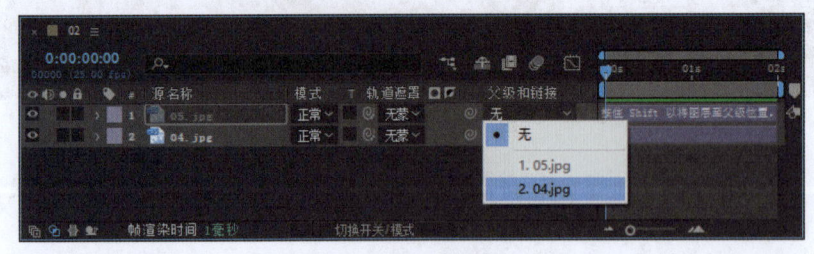

图 7-57 设置父级关系

7.4.4 图层样式

图层样式可以为图层添加各种视觉效果，如投影、发光、描边等。选中图层，执行"图层"→"图层样式"命令，展开其子菜单，如图7-58所示。执行添加图层样式的命令后，可在"时间轴"面板中进行参数设置，图层将呈现相应的效果。图7-59为添加"内阴影"样式并设置参数后的效果。

常用图层样式的作用介绍如下：
- **投影**：为图层增加阴影效果。
- **内阴影**：为图层内部添加阴影，使图层呈现出凹陷效果。

- **外发光**：产生图层外部的发光效果。
- **内发光**：产生图层内部的发光效果。
- **斜面和浮雕**：通过添加高光和阴影的各种组合，模拟冲压状态，为图层制作出浮雕效果，增加图层的立体感。
- **光泽**：使图层表面产生光滑的磨光或金属质感效果。
- **颜色叠加**：在图层上叠加新的颜色。
- **渐变叠加**：在图层上叠加渐变颜色。
- **描边**：使用颜色为当前图层的轮廓添加像素，从而使图层轮廓更加清晰。

图 7-58　图层样式菜单　　图 7-59　内阴影效果

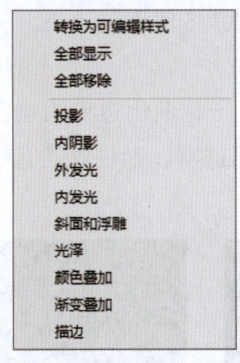

7.4.5　图层混合模式

图层的混合模式用于控制图层与其下方的图层混合或交互，在"时间轴"面板中的"模式"列中，或执行"图层"→"混合模式"命令，可以设置图层的混合模式，如图7-60、图7-61所示。根据混合模式结果之间的相似性，混合模式菜单通过分隔线将混合模式细分为8个类别，下面对这8类混合模式进行介绍。

> **提示**：若"时间轴"面板中未显示"模式"列，可以单击菜单按钮，在弹出的菜单中执行"列数"→"模式"命令，或单击"时间轴"面板左下角的"展开或折叠转换控制窗格"按钮将其显示。

图 7-60　模式列　　图 7-61　混合模式菜单

1. 正常模式组

在没有透明度影响的前提下，正常模式组中的混合模式产生最终效果的颜色不会受底层像素颜色的影响，除非底层像素的不透明度小于当前图层。该组中包括正常、溶解和动态抖动溶解3种混合模式。

（1）正常

"正常"混合模式是大多数图层默认的混合模式，当不透明度为100%时，此混合模式将根据Alpha通道正常显示当前层，并且此层的显示不受到其他层的影响；当不透明度小于100%时，当前层的每一个像素点的颜色都将受到其他层的影响，会根据当前的不透明度值和其他层的色彩来确定显示的颜色。图7-62、图7-63为不透明度为100%和50%时的效果。

（2）溶解

"溶解"混合模式用于控制层与层之间的融合显示，对于有羽化边界的层会起到较大影响。如果当前层没有遮罩羽化边界，或者该层设定为完全不透明，则该模式几乎是不起作用的。图7-64为不透明度50%时的效果。

图 7-62　不透明度为 100% 时的效果　　图 7-63　不透明度为 50% 时的效果　　图 7-64　溶解效果

（3）动态抖动溶解

"动态抖动溶解"混合模式与"溶解"混合模式的原理类似，区别在于"动态抖动溶解"模式可以随时更新值，呈现出动态变化的效果，而"溶解"模式的颗粒都是不变的。

2. 减少模式组

减少模式组中的混合模式可以变暗图像的整体颜色，该组包括变暗、相乘、颜色加深、经典颜色加深、线性加深和较深颜色6种混合模式。

（1）变暗

当选中"变暗"混合模式后，软件将会查看每个通道中的颜色信息，并选择基色或混合色中较暗的颜色作为结果色，即替换比混合色亮的像素，而比混合色暗的像素保持不变。图7-65、图7-66为正常和变暗对比效果。

（2）相乘

"相乘"混合模式模拟了在纸上用多个记号笔绘图或将多个彩色透明滤光板置于光源前的效果。对于每个颜色通道，该混合模式将源颜色通道值与基础颜色通道值相乘，再除以8-bpc、

16-bpc或32-bpc像素的最大值，具体取决于项目的颜色深度。结果颜色永远不会比原始颜色更明亮，如图7-67所示。在与除黑色或白色之外的颜色混合时，使用该混合模式的每个图层或画笔将生成深色。

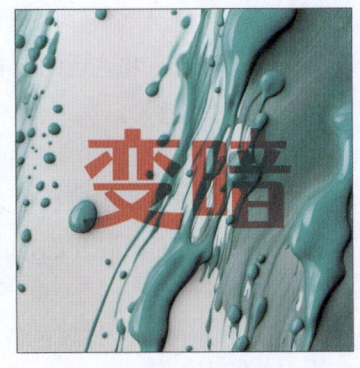

图 7-65　正常效果　　　　　　　图 7-66　变暗效果　　　　　　　图 7-67　相乘效果

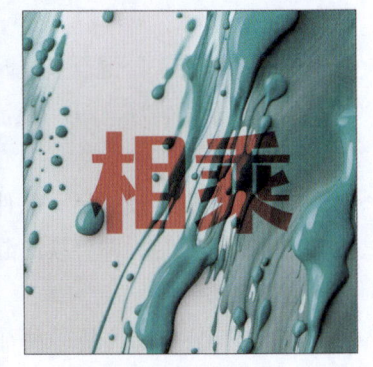

（3）颜色加深

当选择"颜色加深"混合模式时，软件将会查看每个通道中的颜色信息，并通过增加对比度使基色变暗以反映混合色，与白色混合不会发生变化。图7-68为设置"颜色加深"混合模式效果。

（4）经典颜色加深

该混合模式为旧版本中的"颜色加深"模式，为了让旧版的文件在新版软件中打开时保持原始的状态，因此保留了这个旧版的"颜色加深"模式，并被命名为"经典颜色加深"模式。

（5）线性加深

当选择"线性加深"混合模式时，软件将会查看每个通道中的颜色信息，并通过减小亮度使基色变暗以反映混合色，与白色混合不会发生变化。图7-69为设置"线性加深"混合模式效果。

（6）较深的颜色

每个结果像素是源颜色值和相应的基础颜色值中的较深颜色。"较深的颜色"类似于"变暗"，但是"较深的颜色"不对各个颜色通道执行操作。图7-70为设置"较深颜色"混合模式效果。

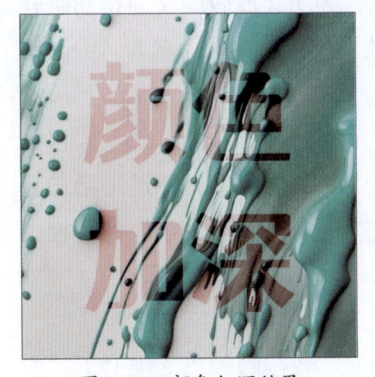

图 7-68　颜色加深效果　　　　　图 7-69　线性加深效果　　　　　图 7-70　较深的颜色效果

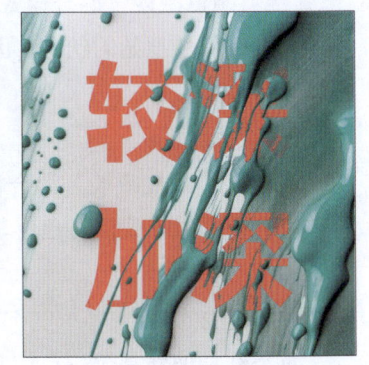

3. 添加模式组

添加模式组中的混合模式可以使当前图层中的黑色消失，从而使图像变亮，该组包括相加、变亮、屏幕等7种混合模式。

（1）相加

当选择"相加"混合模式时，将会比较混合色和基色的所有通道值的总和，并显示通道值较小的颜色。图7-71、图7-72为正常和相加对比效果。

（2）变亮

当选中该混合模式后，软件将会查看每个通道中的颜色信息，并选择基色或混合色中较亮的颜色作为结果色，即替换比混合色暗的像素，而比混合色亮的像素保持不变。

（3）屏幕

"屏幕"混合模式是一种加色混合模式，它通过将颜色值相加来产生效果。由于黑色的RGB通道值为0，所以在"屏幕"混合模式下，与黑色混合不会改变原始图像的颜色。而与白色混合时，结果将是RGB通道的最大值，即白色。图7-73为设置"屏幕"混合模式效果。

图 7-71　正常效果　　　　　图 7-72　相加效果　　　　　图 7-73　屏幕效果

（4）颜色减淡

当选择"颜色减淡"混合模式时，软件将会查看每个通道中的颜色信息，并通过减小对比度使基色变亮以反映混合色，与黑色混合则不会发生变化。图7-74为设置"颜色减淡"混合模式效果。

（5）经典颜色减淡

"经典颜色减淡"混合模式为旧版本中的"颜色减淡"模式，为了让旧版的文件在新版软件中打开时保持原始的状态，因此保留了这个旧版的"颜色减淡"模式，并被命名为"经典颜色减淡"模式。

（6）线性减淡

当选择"线性减淡"混合模式时，软件将会查看每个通道中的颜色信息，并通过增加亮度使基色变亮以反映混合色，与黑色混合不会发生变化。图7-75为设置"线性减淡"混合模式效果。

（7）较浅的颜色

每个结果像素是源颜色值和相应的基础颜色值中的较亮颜色。"较浅的颜色"类似于"变亮",但是"较浅的颜色"不对各个颜色通道执行操作。图7-76为设置"较浅的颜色"混合模式效果。

图 7-74 颜色减淡效果　　　　图 7-75 线性减淡效果　　　　图 7-76 较浅的颜色效果

4. 复杂模式组

复杂模式组中的混合模式在进行混合时50%的灰色会完全消失,任何高于50%的区域都可能加亮下方的图像,而低于50%灰色区域都可能使下方图像变暗。该组包括叠加、柔光、强光等7种混合模式。

（1）叠加

"叠加"混合模式可以根据底层的颜色,将当前层的像素相乘或覆盖,从而导致当前层变亮或变暗,该模式对中间色调影响较明显,对于高亮度区域和暗调区域影响不大。图7-77、图7-78为正常和叠加对比效果。

（2）柔光

"柔光"混合模式可以模拟光线照射的效果,使图像的亮部区域变得更亮,暗部区域变得更暗。如果混合色比50%灰色亮,则图像会变亮;如果混合色比50%灰色暗,则图像会变暗。柔光的效果取决于混合层的颜色。使用纯黑色或纯白色作为混合层颜色时,会产生明显的暗部或亮部区域,但不会生成纯黑色或纯白色。

（3）强光

"强光"混合模式可以对颜色进行正片叠底或屏幕处理,具体效果取决于混合色的亮度。如果混合色比50%灰度亮,则会产生屏幕效果,使图像变亮;如果混合色比50%灰度暗,则会产生正片叠底效果,使图像变暗。当使用纯黑色和纯白色进行绘画时,分别会得到纯黑色和纯白色的效果。图7-79为设置"强光"混合模式效果。

图 7-77 正常效果　　　　图 7-78 叠加效果　　　　图 7-79 强光效果

(4) 线性光

"线性光"混合模式通过调整亮度来加深或减淡颜色，其具体效果取决于混合色的亮度。如果混合色比50%灰度亮，则会增加亮度，使图像变亮；如果混合色比50%灰度暗，则会减小亮度，使图像变暗。

(5) 亮光

"亮光"混合模式通过调整对比度来加深或减淡颜色，具体效果取决于混合色。如果混合色比50%灰度亮（即混合色的亮度值大于128），则会通过增加对比度使图像变亮。如果混合色比50%灰度暗（即混合色的亮度值小于128），则会通过减小对比度使图像变暗。图7-80为设置"亮光"混合模式效果。

(6) 点光

"点光"混合模式根据混合色的亮度替换颜色。如果混合色比50%灰色亮，则替换比混合色暗的像素，而不改变比混合色亮的像素；如果混合色比50%灰色暗，则替换比混合色亮的像素，而保持比混合色暗的像素不变。图7-81为设置"点光"混合模式效果。

(7) 纯色混合

当选中"纯色混色"混合模式后，将把混合颜色的红色、绿色和蓝色的通道值添加到基色的RGB值中。如果通道值的总和大于或等于255，则值为255；如果小于255，则值为0。因此，所有混合像素的红色、绿色和蓝色通道值不是0，就是255，这会使所有像素都更改为原色，即红色、绿色、蓝色、青色、黄色、洋红色、白色或黑色。图7-82为设置"纯色混合"混合模式效果。

图 7-80　设置"亮光"混合模式效果　　图 7-81　设置"点光"混合模式效果　　图 7-82　设置"纯色混合"混合模式效果

5. 差异模式组

差异模式组中的混合模式可以基于源颜色和基础颜色值之间的差异创建颜色，该组包括差值、经典差值、排除、相减和相除5种混合模式。

(1) 差值

当选择"差值"混合模式后，软件会检查每个通道中的颜色信息，并根据亮度值的大小，从基色中减去混合色，或从混合色中减去基色。具体操作取决于哪个颜色的亮度值更大。与白色混合时，将反转基色值；与黑色混合时，则不会产生变化。图7-83、图7-84为正常效果和差值效果对比。

· 160 ·

（2）经典差值

低版本中的"差值"模式已重命名为"经典差值"。使用它可保持与早期项目的兼容性，也可直接使用"差值"模式。

（3）排除

当选中"排除"混合模式后，将创建一种与"差值"模式相似但对比度更低的效果，与白色混合将反转基色值，与黑色混合则不会发生变化。

（4）相减

"相减"混合模式从基础颜色中减去源颜色。如果源颜色是黑色，则结果颜色是基础颜色。

（5）相除

基础颜色除以源颜色，如果源颜色是白色，则结果颜色是基础颜色。在33-bpc项目中，结果颜色值可以大于1.0。图7-85为设置"相除"混合模式效果。

图 7-83　正常效果 　　　　图 7-84　差值效果 　　　　图 7-85　设置"相除"混合模式效果

6. HSL模式组

HSL模式组中的混合模式可以将色相、饱和度和发光度三要素中的一种或两种应用在图像上，该组包括色相、饱和度、颜色和发光度4种混合模式。

（1）色相

"色相"混合模式将当前图层的色相应用到底层图像的亮度和饱和度上，从而改变底层图像的色相，但不会影响其亮度和饱和度。在黑色、白色和灰色区域，该模式将不起作用。图7-86、图7-87为正常效果和色相效果对比。

图 7-86　正常效果 　　　　图 7-87　色相效果

（2）饱和度

当选中"饱和度"混合模式后，将用基色的明亮度和色相以及混合色的饱和度创建结果色。在灰色的区域将不会发生变化。图7-88为设置"饱和度"混合模式效果。

（3）颜色

选择"颜色"混合模式后，结果色将由基色的亮度和混合色的色相与饱和度共同创建。这种模式可以保留图像中的灰阶，非常适用于为单色图像上色或为彩色图像着色。图7-89为设置"颜色"混合模式效果。

（4）发光度

当选中"发光度"混合模式后，将用基色的色相和饱和度以及混合色的明亮度创建结果色，此混色可以创建与"颜色"模式相反的效果。图7-90为设置"发光度"混合模式效果。

图 7-88　设置"饱和度"混合模式效果　　图 7-89　设置"颜色"混合模式效果　　图 7-90　设置"发光度"混合模式效果

7. 遮罩模式组

遮罩模式组中的混合模式可以将当前图层转换为底层的一个遮罩，该组包括模板Alpha、模板亮度、轮廓Alpha和轮廓亮度4种混合模式。

（1）模板Alpha

当选中"模板Alpha"混合模式时，上层图像的Alpha通道将用于控制下层图像的显示。这意味着上层图像的Alpha通道会像一个遮罩一样，决定下层图像的透明度和可见性。图7-91、图7-92为正常效果和模板Alpha效果对比。

（2）模板亮度

选择"模板亮度"混合模式时，上层图像的明度信息将决定下层图像的不透明度。亮的区域会完全显示下层的所有图层；黑暗的区域和没有像素的区域则完全隐藏下层的所有图层；灰色区域将依据其灰度值决定以下图层的不透明程度。

（3）轮廓Alpha

"轮廓Alpha"混合模式可以通过当前图层的Alpha通道来影响底层图像，使受影响的区域被剪切掉，得到的效果与"模版Alpha"混合模式的效果正好相反。图7-93为设置"轮廓Alpha"混合模式效果。

（4）轮廓亮度

选中"轮廓亮度"混合模式时，得到的效果与"模版亮度"混合模式的效果正好相反。

图 7-91　正常效果 　　　　　图 7-92　模板 Alpha 效果 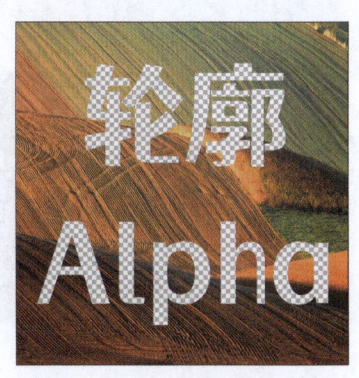　　　　图 7-93　设置"轮廓 Alpha"混合模式效果

8. 实用工具模式组

实用工具模式组中的混合模式都可以使底层与当前图层的Alpha通道或透明区域像素产生相互作用，该组包括Alpha添加和冷光预乘2种混合模式。

（1）Alpha添加

"Alpha添加"混合模式将当前图层的Alpha通道值与下层图层的Alpha通道值相加，以创建一个无痕迹的透明区域。这种模式的主要目的是通过叠加多个图层的透明度信息，形成一个平滑过渡的透明效果。

（2）冷光预乘

"冷光预乘"混合模式可以使当前图层的透明区域与底层图像相互作用，产生透镜和光亮的边缘效果。图7-94、图7-95为正常和设置"冷光预乘"混合模式效果。

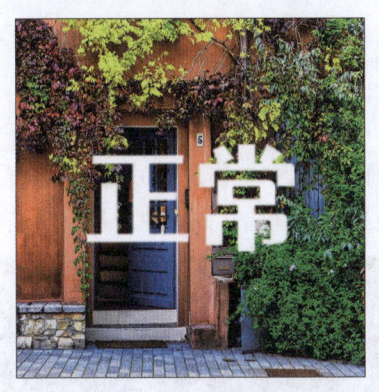

图 7-94　正常效果 　　　　图 7-95　设置"冷光预乘"混合模式效果

7.5　创建关键帧动画

After Effects同样提供了创建关键帧动画的功能，使用户能够轻松制作丰富多彩的特效。

■7.5.1　激活关键帧

关键帧的激活与属性中的"时间变化秒表"按钮息息相关。在"时间轴"面板中展开属性列表，可以看到每个属性名称左侧都有一个"时间变化秒表"按钮，单击该按钮将激活关键帧，如图7-96所示。

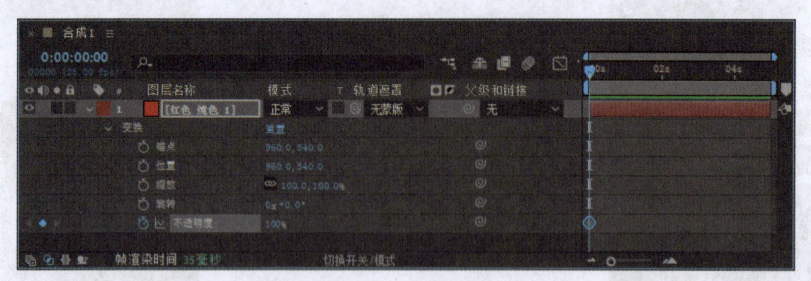

图 7-96 激活关键帧

激活关键帧后移动当前播放指示器，单击属性名称左侧的"在当前时间添加或移除关键帧"按钮，将在当前位置添加关键帧或移除当前位置的关键帧。图7-97为添加关键帧的效果。用户也可以通过修改属性参数，或在合成窗口中修改图像对象，自动生成关键帧。

图 7-97 添加关键帧

■7.5.2 编辑关键帧

关键帧创建后，可以根据需要进行编辑，如移动、复制、删除等。

1. 选择关键帧

编辑关键帧首先需要将其选中，在"时间轴"面板中单击关键帧图标即可，如图7-98所示。若想选择多个关键帧，可以按住鼠标左键拖曳进行框选，或按住Shift单击进行选择。

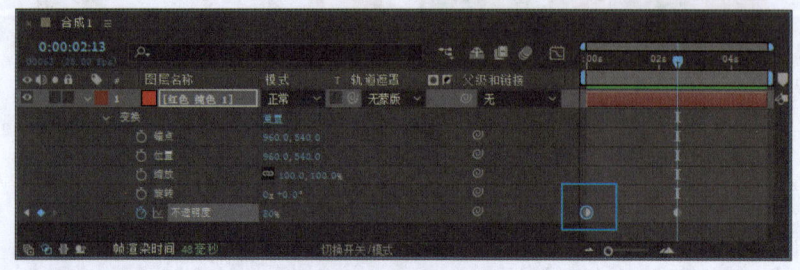

图 7-98 选择关键帧

2. 移动关键帧

选中关键帧后，按住鼠标左键拖动即可移动关键帧。用户可以通过调整两个关键帧之间的距离，调整变化效果。

3. 复制关键帧

选中要复制的关键帧，执行"编辑"→"复制"命令，然后将当前播放指示器移动至目标位置，执行"编辑"→"粘贴"命令将在目标位置粘贴复制的关键帧。用户也可利用Ctrl+C和Ctrl+V组合键进行复制粘贴操作。

4. 删除关键帧

选中关键帧，执行"编辑"→"清除"命令或按Delete键即可。若想删除某一属性的所有关键帧，可以单击该属性名称左侧的"时间变化秒表"按钮。

7.5.3 关键帧插值

关键帧插值可以调整关键帧之间的变化速率，使变化效果更加贴近物理规律。选中关键帧后右击，在弹出的快捷菜单中执行"关键帧插值"命令，打开"关键帧插值"对话框，如图7-99所示。从中设置参数即可。

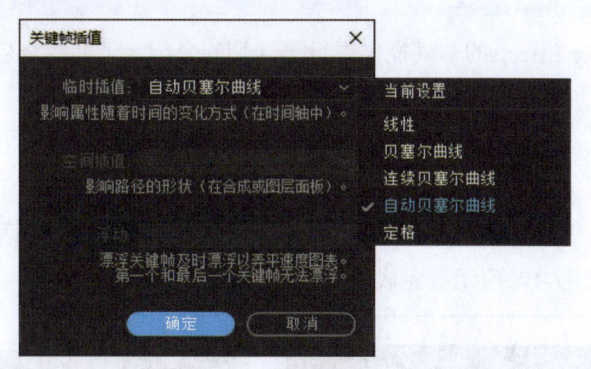

图 7-99 "关键帧插值"对话框

部分常用关键帧插值作用介绍如下：
- **线性**：创建匀速变化效果。
- **贝塞尔曲线**：创建自由变换的插值效果，用户可以手动调整控制点的方向手柄以精确控制曲线形状。
- **连续贝塞尔曲线**：通过关键帧创建平滑的变化速率，用户可以手动调整方向手柄以控制曲线的形状和过渡效果。
- **自动贝塞尔曲线**：通过关键帧创建平滑的变化速率。关键帧的值更改后，"自动贝塞尔曲线"方向手柄也会发生变化，以保持关键帧之间的平滑过渡。
- **定格**：创建突然的变化效果，位于应用了定格插值的关键帧之后的图表显示为水平直线。

7.5.4 图表编辑器

图表编辑器使用二维图表示属性值，并水平表示合成时间。单击"时间轴"面板中的"图表编辑器"按钮，切换至图表编辑器，如图7-100所示。用户可以直接在图表编辑器中更改属性值，以调整动画效果。

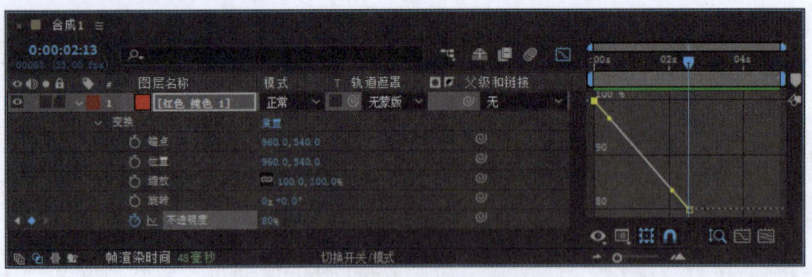

图 7-100 图表编辑器

图表编辑器提供两种类型的图表：值图表（显示属性值）和速度图表（显示属性值变化的速率）。对于时间属性如"不透明度"，图表编辑器默认显示值图表对于空间属性如"位置"，图表编辑器默认显示速度图表。

课堂演练：制作滑块动效

本模块主要对After Effects的基础操作进行了详细的介绍，下面综合应用本模块所学知识，制作滑块动效。

扫码观看视频

步骤 01 打开After Effects软件，按Ctrl+N组合键打开"合成设置"对话框，新建一个400 px×300 px的合成，如图7-101所示。完成后单击"确定"按钮。

步骤 02 执行"图层"→"新建"→"纯色"命令，打开"纯色设置"对话框，新建一个品蓝色（#00C0FF）纯色，如图7-102所示。完成后单击"确定"按钮。

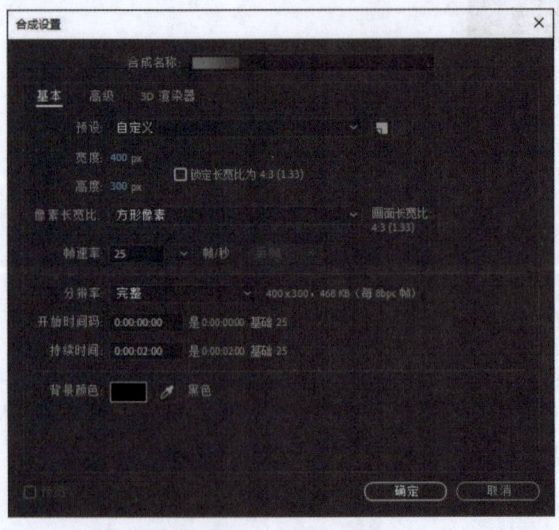

图 7-101 "合成设置"对话框　　　　图 7-102 设置纯色

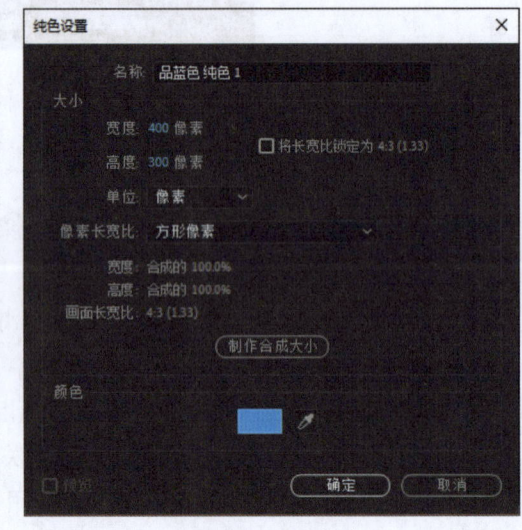

步骤 03 在"效果和预设"面板中搜索"更改为颜色"效果，将其拖曳至纯色图层上，在"效果控件"面板中设置参数，如图7-103所示。

步骤 04 移动当前播放指示器至0:00:00:00处，单击"至"参数左侧的"时间变化秒表"按钮添加关键帧，如图7-104所示。

图 7-103 设置"更改为颜色"效果　　　　　　　图 7-104 添加关键帧

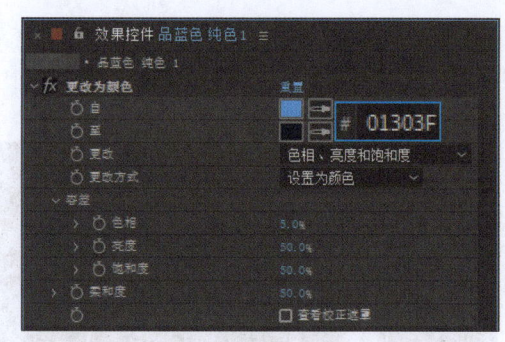

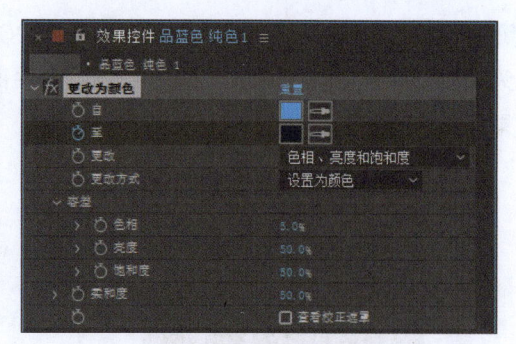

步骤 05 移动当前播放指示器至0:00:01:00处,更改"至"参数中的颜色为品蓝色#00C0FF,如图7-105所示。软件将自动添加关键帧。

步骤 06 移动当前播放指示器至0:00:02:00处,更改"至"参数中的颜色与0 s处一致,如图7-106所示。软件将自动添加关键帧。

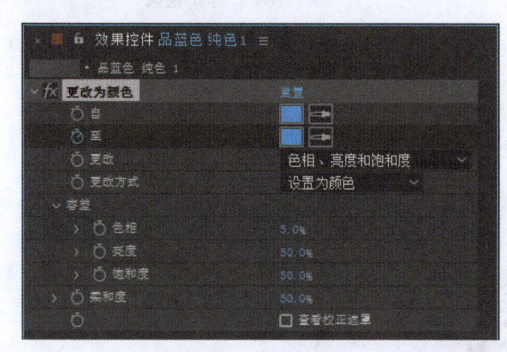

图 7-105 设置颜色1　　　　　　　图 7-106 设置颜色2

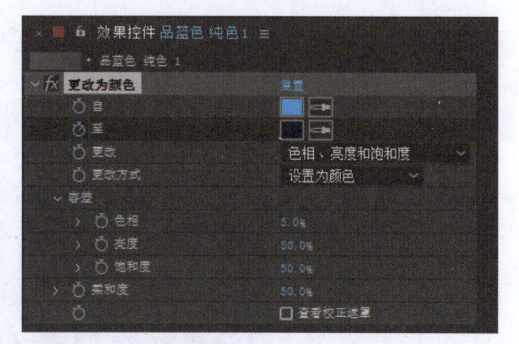

步骤 07 移动当前播放指示器至0:00:00:00处,执行"图层"→"新建"→"形状图层"命令新建形状图层,选择圆角矩形工具,在"工具"面板中设置填充为无,描边为白色,宽度为2 px,在"合成"面板中绘制圆角矩形,如图7-107所示。

图 7-107 绘制圆角矩形

> **提示**:大小、圆度、位置等参数,根据自己绘制图形的大小进行调整。

步骤 08 选中"时间轴"面板中的形状图层，按Ctrl+D组合键复制，在"属性"面板中调整参数，并为"填充颜色"参数和"位置"参数添加关键帧，如图7-108所示。此时，"合成"面板中的效果如图7-109所示。

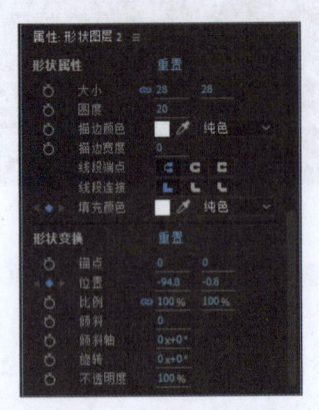

图 7-108　设置圆角矩形参数　　　　　　　　图 7-109　预览效果

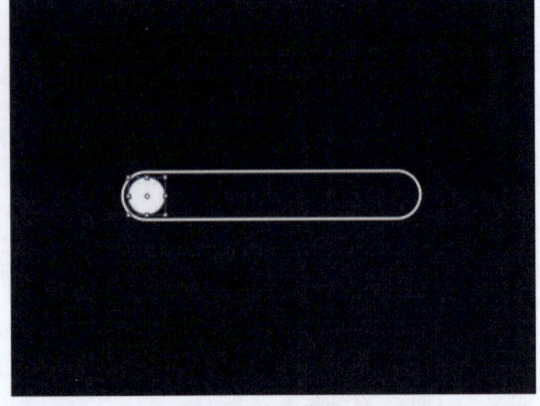

步骤 09 移动当前播放指示器至0:00:01:00处，更改"填充颜色"和"位置"参数，效果如图7-110所示。

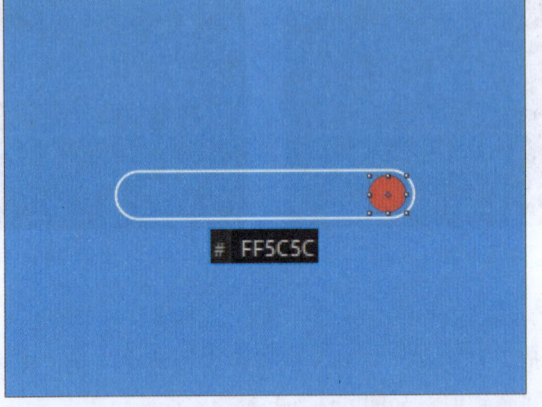

图 7-110　调整后预览效果

步骤 10 移动当前播放指示器至0:00:02:00处，更改"填充颜色"和"位置"参数，如图7-111所示。效果如图7-112所示。

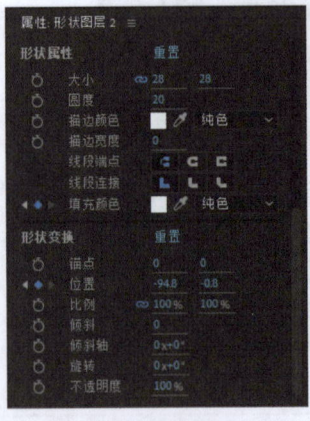

图 7-111　设置参数　　　　　　　　图 7-112　预览效果

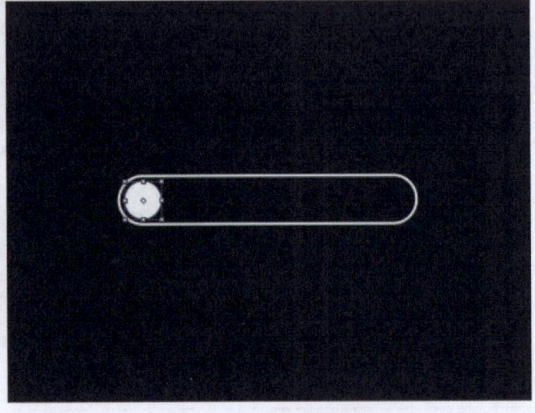

模块7　解析AE图层与关键帧

步骤 11 按Space键渲染预览，如图7-113所示。至此，完成滑块动效的制作。

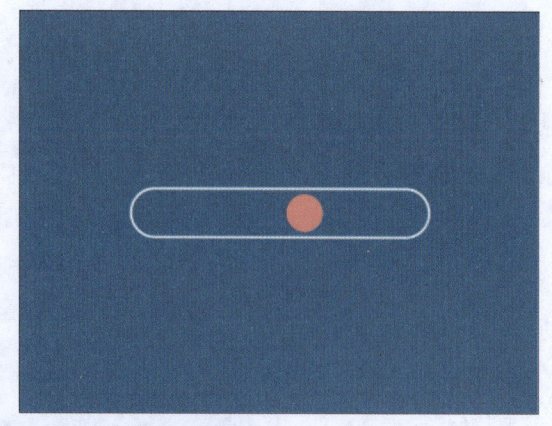

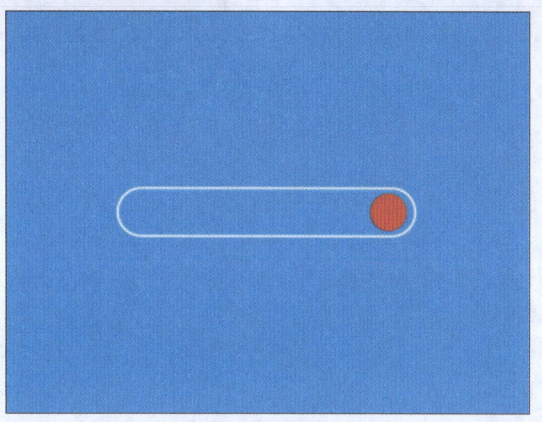

图 7-113　预览效果

拓展阅读

帧间匠心——从《天工开物》到数字动画的工匠精神

　　明代《天工开物》中记载的"分层染缬"技艺，与Adobe After Effects 中的图层叠加原理有着异曲同工之妙。上海美术电影制片厂对《大闹天宫》修复至4K版本的过程中，动画制作人员将原片的12万张手绘稿逐一扫描为独立图层，并通过关键帧技术逐帧校正色彩偏差，整个过程耗时3年才得以完成。这种对传统技艺进行数字化传承的方式，与当前某些短视频平台上大量生成模板化动画的浮躁风气形成了鲜明对比，它体现了《诗经》中描述的"如切如磋，如琢如磨"的匠人精神，强调了在艺术创作和文化传承过程中精益求精的专业态度和不懈的艺术追求。这不仅是对经典的致敬，也是对现代技术如何更好地服务于文化遗产保护与传承的一次深刻探索。

扫码唤醒AI影视大师
● 配套资源　● 精品课程
● 进阶训练　● 知识笔记

模块 8

展现视频特效的魅力

内容概要

After Effects和Premiere一样，也提供多种视频特效，帮助用户制作丰富的影音效果，这些特效包括视频特效的应用与设置、扭曲特效组、模拟特效组等。本模块将对常用的视频特效进行介绍。

数字资源

【本模块素材】："素材文件\模块8"目录下

【本模块课堂演练最终文件】："素材文件\模块8\课堂演练"目录下

8.1 视频特效的基本应用

After Effects拥有多样的视频特效，能够协助用户创作出复杂而绚丽的视觉效果，增强作品的视觉冲击力和提升专业品质。本节将对视频特效的基本应用进行介绍。

8.1.1 添加视频特效

视频特效集中在"效果"菜单和"效果和预设"面板中，如图8-1、图8-2所示。用户可以通过执行"效果"命令，在其子菜单中执行具体的效果命令添加效果，或从"效果和预设"面板中选中效果，将其拖曳至"时间轴"或"合成"面板中的素材上进行添加。

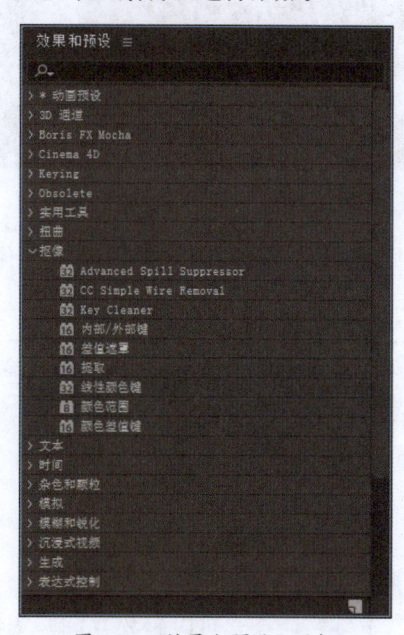

图 8-1　"效果"菜单　　　　　图 8-2　"效果和预设"面板

选中"效果和预设"面板中的"径向模糊"效果，将其拖曳至"合成"面板中的素材上，如图8-3所示。在"效果控件"面板中设置参数，效果如图8-4所示。

图 8-3　添加效果　　　　　图 8-4　径向模糊效果

> **提示**：部分视频特效添加后，即可在"合成"面板中查看其效果，还有一部分则需要在调整参数后才能进行查看。

8.1.2 调整特效参数

"效果控件"面板和"时间轴"面板是调整特效参数的主要工作场所。图8-5、图8-6分别为为添加"径向模糊"效果的"效果控件"面板和"时间轴"面板。通过调整这些参数，可以改变"合成"面板中的视觉效果。

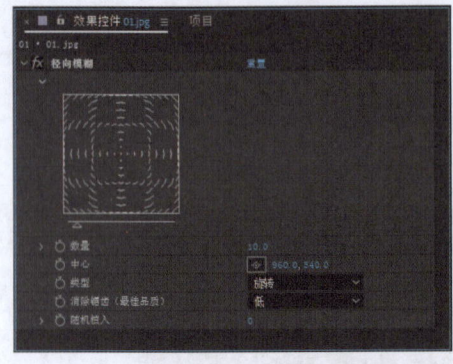

图 8-5 "效果控件"面板调整参数　　　　图 8-6 "时间轴"面板调整参数

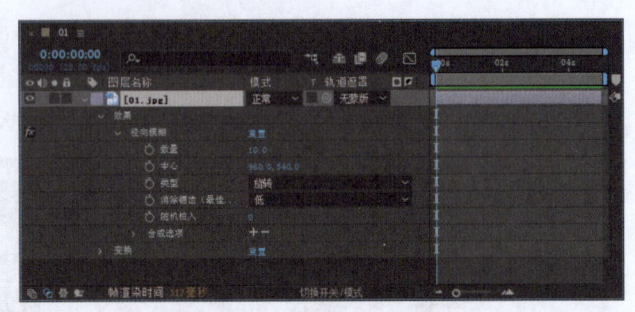

不同视频特效的属性参数也有所不同，使用时根据特效类型和后期制作需要分别进行调整即可。

> **提示**：单击"重置"按钮，可使视频特效的参数重置为初始状态。

8.1.3 复制和粘贴特效

复制和粘贴可以快速创建相同的效果，减轻重复操作的负担。

1. 在同一素材上复制粘贴特效

通过"重复"命令，可以轻松在同一素材中复制素材。选中"时间轴"面板或"效果控件"面板中添加的效果，按Ctrl+D组合键，将在原效果下方复制一个相同的效果，如图8-7所示。

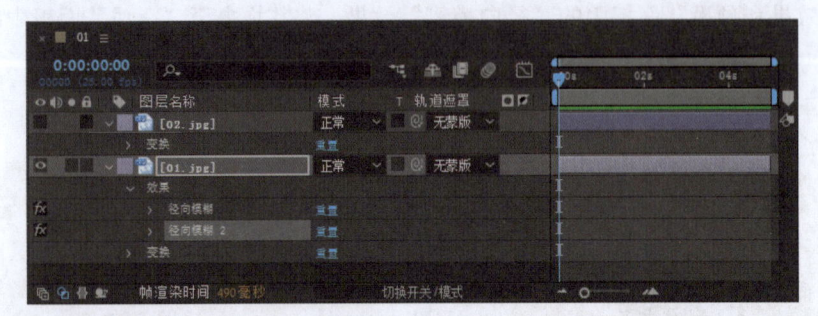

图 8-7 复制效果

3. 在不同素材上复制粘贴特效

在不同素材上复制粘贴特效有多种方式，常用的包括以下3种：

- 选中"效果控件"或"时间轴"面板中的单个或多个效果，按Ctrl+C组合键复制，选中目标图层，按Ctrl+V组合键粘贴。

· 172 ·

- 选中效果后,执行"编辑"→"复制"命令复制,选中目标图层,执行"编辑"→"粘贴"命令粘贴。
- 选中效果或"时间轴"面板中的属性组,执行"动画"→"保存动画预设"命令,或在"效果和预设"面板中单击"菜单"按钮,在弹出的菜单中执行"保存动画预设"命令,打开"动画预设另存为"对话框,如图8-8所示。从中设置参数后保存动画预设,然后选中目标图层,在"效果和预设"面板中选择保存的动画预设应用即可,如图8-9所示。

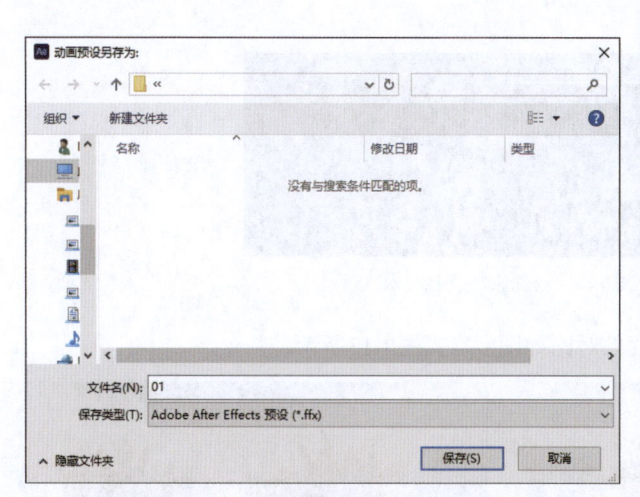

图 8-8 "动画预设另存为"对话框

图 8-9 存储的动画预设

■8.1.4 删除视频特效

在"效果控件"或"时间轴"面板中选中要删除的视频特效,执行"编辑"→"清除"命令或按Delete键即可。若想删除全部视频特效,可以在"时间轴"面板中选中"效果"属性组,按Delete键删除,或执行"效果"→"全部移除"命令删除。图8-10为删除全部视频特效的效果。

图 8-10 删除视频特效

若用户仅想隐藏视频特效以查看效果,可以在"效果控件"或"时间轴"面板单击效果名称左侧的"隐藏" 按钮切换显示与隐藏。

8.2 "扭曲"特效组

"扭曲"特效组中包括"湍流置换""置换图""边角定位"等多种效果，这些效果可以在不损坏素材质量的前提下，变形或扭曲素材对象，使之呈现出特殊的视觉效果。

■ 8.2.1 镜像

"镜像"特效可以沿设置的反射中心和反射角度翻转图像，制作出镜像的视觉效果。将该效果拖曳至"合成"面板中的素材上，在"效果控件"面板可以设置相关属性参数，如图8-11所示。其中，"反射中心"参数用于设置反射图像的中心点位置；"反射角度"参数用于设置镜像反射的角度。

图 8-11 "镜像"属性参数

添加该特效并设置参数，前后效果对比如图8-12、图8-13所示。

图 8-12 原图像　　　　　图 8-13 "镜像"效果

■ 8.2.2 湍流置换

"湍流置换"特效可以使用分形杂色在图像中创建湍流扭曲的效果。添加该效果后，在"效果控件"面板可以设置属性参数，如图8-14所示。添加该效果并设置参数，前后效果对比如图8-15、图8-16所示。

"湍流置换"特效部分属性参数作用介绍如下：

- **置换**：用于选择湍流的类型，包括湍流、凸出、扭转、湍流较平滑、凸出较平滑、扭转较平滑、垂直置换、水平置换和交叉置换9种。
- **数量**：数值越高，扭曲效果越强烈。
- **大小**：数值越高，扭曲范围越大。
- **偏移（湍流）**：用于创建扭曲的部分分形形状。

- **复杂度**：确定湍流的详细程度。数值越低，扭曲越平滑。
- **演化**：为该参数设置动画关键帧，可使湍流随时间变化。
- **演化选项**：用于提供控件，以便在一次短循环中渲染效果，然后在图层持续时间内循环。其中的"循环演化"选项，可以创建一个强制演化状态的循环，以返回其起点。"循环"选项可以设置分形在重复之前循环使用的演化设置的旋转次数。"随机植入"选项可以指定生成分形杂色使用的值。
- **固定**：指定要固定的边缘，以使沿这些边缘的像素不进行置换。

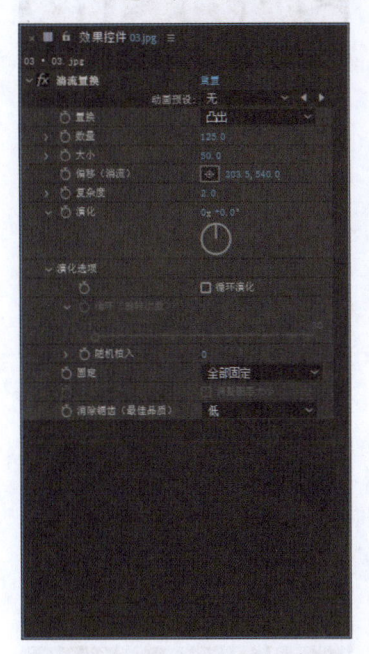

图 8-14 "湍流置换"属性参数　　　图 8-15 原图像　　　图 8-16 "湍流置换"效果

8.2.3 置换图

"置换图"特效可以根据置换图层属性指定的控件图层中的像素的颜色值，水平和垂直置换像素，制作出扭曲的效果。图8-17为该特效属性参数。

其中部分常用属性参数作用介绍如下：

- **置换图层**：用于选择要置换的控件图层。
- **像素回绕**：选择该复选框，可将在原始图层边界外部置换的像素复制到此图层的对侧，即脱离左侧的像素出现在右侧等。
- **扩展输出**：选择该复选框，可使置换效果的结果扩展到应用效果图层的原始边界之外。

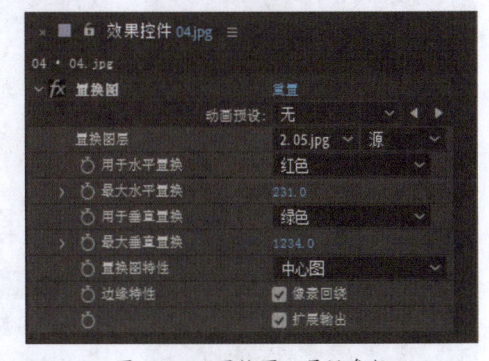

图 8-17 "置换图"属性参数

图8-18、图8-19为原图层和置换图层，添加并调整"置换图"特效后原图层效果如图8-20所示。

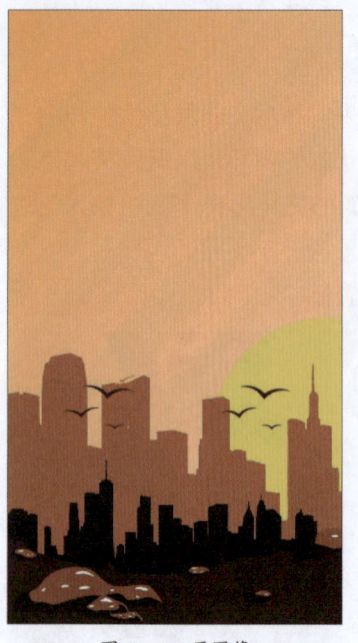

图 8-18 原图像　　图 8-19 置换图像　　图 8-20 置换图效果

8.2.4 液化

"液化"特效提供了多种工具，用户可以使用这些工具推动、旋转、扩大或收缩图层中的区域，制作出扭曲的效果。扭曲一般集中在笔刷区域的中心，其效果随着按住鼠标或在某个区域内重复拖动而增强。图8-21为该特效属性参数。添加该效果并设置参数，前后对比效果如图8-22、图8-23所示。

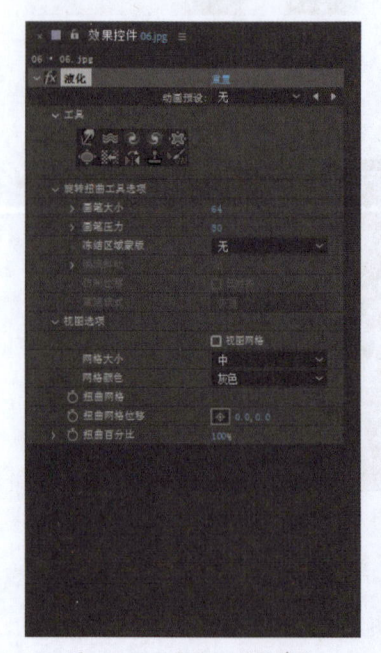

图 8-21 "液化"属性参数　　图 8-22 原图像　　图 8-23 液化效果

"液化"特效部分属性参数作用介绍如下：
- **工具**：用于选择液化工具制作不同的扭曲效果，包括变形工具 、湍流工具 、顺时针旋转扭曲工具 、逆时针旋转扭曲工具 、凹陷工具 、膨胀工具 、转移像素工具 、反射工具 、仿制工具 和重建工具 10种。这10种工具的作用如表8-1所示。
- **画笔大小**：用于设置画笔的大小。
- **画笔压力**：用于控制扭曲的强度。
- **冻结区域蒙版**：用于限制扭曲的图层区域。当图层中含有蒙版时，可以通过该参数选项，设置蒙版区域内的对象不被扭曲。

表 8-1　液化工具的使用

工具	作用
变形工具	在拖动时向前推像素
湍流工具	平滑地混杂像素，创建火焰、云彩、波浪等效果
顺时针旋转扭曲工具	按住鼠标左键或拖动时可顺时针旋转像素
逆时针旋转扭曲工具	按住鼠标左键或拖动时可逆时针旋转像素
凹陷工具	按住鼠标左键或拖动时使像素朝着画笔区域的中心移动
膨胀工具	按住鼠标左键或拖动时使像素朝着离开画笔区域中心的方向移动
转移像素工具	移动与描边方向垂直的像素
反射工具	将像素拷贝到画笔区域，模拟图像在水中反射的效果
仿制工具	将扭曲效果从源位置附近复制到当前鼠标位置，可以通过按住Alt键单击设置源位置
重建工具	将变形的图像恢复至原始状态

■8.2.5　边角定位

"边角定位"特效可以通过调整图像的四个边角位置，制作出拉伸、收缩、扭曲等变形操作。图8-24为该特效属性参数，用户可以直接输入数值，也可以单击 按钮，在"合成"面板中单击定位边角。添加该效果并设置参数，前后效果对比如图8-25、图8-26所示。

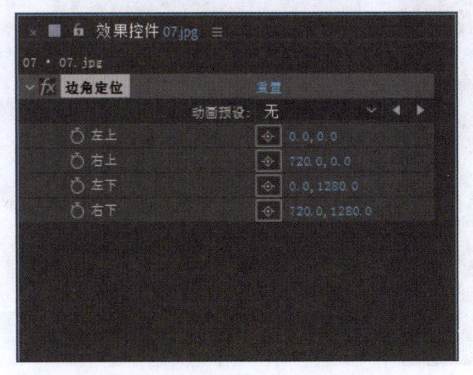

图 8-24　"边角定位"属性参数

图 8-25　原图像 　　　　图 8-26　"边角定位"效果

8.3　"模拟"特效组

"模拟"特效组中包括"CC Drizzle""CC Particle World""粒子运动场"等多种效果，这些效果可以模拟下雨、下雪等特殊效果。

8.3.1　CC Drizzle（细雨）

"CC Drizzle"特效可以模拟雨滴落入水面产生的涟漪效果。图8-27为该特效属性参数。添加该效果并设置参数，前后效果对比如图8-28、图8-29所示。

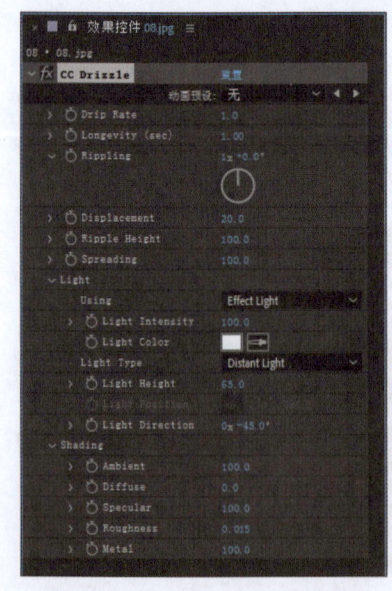

图 8-27　"CC Drizzle"属性参数 　　　图 8-28　原图像 　　　图 8-29　"CC Drizzle"效果

· 178 ·

"CC Drizzle"特效部分属性参数作用介绍如下：
- **Drip Rate**（雨滴速率）：用于设置雨滴滴落的速度。
- **Longevity(sec)**（寿命（秒））：用于设置涟漪的存在时间。
- **Rippling**（涟漪）：用于设置涟漪的扩散角度。
- **Displacement**（置换）：用于设置涟漪的位移程度。
- **Ripple Height**（波高）：用于设置涟漪的高度。
- **Spreading**（传播）：用于设置涟漪扩散的范围。
- **Light**（高光）：用于设置涟漪的高光。
- **Shading**（阴影）：用于设置涟漪的阴影。

8.3.2　CC Particle World（粒子世界）

"CC Particle World"特效可以模拟烟花、飞灰等三维粒子运动。图8-30为该特效属性参数。添加该效果并设置参数，前后效果对比如图8-31、图8-32所示。

图 8-30　"CC Particle World"属性参数　　图 8-31　原图像　　图 8-32　"CC Particle World"效果

"CC Particle World"特效部分属性参数作用介绍如下：
- **Grid&Guides**（网格和参数线）：用于设置网格的显示和大小参数。
- **Birth Rate**（出生率）：用于设置粒子数量。
- **Longevity(sec)**［寿命（秒）］：用于设置粒子的存活寿命。
- **Producer**（生产者）：用于设置生产粒子的位置和半径相关属性。
- **Physics**（物理）：用于设置粒子的物理相关属性，包括动画类型、速率、重力效果、附加角度等。

- **Particle**（粒子）：用于设置粒子相关属性，包括粒子类型、粒子纹理效果、粒子起始大小、结束大小等。
- **Extras**（附加功能）：用于设置粒子相关附加功能，包括与原图像的融合等。

8.3.3　CC Rainfall（下雨）

"CC Rainfall"特效可以模拟下雨的效果。图8-33为该特效属性参数。添加该效果并设置参数，前后效果对比如图8-34、图8-35所示。

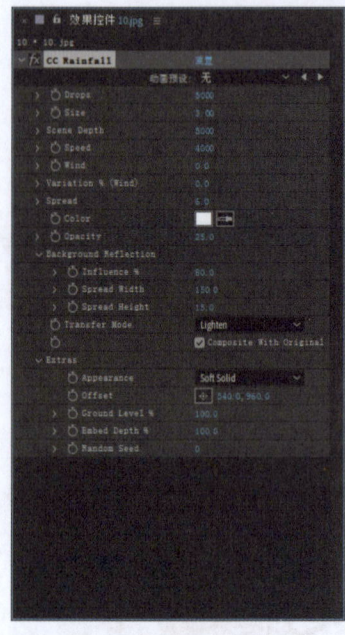

图 8-33　"CC Rainfall"属性参数 　　图 8-34　原图像 　　图 8-35　"CC Rainfall"效果

"CC Rainfall"特效部分属性参数作用介绍如下：
- **Drops**（数量）：用于设置降雨的雨量。数值越小，雨量越小。
- **Size**（大小）：用于设置雨滴的尺寸。
- **Scene Depth**（场景深度）：用于设置远近效果。景深越深，效果越远。
- **Speed**（速度）：用于设置雨滴移动的速度。数值越大，雨滴移动的越快。
- **Wind**（风力）：用于设置风速，会对雨滴产生一定的干扰。
- **Variation%(Wind)**［变量%（风）］：用于设置风场的影响度。
- **Spread**（伸展）：用于设置雨滴的扩散程度。
- **Color**（颜色）：用于设置雨滴的颜色。
- **Opacity**（不透明度）：用于设置雨滴的透明度。

8.3.4　碎片

"碎片"特效可以模拟出图像爆炸破碎的效果，用户可以在"效果控件"面板中调整碎片的形状、爆炸范围等，如图8-36所示。添加该效果并设置参数，前后对比效果如图8-37、图8-38所示。

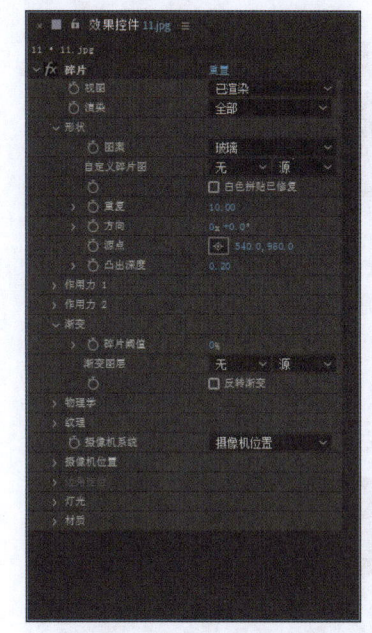

图8-36 "碎片"属性参数　　图8-37 原图像　　图8-38 "碎片"效果

"碎片"特效部分属性参数作用介绍如下：
- **视图**：用于设置显示在"合成"面板中的视图，包括已渲染、线框正视图等。
- **渲染**：用于设置渲染对象，包括全部、图层和碎片3个选项，选择全部将渲染整个场景，选择图层将渲染图层中无变化的部分，选择碎片将渲染碎片。
- **形状**：用于设置碎片的图案类型、方向、厚度等。
- **作用力1/2**：通过两个不同的作用力来定义爆炸区域，用户可以设置力产生的位置、深度、范围和强度参数。
- **渐变**：用于指定渐变图层，以控制爆炸的时间和影响的碎片块。
- **物理学**：用于设置碎片在空间中移动和掉落的方式，包括旋转速度、重力等。
- **纹理**：用于设置碎片的纹理效果。

实例 制作破碎文字效果

应用"碎片"效果可以制作对象碎裂的效果，结合关键帧可以完整呈现碎裂的过程，下面介绍如何制作破碎文字效果。

步骤01 打开After Effects软件，新建项目，导入本模块素材文件并基于素材创建合成，如图8-39所示。

步骤02 选择横排文字工具，在"合成"面板中单击输入文字，如图8-40所示。

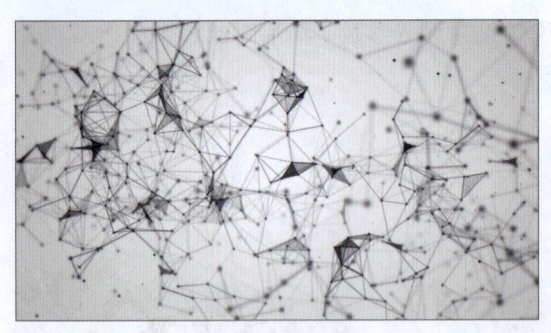

图 8-39　新建合成　　　　　　　　　　　　图 8-40　输入文字

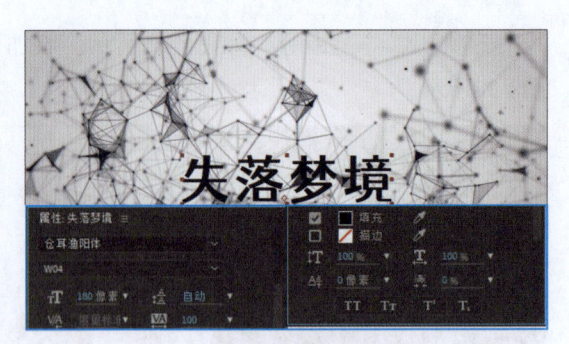

步骤 03 在"效果和预设"面板中搜索"不透明度闪烁进入"动画预设，将其拖曳至文字图层上，如图8-41所示。

步骤 04 移动当前播放指示器至0:00:05:00处，选中文字图层，执行"编辑"→"拆分图层"命令拆分图层，并清除拆分后的"失落梦境2"图层中的动画预设及关键帧，如图8-42所示。

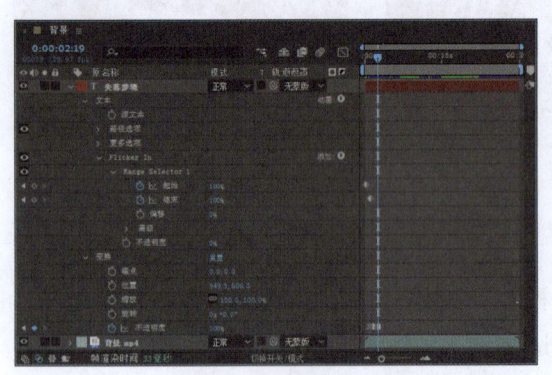

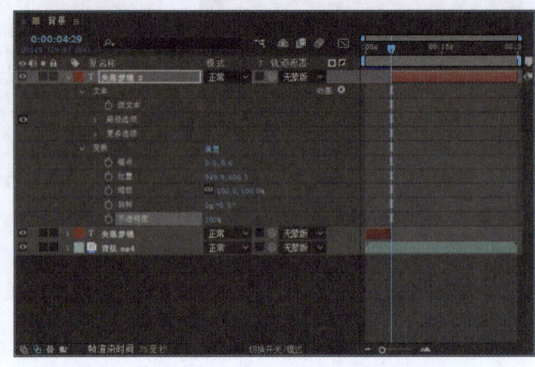

图 8-41　添加动画预设　　　　　　　　　　图 8-42　拆分图层并调整

步骤 05 在"效果和预设"面板中搜索"碎片"特效，将其拖曳至"失落梦境2"图层上，在"效果控件"面板中设置参数，如图8-43所示。此时，"合成"面板中的效果如图8-44所示。

图 8-43　添加碎片效果　　　　　　　　　　图 8-44　"合成"面板中的效果

模块8 展现视频特效的魅力

步骤 06 移动当前播放指示器至0:00:07:00处，更改"作用力1"参数组中的"半径"参数为"0.40"，软件将自动生成关键帧，如图8-45所示。

步骤 07 移动当前播放指示器至0:00:08:00处，按N键定义工作区域出点，如图8-46所示。

图 8-45　设置碎片属性参数　　　　　　　　图 8-46　定义工作区域出点

步骤 08 单击"预览"面板中的"播放/停止" ▶按钮，在"合成"面板中预览效果，预览效果如图8-47所示。至此完成该特效的制作。

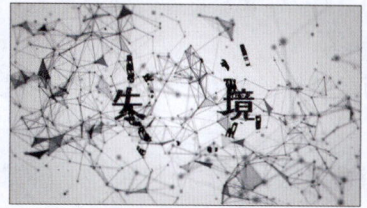

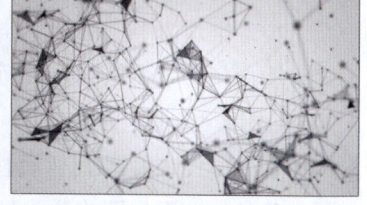

图 8-47　预览效果

■8.3.5　粒子运动场

"粒子运动场"特效可以模拟出现实世界中各种符合自然规律的粒子运动效果，用户可以在"效果控件"面板中，对粒子的大小、颜色、形状等进行设置，如图8-48所示。添加该效果并设置参数，前后对比效果如图8-49、图8-50所示。

"粒子运动场"特效部分属性参数作用介绍如下：

- **选项**：单击该文字，将打开"粒子运动场"对话框，从中设置参数可以使用文本字符作为粒子。
- **发射**：用于从图层的特定点创建一连串粒子，用户可以在该属性参数组中设置粒子发射位置、半径、方向、速度等。
- **网格**：用于设置在一组网格的交叉点处生成一个连续的粒子面，以具有整齐的行和列的有序网格格式创建粒子，用户可以在该属性参数组中设置网格中心坐标、宽度、高度、网格水平/垂直区域分布的粒子数等。
- **图层爆炸**：用于将图层爆炸为新粒子。

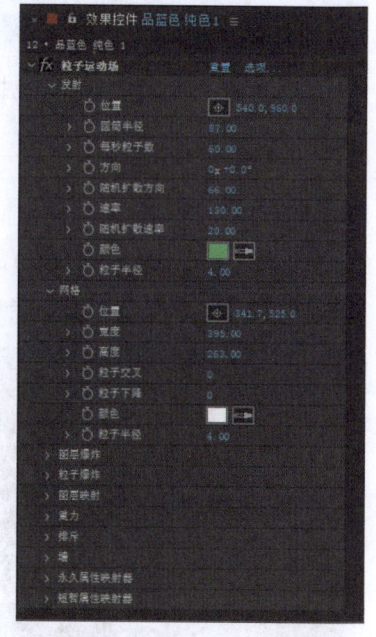

图 8-48　"粒子运动场"属性参数

·183·

- **粒子爆炸**：用于把一个粒子分裂成很多新的粒子，迅速增加粒子数量。
- **图层映射**：用于设置合成图像中任意图层作为粒子的贴图来替换粒子。粒子源图层可以是静止图像、纯色图像或嵌套的After Effects合成。
- **重力**：用于在指定方向拉现有粒子，粒子会在重力方向加速。
- **排斥**：用于设置粒子间的排斥力，包括排斥力大小、排斥力半径范围、排斥源等。

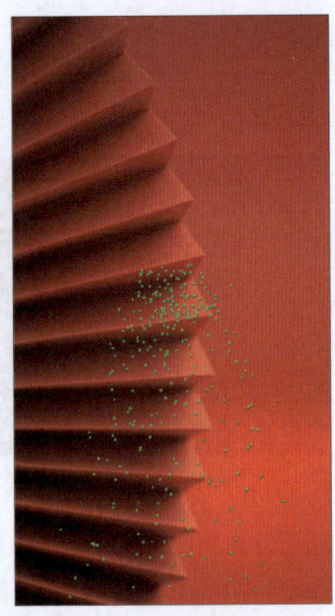

图 8-49　上层原图像　　　　图 8-50　"粒子运动场"效果

- **墙**：用于包含粒子，从而限制粒子可以移动的区域。墙是闭合蒙版，可以使用蒙版工具（如钢笔工具）创建。
- **永久属性映射器/短暂属性映射器**：用于控制单个粒子的特定属性。对粒子属性的永久更改会保留图层图为粒子剩余寿命设置的最新值，除非粒子已被其他控件（如排斥、重力或墙）修改。对粒子属性短暂更改会使属性在每个帧后恢复其原始值。

8.4　"模糊和锐化"特效组

"模糊和锐化"特效组中包括"锐化""径向模糊""高斯模糊"等多种效果，这些效果可以影响画面的清晰度和对比度，制作出不同的视觉效果。

■8.4.1　锐化

"锐化"特效可以增强图像中发生颜色变化的对比度，突出图像中的细节，使图像看起来更加清晰。图8-51、图8-52为添加该特效并调整参数前后对比效果。

图 8-51　原图像　　　　图 8-52　"锐化"效果

■8.4.2 径向模糊

"径向模糊"特效可以围绕一个点产生推拉或旋转的模糊效果，离点越远，模糊程度越强。用户可以在"效果控件"面板中设置模糊数量、中心、模糊类型等属性参数，如图8-53所示。添加该效果并设置参数，前后对比效果如图8-54、图8-55所示。

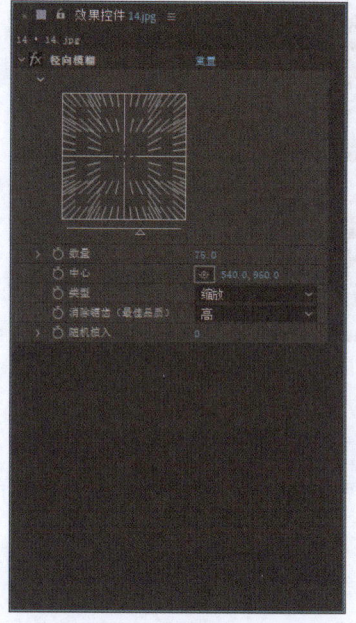

图 8-53 "径向模糊"属性参数　　　　图 8-54 原图像　　　　图 8-55 "径向模糊"效果

"径向模糊"特效部分属性参数作用介绍如下：

- **数量**：用于设置模糊强度，数值越大，模糊程度越强。用户也可以直接通过缩略图下方的滑块进行设置。
- **中心**：用于设置模糊中心，用户也可以直接在上方的缩略图中单击进行设置。
- **类型**：用于设置径向模糊的样式，包括旋转和缩放两种。

■8.4.3 高斯模糊

"高斯模糊"特效可以模糊柔化图像并消除杂色。用户可以在"效果控件"面板中设置模糊度、模糊方向等属性参数，如图8-56所示。添加该效果并设置参数，前后效果对比如图8-57、图8-58所示。

"高斯模糊"特效部分属性参数作用介绍如下：

- **模糊度**：用于设置模糊强度，数值越大，模糊程度越强。
- **模糊方向**：用于设置模糊方向，包括水平和垂直、水平、垂直3个选项。
- **重复边缘像素**：选择该复选框，可以使用图像边缘的像素颜色填充边界，避免出现不协调的区域。

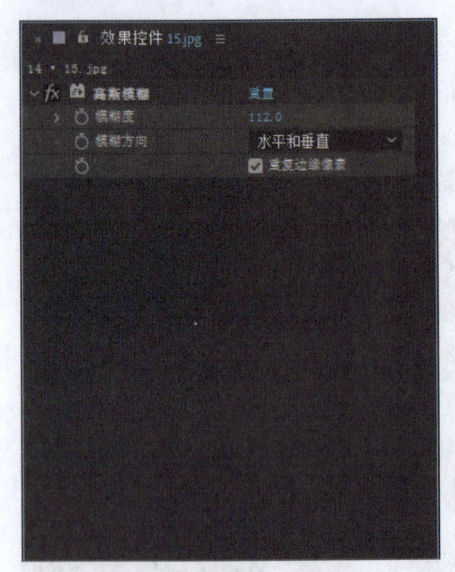

图 8-56 "高斯模糊"属性参数　　图 8-57　原图像　　图 8-58 "高斯模糊"效果

8.5 "生成"特效组

"生成"特效组中包括"镜头光晕""CC Light Burst 2.5""写入"等多种生成特效，这些效果可以在合成中创建全新的元素，如光晕、渐变等，从而影响视觉效果。

■8.5.1 镜头光晕

"镜头光晕"特效可以模拟强光投射到摄像机镜头时产生的折射，用户可以在"效果控件"面板中设置光晕中心等属性参数，如图8-59所示。添加该效果并设置参数，前后效果对比如图8-60、图8-61所示。

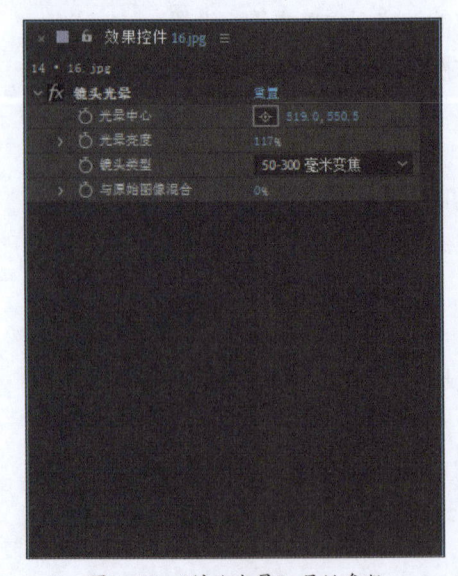

图 8-59 "镜头光晕"属性参数　　图 8-60　原图像　　图 8-61 "镜头光晕"效果

"镜头光晕"特效部分属性参数作用介绍如下：
- **光晕中心**：用于设置光晕中心。用户可以调整数值，也可以在"合成"面板中拖动◎图标调整。
- **光晕亮度**：用于设置光晕的强度，数值越高，光晕越亮，取值范围在0%～300%。
- **镜头类型**：用于设置镜头光源类型，包括50～300 mm变焦、35 mm定焦和105 mm定焦三种。
- **与原始图像混合**：用于设置镜头光晕和原始图像混合的程度，数值越高，混合度越高。

8.5.2 CC Light Burst 2.5

"CC Light Burst 2.5（光线缩放2.5）"特效是After Effects附带的第三方效果，可以创建光线爆发或光芒四射的效果。添加该效果后，在"效果控件"面板中可以设置光线中心、光线强度等属性参数，如图8-62所示。添加该效果并设置参数，前后效果对比如图8-63、图8-64所示。

"CC Light Burst 2.5"特效部分属性参数作用介绍如下：
- **Center**（中心）：用于设置光线中心，用户也可以直接在"合成"面板中调整。
- **Intensity**（强度）：用于设置光线中心点强度。
- **Ray Length**（光线强度）：用于设置光线的强度。
- **Burst**（爆裂）：用于设置爆裂的方式，包括"Straight（直线）""Fade（渐隐）"和"Center（中心）"3种。
- **Set Color**（设置颜色）：用于设置光线颜色。

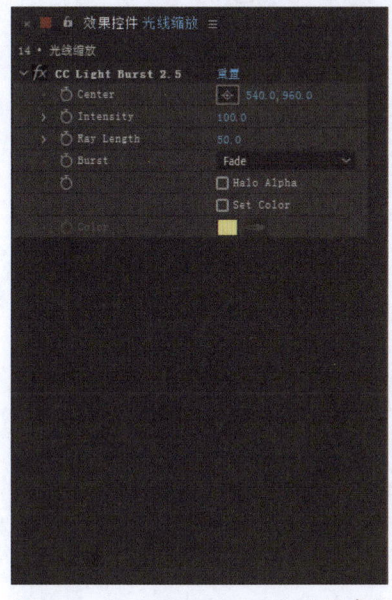

图 8-62 "CC Light Burst 2.5"属性参数　　图 8-63 原文本　　图 8-64 "CC Light Burst 2.5"效果

8.5.3 CC Light Rays

"CC Light Rays（射线光）"特效可以创建从特定点向外辐射的光线效果，添加该效果后，在"效果控件"面板中可以设置光线强度、形状等属性参数，如图8-65所示。添加该效果并设置参数，前后效果对比如图8-66、图8-67所示。

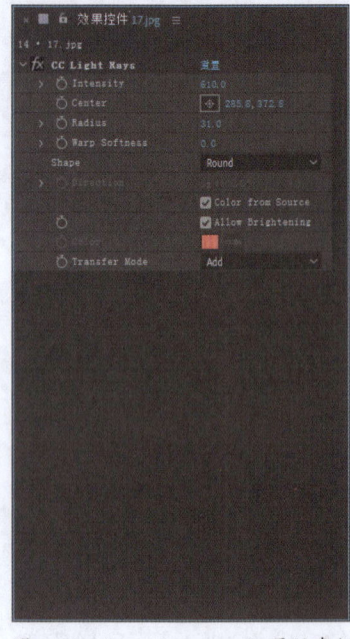

图 8-65 "CC Light Rays"属性参数 　　图 8-66 原图像 　　图 8-67 "CC Light Rays"效果

"CC Light Rays"特效部分属性参数作用介绍如下：

- **Intensity**（强度）：用于调整射线光强度的选项，数值越大，光线越强。
- **Center**（中心）：用于设置放射的中心点位置。
- **Radius**（半径）：用于设置射线光的半径。
- **Warp Softness**（柔化光芒）：用于设置射线光的柔化程度。
- **Shape**（形状）：用于调整射线光光源发光形状，包括"Round（圆形）"和"Square（方形）"两种形状。
- **Direction**（方向）：用于调整射线光照射方向。
- **Color from Source**（来自源的颜色）：选择该复选框，光源颜色将来自图像。
- **Allow Brightening**（允许变亮）：选择该复选框，光芒的中心变亮。
- **Color**（颜色）：用于调整射线光的发光颜色，只有取消选择"Color from Source"复选框，该选项才会激活。
- **Transfer Mode**（转换模式）：用于设置射线光与源图像的叠加模式。

8.5.4 CC Light Sweep

"CC Light Sweep"特效可以模拟扫描光线，结合关键帧可以制作动态的扫光效果。添加该效果后，在"效果控件"面板中可以设置光线强度、方向等属性参数，如图8-68所示。添加该效果并设置参数，前后效果对比如图8-69、图8-70所示。

模块8 展现视频特效的魅力

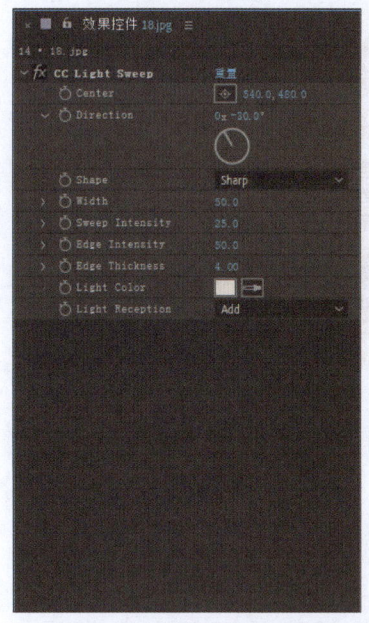

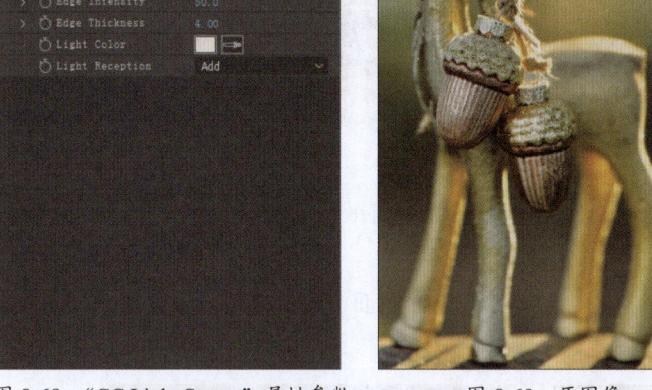

图 8-68 "CC Light Sweep"属性参数　　图 8-69 原图像　　图 8-70 "CC Light Sweep"效果

"CC Light Sweep"特效部分属性参数作用介绍如下：
- **Center**（中心）：用于设置扫光的中心点位置。
- **Direction**（方向）：用于设置扫光的旋转角度。
- **Shape**（形状）：用于设置光线的形状，包括"Linear（线性）""Smooth（光滑）""Sharp（锐利）"3种形状。
- **Width**（宽度）：用于设置扫光光线的宽度。
- **Sweep Intensity**（扫光亮度）：用于调节扫光的亮度。
- **Edge Intensity**（边缘亮度）：用于调节光线与图像边缘相接触时的明暗程度。
- **Edge Thickness**（边缘厚度）：用于调节光线与图像边缘相接触时的光线厚度。
- **Light Color**（光线颜色）：用于设置光线颜色。
- **Light Reception**（光线接收）：用于设置光线与源图像的叠加方式，包括"Add（叠加）""Composite（合成）"和"Cutout（切除）"3种。

实例 制作扫光效果

巧用特效可以使平淡的图像焕发新的光彩，下面介绍如何通过"CC Light Sweep"特效制作扫光效果。

步骤01 打开After Effects软件，新建项目，导入本模块素材文件并基于"扫光-02.jpg"素材创建合成，如图8-71所示。

步骤02 将"扫光-01.png"素材拖曳至"合成"面板中，如图8-72所示。

· 189 ·

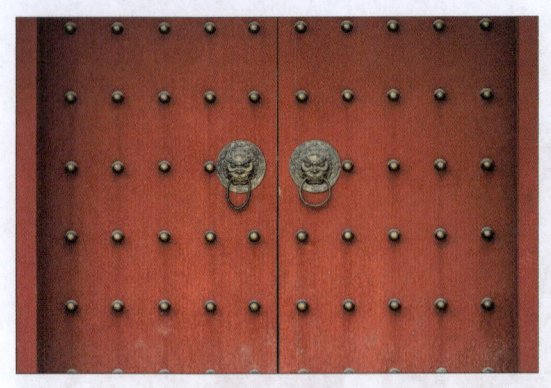

图 8-71　新建合成　　　　　　　　　　　　　图 8-72　导入素材

步骤 03 在"效果和预设"面板中搜索"CC Light Sweep"特效，将其拖曳至"01.png"素材上，效果如图8-73所示。

步骤 04 移动当前播放指示器至0:00:00:00处，在"效果控件"面板中调整参数，并为"Center"参数添加关键帧，设置参数如图8-74所示。

图 8-73　添加 CC Light Sweep　　　　　　　图 8-74　设置参数

步骤 05 移动当前播放指示器至0:00:04:00处，更改"Center"参数，软件将自动生成关键帧，如图8-75所示。

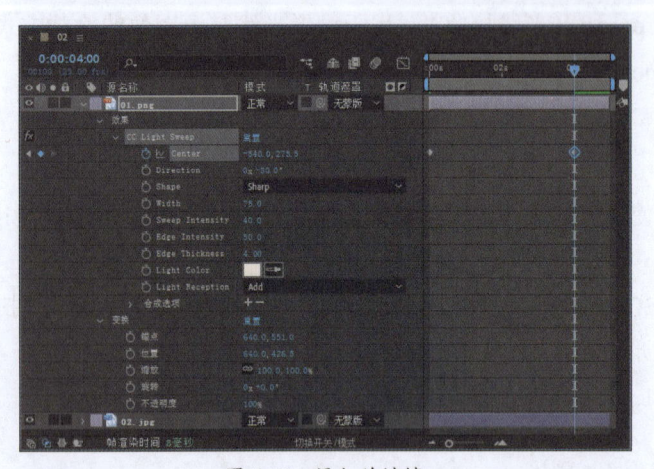

图 8-75　添加关键帧

步骤 06 选中两个关键帧，按F9键创建缓动，如图8-76所示。

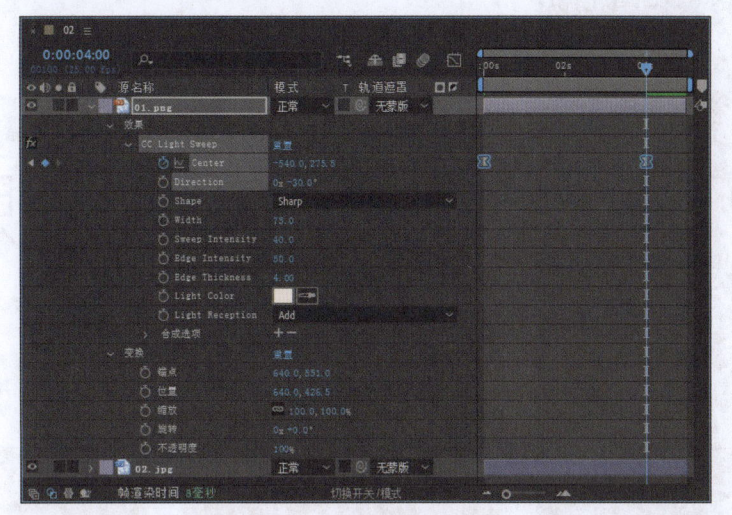

图 8-76　创建关键帧缓动

步骤 06 单击"预览"面板中的"播放/停止"▶按钮，在"合成"面板中预览效果，预览效果如图8-77所示。至此完成该特效的制作。

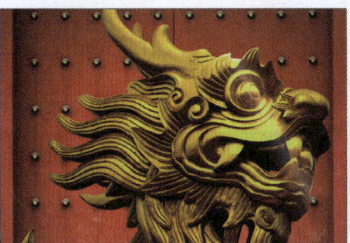

图 8-77　预览效果

8.5.5　写入

"写入"特效可以结合关键帧，在图层上为描边设置动画，模拟出书写的效果。图8-78为该特效属性参数。添加该效果并设置参数，制作关键帧动画，效果如图8-79、图8-80所示。

"写入"特效部分属性参数作用介绍如下：

- **画笔位置**：用于定义画笔的位置。为该属性设置关键帧，可创建书写动画。
- **画笔大小**：用于设置画笔大小，一般设置比笔画略大即可。
- **描边长度（秒）**：用于设置每个画笔标记的持续时间，单位为秒，数值为0时，画笔标记有无限持续时间。
- **画笔间距（秒）**：画笔标记之间的时间间隔，值越小，绘画描边越平滑。
- **绘画样式**：用于设置画笔描边和原始图像相互作用的方式。

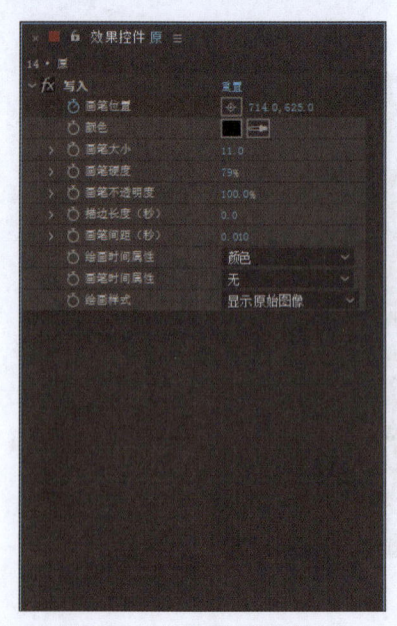

图 8-78 "写入"属性参数　　图 8-79 写入效果 1　　图 8-80 写入效果 2

8.5.6 勾画

"勾画"特效可以在对象周围生成类似航行灯的效果，以及其他沿路径运行的脉冲动画。图8-81为该特效属性参数。添加该效果并设置参数，前后对比效果如图8-82、图8-83所示。

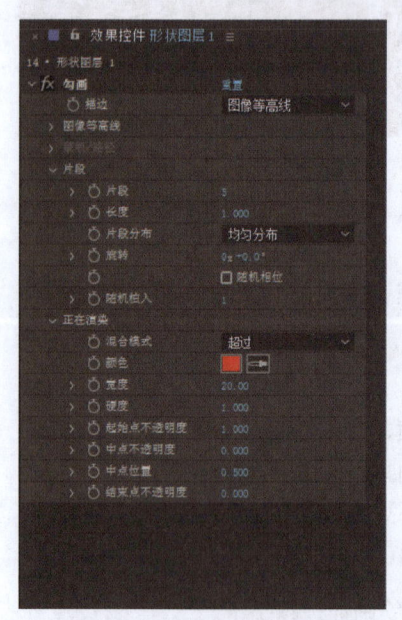

图 8-81 "勾画"属性参数　　图 8-82 原图像　　图 8-83 "勾画"效果

"勾画"特效部分属性参数作用介绍如下：

- 描边：用于选择描边的方式，包括"图像等高线"和"蒙版/路径"两种。选择"图像等高线"选项时，将激活"图像等高线"选项组，从中可以指定在其中获取图像等高线的图层，以及如何解释输入图层。选择"蒙版/路径"选项时，将激活"蒙版/路径"选项组，从中可以选择蒙版路劲进行描边。
- **片段**：用于设置描边的分段信息，包括分段数量、分段长度、区段间距等。
- **正在渲染**：用于设置描边的渲染参数，包括描边应用到图层的混合模式、颜色、宽度、硬度等。

■8.5.7 四色渐变

"四色渐变"特效可以创建4种颜色的平滑渐变，增加画面的丰富度。图8-84为该特效属性参数。添加该效果并设置参数，前后效果对比如图8-85、图8-86所示。

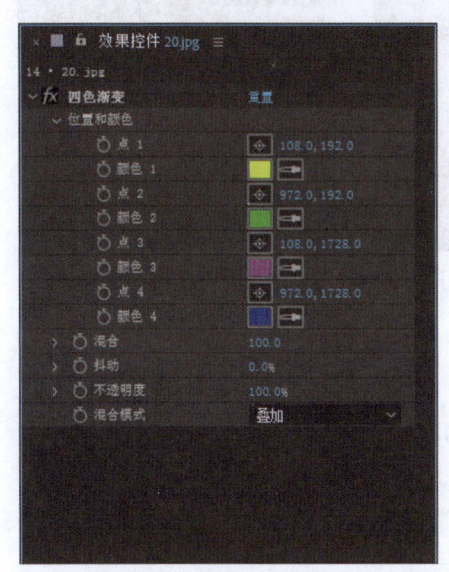

图 8-84 "四色渐变"属性参数　　图 8-85 原图像　　图 8-86 "四色渐变"效果

"四色渐变"特效部分属性参数作用介绍如下：
- **位置和颜色**：用于设置4种颜色的位置和颜色。
- **混合**：用于设置不同颜色间的混合，值越高，颜色之间的变化越平滑细腻。
- **抖动**：用于设置渐变中的杂色量。
- **不透明度**：用于设置渐变的不透明度。
- **混合模式**：用于设置渐变与源图层的图层叠加方式。

8.6 "过渡"特效组

"过渡"特效组中包括"卡片擦除""百叶窗"等多个效果，这些效果结合关键帧，可以制作出转场过渡的效果。

■8.6.1 卡片擦除

"卡片擦除"特效结合关键帧，可以模拟卡片翻转切换画面的效果。图8-87为该特效属性参数。添加该效果并设置参数，过渡效果如图8-88、图8-89所示。

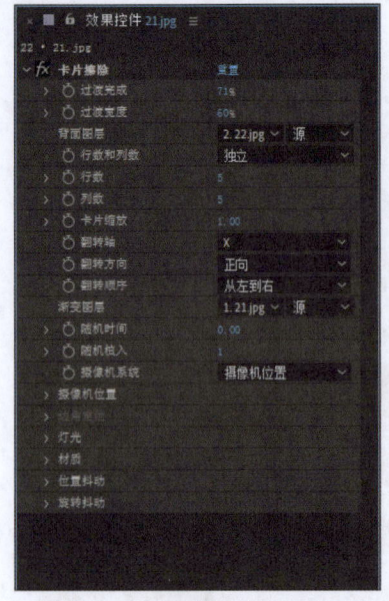

图8-87 "卡片擦除"属性参数　　图8-88 过渡效果1　　图8-89 过渡效果2

"卡片擦除"特效部分属性参数作用介绍如下：
- **过渡完成**：用于控制过渡完成的百分比。
- **过渡宽度**：用于设置主动从原始图像更改到新图像的区域的宽度。
- **背面图层**：用于设置一个与当前层进行切换的背景。
- **行数和列数**：用于指定行数和列数的相互关系。选择独立将同时激活"行数"和"列数"参数，选择列数受行数控制将只激活"行数"参数。
- **卡片缩放**：用于设置卡片的尺寸大小。
- **翻转轴**：用于设置卡片绕其翻转的轴。
- **翻转方向**：用于设置卡片翻转的方向。
- **翻转顺序**：用于设置过渡发生的方向。
- **渐变图层**：设置一个渐变层影响卡片切换效果。
- **随机时间**：使过渡的时间随机化，设置为0时，卡片将按顺序翻转。值越高，卡片翻转顺序的随机性就越大。
- **随机植入**：设置卡片的随机切换。
- **摄像机系统**：控制用于滤镜的摄像机系统。

■8.6.2 百叶窗

"百叶窗"特效可以使用具有指定方向和宽度的条分割擦除对象以显示底层图层，类似于百叶窗闭合的效果。图8-90为该特效属性参数。添加该效果并设置参数，过渡效果如图8-91、图8-92所示。

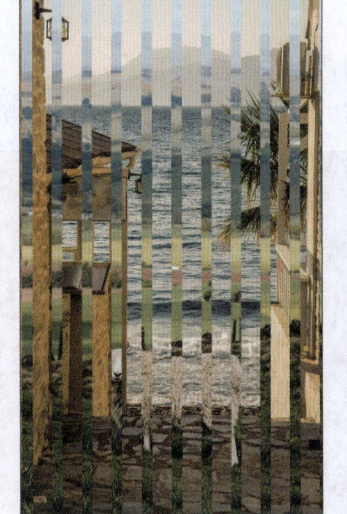

图 8-90 "百叶窗"属性参数　　图 8-91 过渡效果 1　　图 8-92 过渡效果 2

"百叶窗"特效部分属性参数作用介绍如下：
- **方向**：用于控制过渡的方向。
- **宽度**：用于设置擦除条形的宽度。
- **羽化**：用于设置条形边缘的羽化。

8.7 "透视"特效组

"透视"特效组中包括"径向阴影""斜面Alpha"等多种效果，这些效果可以增强对象的立体感。

8.7.1 径向阴影

"径向阴影"效果可以根据点光源创建阴影，阴影从源图层的Alpha通道投射，当光透过半透明区域时，源图层的颜色影响阴影的颜色。图8-93为该特效属性参数。添加该效果并设置参数，前后效果对比如图8-94、图8-95所示。

"径向阴影"特效部分属性参数作用介绍如下：
- **阴影颜色**：用于设置阴影颜色。
- **不透明度**：用于设置阴影的透明程度。
- **光源**：用于设置光源位置，用户也可以在"合成"面板中用鼠标左键拖动进行调整。
- **投影距离**：用于设置阴影和图像之间的距离。
- **柔和度**：用于设置阴影边缘的柔和程度。
- **渲染**：用于设置阴影类型，包括常规和玻璃边缘两种选项。选择常规时，不管图层中是否有半透明像素，都将根据"阴影颜色"和"不透明度"值创建阴影。选择玻璃边缘时，将根据图层的颜色和不透明度创建彩色阴影。

- **颜色影响**：渲染类型为玻璃边缘时，将激活该选项，以设置显示在阴影中的图层颜色值的百分比。
- **仅阴影**：选择该复选框，将仅渲染阴影。
- **调整图层大小**：选择该复选框，阴影可扩展到图层的原始边界之外。

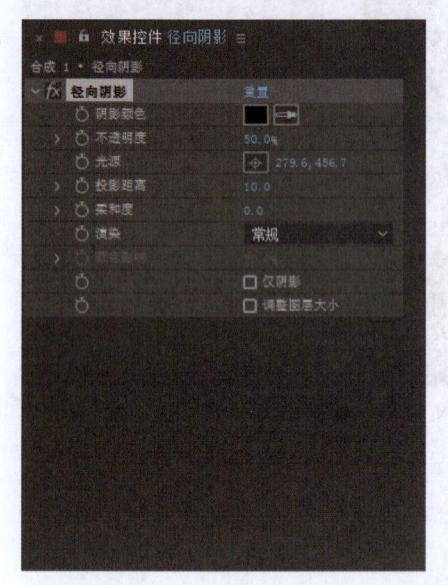

图 8-93 "径向阴影"属性参数 　　图 8-94 原图像 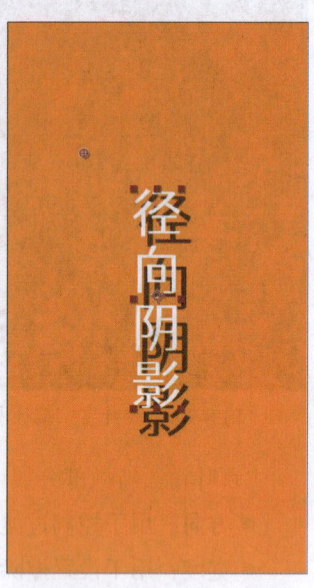　　图 8-95 "径向阴影"效果

■8.7.2 斜面Alpha

"斜面Alpha"特效可以为图像的Alpha边界增加高光和阴影，使平面元素看起来有立体感和光泽度。用户可以在"效果控件"面板中，调整斜面Alpha的边缘厚度、灯光角度等参数，如图8-96所示。添加该效果并设置参数，前后效果对比如图8-97、图8-98所示。

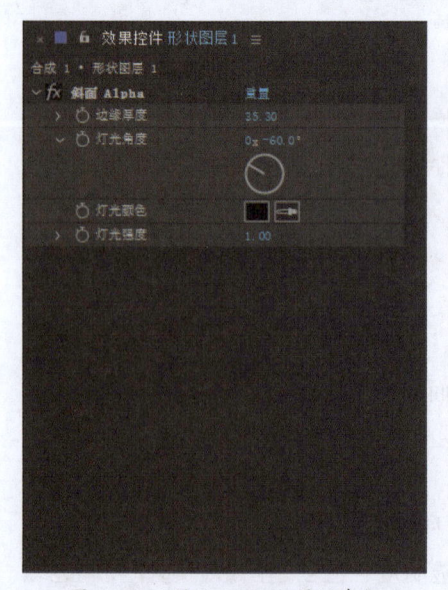

图 8-96 "斜面 Alpha"属性参数 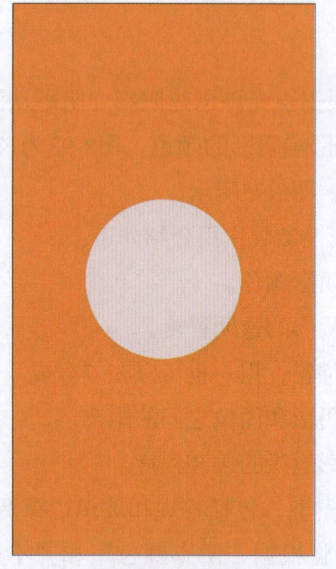　　图 8-97 原图像 　　图 8-98 "斜面 Alpha"效果

"斜面Alpha"特效部分属性参数作用介绍如下：
- **边缘厚度**：用于设置对象边缘的厚度。
- **灯光角度**：用于设置光源照射的角度。
- **灯光颜色**：用于设置光源颜色。
- **灯光强度**：用于设置光源强度。

8.8 "风格化"特效组

"风格化"特效组中包括"CC Glass（玻璃）""动态拼贴""发光"等多种效果，这些效果可以通过修改、置换原图像像素和改变图像的对比度等操作，增强对象的艺术效果。

8.8.1 CC Glass（玻璃）

"CC Glass"特效是After Effects附带的第三方效果，该效果可以模拟玻璃表面的光学特性，如玻璃的透明度、折射和反射等，为图像或视频添加逼真的玻璃质感和光影效果。图8-99为该特效属性参数。添加该效果并设置参数，前后对比效果如图8-100、图8-101所示。

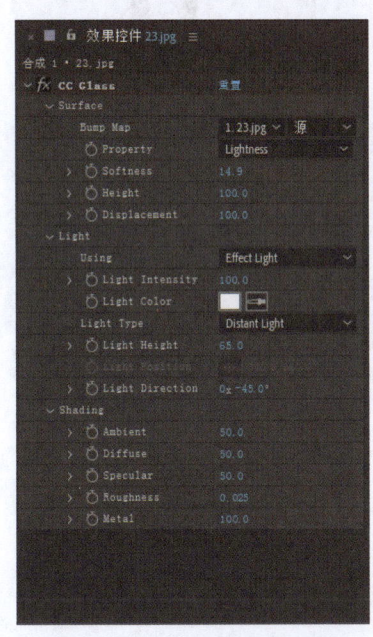

图 8-99 "CC Glass"属性参数 　　图 8-100 原图像 　　图 8-101 "CC Glass"效果

"CC Glass"特效部分属性参数作用介绍如下：
- **Bump Map（凹凸映射）**：用于设置在图像中出现的凹凸效果的映射图层，默认为添加该效果的图层。
- **Property（特性）**：用于定义如何使用映射图层创建凹凸效果，并影响光影变化。
- **Height（高度）**：用于定义凹凸效果中的高度。默认值为100。
- **Displacement（置换）**：用于控制扭曲变形。

■ 8.8.2 动态拼贴

"动态拼贴"特效可以复制源图像，并在水平或垂直方向上进行拼贴，制作出类似墙砖拼贴的效果。用户可以在"效果控件"面板中设置拼贴中心、拼贴宽度、高度等参数，如图8-102所示。添加该效果并设置参数，前后对比效果如图8-103、图8-104所示。

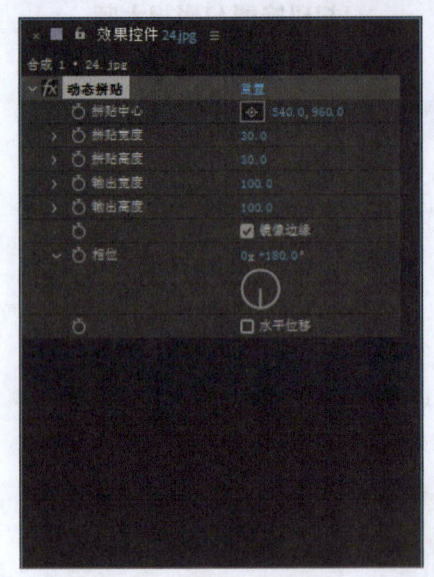

图 8-102 "动态拼贴"属性参数　　　图 8-103 原图像　　　图 8-104 "动态拼贴"效果

"动态拼贴"特效部分属性参数作用介绍如下：
- **拼贴中心**：用于定义主要拼贴的中心。
- **拼贴宽度**、**拼贴高度**：用于设置拼贴尺寸，显示为输入图层尺寸的百分比。
- **输出宽度**、**输出高度**：用于设置输出图像的尺寸，显示为输入图层尺寸的百分比。
- **镜像边缘**：用于翻转邻近拼贴，以形成镜像图像。
- **相位**：用于设置拼贴的水平或垂直位移。
- **水平位移**：用于使拼贴水平（而非垂直）位移。

■ 8.8.3 发光

"发光"特效可以检测图像中较亮的部分，并使这些像素及其周围的像素变亮，从而创建漫射的发光光环。此外，还可以模拟明亮光照对象的过度曝光。用户可以在"效果控件"面板中设置发光阈值、半径等参数，如图8-105所示。添加该效果并设置参数，前后效果对比如图8-106、图8-107所示。

"发光"特效部分属性参数作用介绍如下：
- **发光基于**：用于确定发光是基于颜色值还是透明度值。
- **发光阈值**：用于设置一个阈值，亮度百分比高于该阈值的像素将不应用发光效果。数值越低，发光区域越多。
- **发光半径**：用于设置发光效果从图像的明亮区域开始延伸的距离，以像素为单位。

- **发光强度**：用于设置发光的亮度。
- **合成原始项目**：用于指定如何合成效果结果和图层。
- **发光颜色**：用于设置发光的颜色。
- **色彩相位**：在颜色周期中，开始颜色循环的位置。默认情况下，颜色循环在第一个循环的源点开始。
- **发光维度**：用于指定发光是水平的、垂直的，还是两者兼有的。

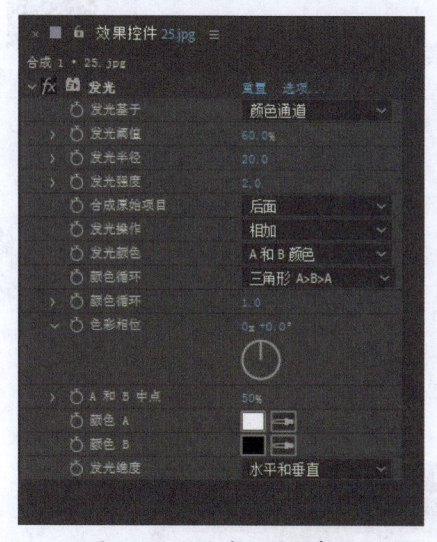

图 8-105　"发光"属性参数 　　　　图 8-106　原图像 　　　　图 8-107　"发光"效果

8.8.4　查找边缘

"查找边缘"特效可以检测图像中具有显著过渡的区域，并通过特定的视觉效果强调这些边缘。制作出原始图像草图的效果，从而突出其结构和轮廓。如图 8-108 所示为该特效属性参数。添加该效果并设置参数，前后对比效果如图 8-109、图 8-110 所示。

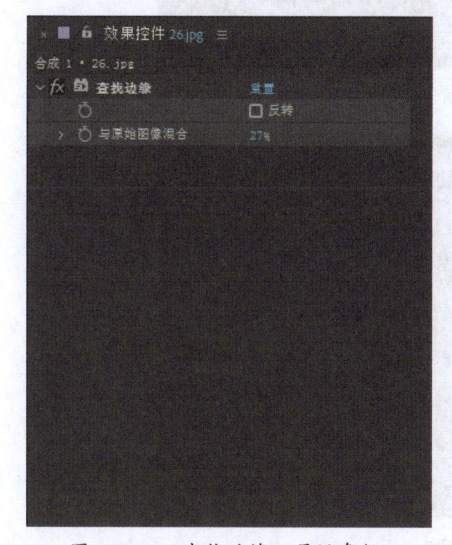

图 8-108　"查找边缘"属性参数 　　　　图 8-109　原图像 　　　　图 8-110　"查找边缘"效果

选择其中的"反转"复选框，可在找到边缘之后反转图像，边缘将在黑色背景上显示为亮线条。若不选择该复选框，则边缘在白色背景上显示为暗线条。

课堂演练：制作国风短视频片头

本模块主要对视频特效进行了详细的介绍，下面综合应用本模块所学知识，制作国风短视频片头的效果。

步骤 01 打开After Effects软件，新建项目，导入本模块素材文件并基于素材创建合成，如图8-111所示。

步骤 02 移动当前播放指示器至0:00:04:00处，为"缩放"参数和"位置"参数添加关键帧，如图8-112所示。

步骤 03 移动当前播放指示器至0:00:00:00处，更改"缩放"参数为"120.0,120.0%"，"位置"参数为"768.0,432.0"，软件将自动生成关键帧，如图8-113所示。

扫码观看视频

图 8-111　新建合成

图 8-112　添加关键帧

图 8-113　自动生成关键帧

模块8 展现视频特效的魅力

步骤 04 在"效果和预设"面板中搜索"查找边缘"特效,将其拖曳至"合成"面板中的素材上,在"效果控件"面板中设置"与原始图像混合"参数为"40%",效果如图8-114所示。

图 8-114　添加并设置查找边缘属性参数

步骤 05 在0:00:00:00处为"与原始图像混合"参数添加关键帧,在0:00:02:00处更改"与原始图像混合"参数为"100%",软件将自动生成关键帧,如图8-115所示。

图 8-115　添加关键帧

步骤 06 在"效果和预设"面板中搜索"CC Rainfall"特效,将其拖曳至"合成"面板中的素材上,在"效果控件"面板中设置参数,如图8-116所示。预览效果如图8-117所示。

- 配套资源
- 精品课程
- 进阶训练
- 知识笔记

扫码唤醒AI影视大师

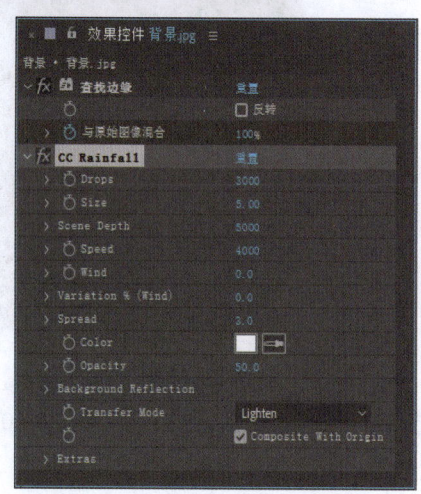

图 8-116　添加并设置 CC Rainfall 属性参数

图 8-117 预览效果

步骤 07 选择横排文字工具，在"合成"面板中单击输入文字，如图8-118所示。

图 8-118 输入文本

步骤 08 移动当前播放指示器至0:00:02:00处。在"效果和预设"面板中搜索"高斯模糊"效果，将其拖曳至"合成"面板中的文字素材上，在"时间轴"面板中设置参数，并为"模糊度"参数、"缩放"参数和"不透明度"参数添加关键帧，如图8-119所示。

图 8-119 添加关键帧

步骤 09 移动当前播放指示器至0:00:00:00处，更改"模糊度"参数为"500.0"，"缩放"参数为"600.0,600.0%"，"不透明度"参数为"0%"，软件将自动生成关键帧，如图8-120所示。

模块8 展现视频特效的魅力

图 8-120 自动生成关键帧

步骤 10 移动当前播放指示器至0:00:04:00处，单击"模糊度"参数和"不透明度"参数左侧的"在当前时间添加或移除关键帧"按钮添加关键帧。移动当前播放指示器至0:00:05:00处，更改"模糊度"参数为"200.0"，"不透明度"参数为"0%"，软件将自动生成关键帧，如图8-121所示。

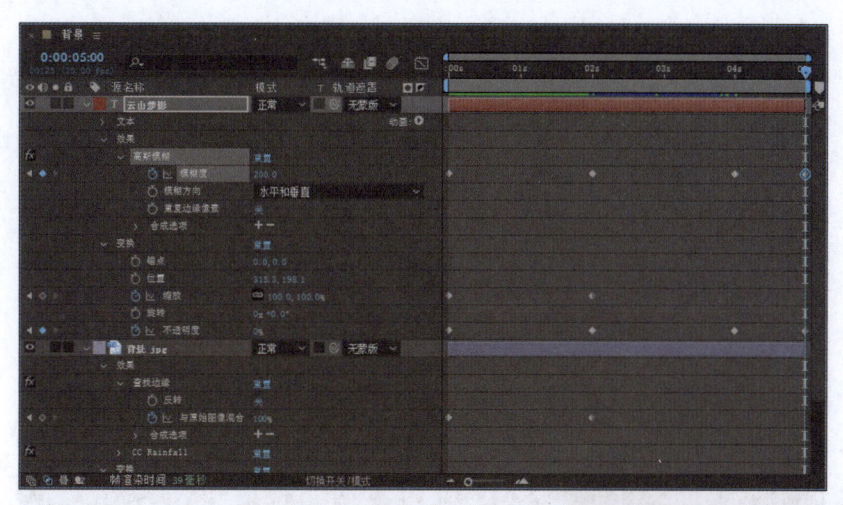

图 8-121 自动生成关键帧

步骤 11 移动当前播放指示器至0:00:02:00处。在"效果和预设"面板中搜索"CC Light Burst 2.5"特效，将其拖曳至"合成"面板中的文字素材上，在"效果控件"面板中设置参数，并为"Center"参数和"Ray Length"参数添加关键帧，如图8-122所示。

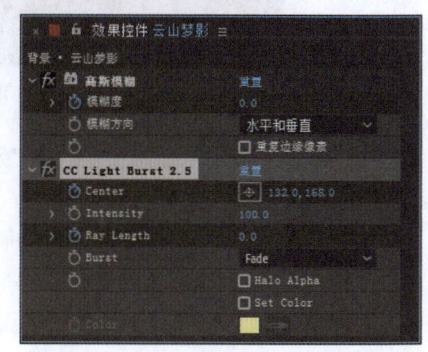

图 8-122 添加并设置 CC Light Burst 2.5 属性参数

· 203 ·

步骤12 移动当前播放指示器至0:00:02:10处，单击"Center"参数左侧的"在当前时间添加或移除关键帧" 按钮添加关键帧，更改"Ray Length"参数为"50.0"，软件将自动生成关键帧，如图8-123所示。

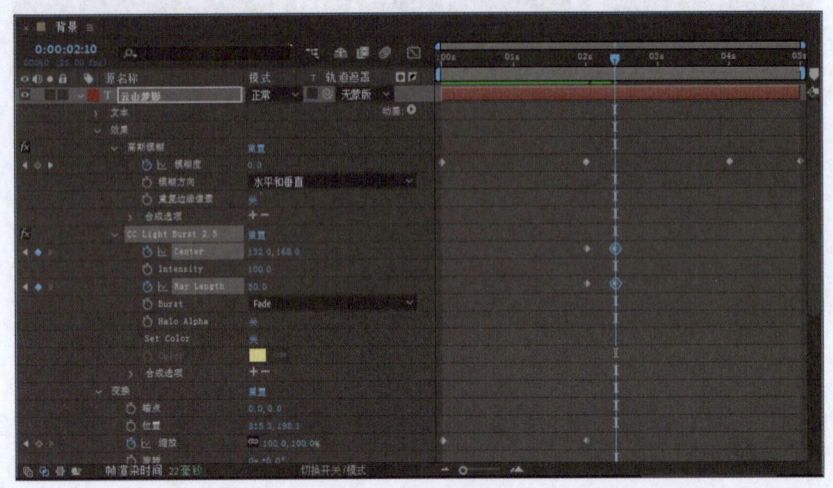

图 8-123　添加关键帧

步骤13 移动当前播放指示器至0:00:03:15处，更改"Center"参数为"488.0,168.0"，单击"Ray Length"参数左侧的"在当前时间添加或移除关键帧" 按钮添加关键帧。移动当前播放指示器至0:00:04:00处，更改"Ray Length"参数为"0.0"，软件将自动生成关键帧，如图8-124所示。

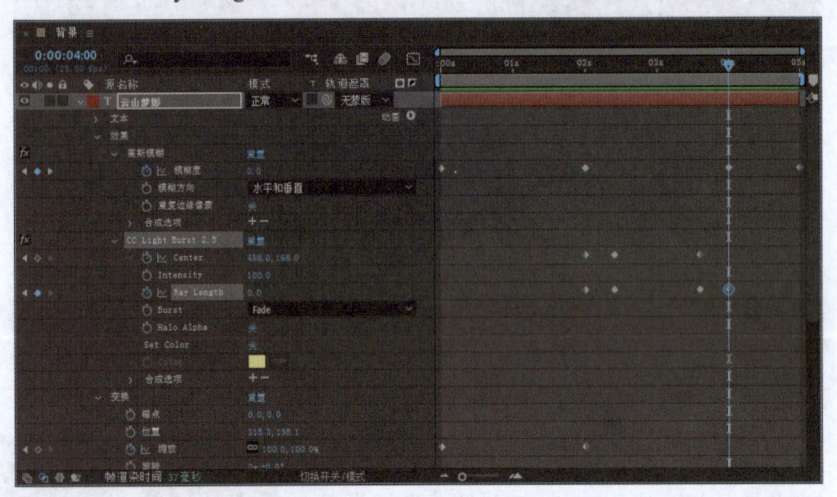

图 8-124　自动生成关键帧

步骤14 单击"预览"面板中的"播放/停止" 按钮，在"合成"面板中预览效果，如图8-125所示。

至此，完成国风短视频片头的制作。

图 8-125　预览效果

拓展阅读

特效的价值观——从《流浪地球》看中国科幻的美学突围

　　《流浪地球2》团队开发的"数字人"技术，在重现年轻版吴孟达的角色时，特意保留了10%的表演瑕疵，以此避免陷入"恐怖谷效应"。这种对技术的人文把控，与一些好莱坞大片过度追求视觉上的极致真实而导致观众情感疏离的做法形成了鲜明对比。正如导演郭帆所言："中国科幻的特效美学不在于炫技，而在于传递'带着地球流浪'的家国情怀。"这启示我们：特效制作应当如同打造中国园林一般，"虽由人作，宛自天开"，让技术悄然隐身于背景之中，而将情感和故事性凸显出来。通过这种方式，特效不仅能够增强影片的视觉冲击力，更能深化其情感表达，使观众在享受视觉盛宴的同时，激发深层次的文化共鸣。

模块 9

探索视频剪影与追踪

内容概要

视频的创意合成主要依赖于抠像效果和蒙版实现,而After Effects提供了丰富的抠像工具。与Premiere不同,After Effects还包括"高级颜色溢出抑制"(Advanced Spill Suppressor)等效果,能够有效移除反射中的杂色。本模块将对抠像效果和蒙版进行介绍。

数字资源

【本模块素材】:"素材文件\模块9"目录下
【本模块课堂演练最终文件】:"素材文件\模块9\课堂演练"目录下

9.1 常用抠像效果

"抠像"效果组中包括Advanced Spill Suppressor、线性颜色键、颜色范围等多种抠像效果，这些效果可以帮助用户轻松完成抠像操作。

9.1.1 After Effects中的抠像技术

抠像技术是After Effects中至关重要的一项技术，它提供了多种工具和插件，如Keylight (1.2)、"抠像"特效组等，帮助用户精确地去除背景颜色并保留前景对象的细节。图9-1、图9-2为抠像前后效果对比。

图 9-1　原图像

图 9-2　"抠像"效果

9.1.2 Advanced Spill Suppressor

"Advanced Spill Suppressor（高级颜色溢出抑制）"效果可以从抠像图层中移除杂色，包括抠像边缘及主体中染上的环境色等，一般用于抠像操作之后。选中抠像图层，执行"效果"→"抠像"→"Advanced Spill Suppressor"命令，或在"效果和预设"面板中搜索该效果，将其拖曳至抠像图层上，在"效果控件"面板中可以设置相应的参数，如图9-3所示。添加该效果并设置参数，原图像和抑制前后效果对比分别如图9-4～图9-6所示。

图 9-3　"Advanced Spill Suppressor"属性参数

图 9-4　原图像

图 9-5　抑制前效果　　　　　　　　　　　图 9-6　抑制后效果

"Advanced Spill Suppressor"效果部分属性参数作用介绍如下：
- **方法**：用于选择颜色溢出抑制方法，包括"标准"和"极致"两种。"标准"方法可以自动检测主要抠像颜色，"极致"方法基于Premiere中的"超级键"效果的溢出抑制，选择该方法，将激活"极致设置"属性组进行设置。
- **抑制**：用于设置颜色溢出抑制程度。
- **极致设置**：用于精确设置抠像颜色、容差、溢出范围等属性参数，获得更好的颜色溢出抑制效果。

■9.1.3　CC Simple Wire Removal

"CC Simple Wire Removal（简单金属丝移除）"效果可以简单地模糊或替换线性形状，多用于去除拍摄过程中出现的线，如威亚钢丝或一些吊着道具的细绳。添加该效果后，在"效果控件"面板中可以设置相关的属性参数，如图9-7所示。

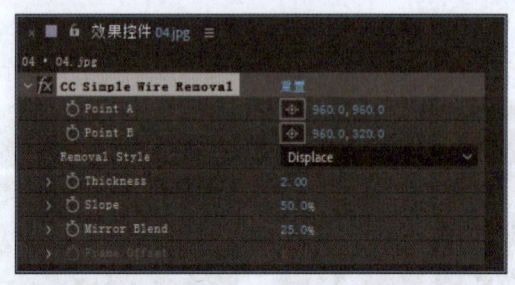

图 9-7　"CC Simple Wire Removal"属性参数

"CC Simple Wire Removal"效果部分属性参数作用介绍如下：
- **Point A/B**：用于设置金属丝两个移除点的坐标，也可以在"合成"面板中设置。
- **Removal Style（移除方法）**：用于设置金属丝移除方法，默认为"Displace（置换）"。
- **Thickness（厚度）**：用于设置金属丝移除的宽度。
- **Slope（倾斜）**：用于设置水平偏移程度。
- **Mirror Blend（镜面混合）**：用于对图像进行镜像或混合处理。
- **Frame Offset（帧偏移）**：用于设置帧偏移程度。

多次添加该效果，并设置参数，前后效果对比如图9-8、图9-9所示。

图 9-8　原图像

图 9-9　移除效果

9.1.4　线性颜色键

"线性颜色键"效果可将图像的每个像素与指定的主色进行比较，如果像素的颜色与主色近似匹配，则此像素将变得完全透明。用户可以在"效果控件"面板中指定主色，如图9-10所示。

"线性颜色键"效果部分属性参数作用介绍如下：

- **预览**：用于观察和调整抠像效果，左边的缩览图图像表示未改变的源图像，右边的缩览图图像表示在"视图"菜单中选择的视图。
- **视图**：用于设置"合成"面板中的视图效果。

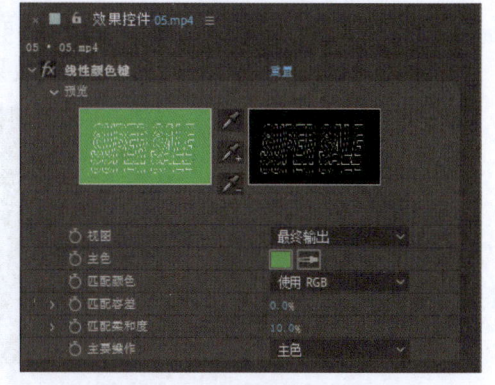

图 9-10　"线性颜色键"属性参数

- **匹配颜色**：用于设置颜色空间，默认为"使用RGB"。
- **匹配容差**：用于指定像素在开始变透明之前，必须匹配主色的严密程度。
- **匹配柔和度**：用于控制图像和主色之间的边缘的柔和度。
- **主要操作**：设置主要操作方式为主色或者保持颜色。用户可以重新应用"线性颜色键"效果，设置"主要操作"为"保持颜色"，以保留第一次应用此抠像时变透明的颜色。

添加该效果并设置参数，前后效果对比如图9-11、图9-12所示。

图 9-11　原图像

图 9-12　抠像效果

■ 9.1.5 颜色范围

"颜色范围"效果可以在Lab、YUV或RGB颜色空间中抠出指定的颜色范围，多用于亮度不均匀且包含同一颜色的不同阴影的蓝屏或绿屏上。用户可以在"效果控件"面板中设置范围，如图9-13所示。

"颜色范围"效果部分属性参数总结介绍如下：

- **预览**：用于观察和调整抠像效果，通过吸管可以添加或减少抠像区域。
- **模糊**：用于柔化透明和不透明区域之间的边缘。
- **色彩空间**：用于选择颜色空间以抠取颜色范围。
- **最小值/最大值**：用于微调颜色范围的起始颜色和结束颜色。其中，L、Y、R滑块可控制指定颜色空间的第一个分量；a、U、G滑块可控制第二个分量；b、V、B滑块可控制第三个分量。

图 9-13 "颜色范围"属性参数

添加该效果并设置参数，抠像前后效果对比如图9-14、图9-15所示。

图 9-14 原图像

图 9-15 抠像后效果

■ 9.1.6 颜色差值键

"颜色差值键"效果可以创建明确定义的透明度值，它通过将图像分为"遮罩部分A"和"遮罩部分B"两个遮罩，在相对的起始点创建透明度，"遮罩部分B"使透明度基于指定的主色，而"遮罩部分A"使透明度基于不含第二种不同颜色的图像区域，通过将这两个遮罩合并为第三个遮罩（称为"Alpha遮罩"），制作抠像效果。图9-16为"颜色差值键"效果的属性参数。

"颜色差值键"效果部分属性参数总结介绍如下：

- **预览**：用于观察和调整抠像效果，用户可以选择不同的吸管工具，指定透明和不透明区域。
- **颜色匹配准确度**：用于选择匹配准确度，包括"更快"和"更准确"两个选项。
- **黑色**：用于调整每个遮罩的透明度水平。

图 9-16 "颜色差值键"属性参数

- **白色**：用于调整每个遮罩的不透明度水平。
- **灰度系数**：用于控制透明度值遵循线性增长的严密程度。

添加该效果并设置参数，前后效果对比如图9-17、图9-18所示。

图 9-17　原图像　　　　　　　　　　图 9-18　抠像后效果

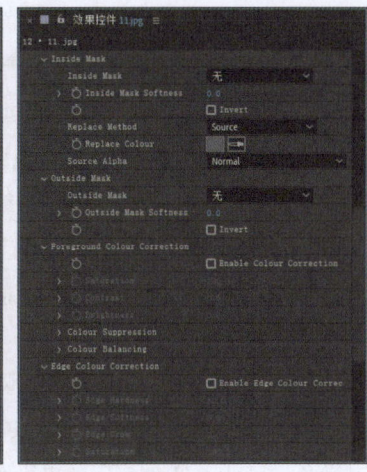

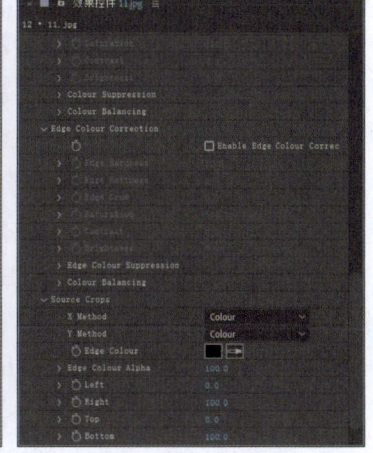

9.1.7　Keylight（1.2）

Keylight（1.2）是After Effects内置的第三方增效工具，在制作专业品质的抠色效果方面表现出色。它能够精确控制前景对象中的蓝幕或绿幕反光，并将其替换为新背景的环境光。Keylight（1.2）还可以帮助用户轻松抠出所需的人像等内容，大大提高了影视后期制作工作的效率。

选择图层，执行"效果"→"Keying"→"Keylight（1.2）"命令，或在"效果和预设"面板中搜索"Keylight（1.2）"效果，并应用至图层上，在"效果控件"面板中可以对其参数进行设置，如图9-19所示。

图 9-19　"Keylight（1.2）"属性参数

其中部分部分属性参数作用介绍如下：

- **View（视图）**：用于设置图像在合成窗口中的显示方式。
- **Unpremultiply Result（非预乘结果）**：选择该复选框将设置图像为不带Alpha通道显示，反之为带Alpha通道显示效果。

- **Screen Colour**（屏幕颜色）：用于设置需要抠除的颜色。一般在原图像中用吸管直接吸取。
- **Screen Gain**（屏幕增益）：用于设置屏幕抠除效果的强弱程度，类似于容差值。数值越大，抠除程度就越强。
- **Screen Balance**（屏幕均衡）：用于设置抠除颜色的平衡程度。数值越大，平衡效果越明显。
- **Despill Bias**（反溢出偏差）：用于恢复被过度抠除区域的原始颜色。
- **Alpha Bias**（Alpha偏差）：用于恢复被过度抠除的Alpha通道部分的颜色。
- **Lock Biases Together**（同时锁定偏差）：选择此复选框后，可以在抠除时同步设定Despill Bias和Alpha Bias的偏差值。
- **Screen Pre-blur**（屏幕预模糊）：用于设置抠除部分边缘的模糊效果。数值越大，模糊效果越明显。
- **Screen Matte**（屏幕蒙版）：用于设置抠除区域影像的属性参数。其中，"Clip Black/White（修剪黑色/白色）"参数可去除抠像区域的黑/白色；"Clip Rollback（修剪回滚）"参数用于恢复修剪部分的影像；"Screen Shrink/Grow（屏幕收缩/扩展）"参数用于设置抠像区域影像的收缩或扩展；"Screen Softness（屏幕柔化）"参数用于柔化抠像区域影像；"Screen Despot Black/White（屏幕独占黑色/白色）"参数用于显示图像中的黑色/白色区域；"Replace Method（替换方式）"参数用于设置屏幕蒙版的替换方式；"Replace Colour（替换色）"参数用于设置蒙版的替换颜色。
- **Inside Mask**（内侧遮罩）：用于为图像添加并设置抠像内侧的遮罩属性。
- **Outside Mask**（外侧遮罩）：用于为图像添加并设置抠像外侧的遮罩属性。
- **Foreground Colour Correction**（前景色校正）：用于设置蒙版影像的色彩属性。其中，"Enable Colour Correction（启用颜色校正）"复选框启用后将校正蒙版影像颜色；"Saturation（饱和度）"参数用于设置抠像影像的色彩饱和度；"Contrast（对比度）"参数用于设置抠像影像的对比程度；"Brightness（亮度）"参数用于设置抠像影像的明暗程度；"Colour Suppression（颜色抑制）"参数可通过设定抑制类型，来抑制某一颜色的色彩平衡和数量；"Colour Balancing（颜色平衡）"参数可通过Hue和Sat两个属性，控制蒙版的色彩平衡效果。
- **Edge Colour Correction**（边缘色校正）：用于设置抠像边缘置，属性参数与"前景色校正"属性基本类似。其中，"Enable Edge Colour Correction（启用边缘色校正）"复选框启用后将校正蒙版影像边缘色；"Edge Hardness（边缘锐化）"参数用于设置抠像蒙版边缘的锐化程度；"Edge Softness（边缘柔化）"参数用于设置抠像蒙版边缘的柔化程度；"Edge Grow（边缘扩展）"参数用于设置抠像蒙版边缘的大小。
- **Source Crops**（源裁剪）：用于设置裁剪影响的属性类型及参数。

添加该效果并设置参数，前后效果对比如图9-20、图9-21所示。

模块9 探索视频剪影与追踪

图 9-20 原图像

图 9-21 抠像后效果

实例 去除背景中的绿幕

利用"抠像"效果组中的效果，可以轻松去除背景中的绿幕，从而合成视频。下面介绍如何通过"线性颜色键"效果、"Advanced Spill Suppressor"效果等，将绿幕中的小鸡放置在农场中。

步骤 01 打开After Effects软件，新建项目，导入本模块素材文件，并根据视频素材新建合成，如图9-22所示。

步骤 02 选择视频素材图层，执行"效果"→"抠像"→"线性颜色键"命令，添加视频效果，如图9-23所示。

图 9-22 新建合成

图 9-23 添加线性颜色键效果

步骤 03 选择"效果控件"面板中"主色"参数右侧的吸管工具，在"合成"面板中绿幕处单击，设置参数及预览效果如图9-24、图9-25所示。

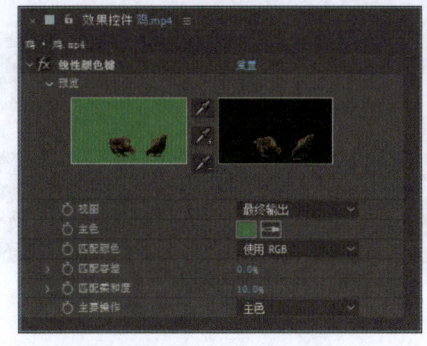

图 9-24 设置参数

图 9-25 预览效果

· 213 ·

步骤 04 选中抠像后的图层，执行"效果"→"抠像"→"Advanced Spill Suppressor"命令，添加效果去除画面中的溢色，如图9-26所示。

步骤 05 将"背景.jpg"素材拖曳至"时间轴"面板中图层的下方，效果如图9-27所示。

图 9-26　去除溢色

图 9-27　调整图层顺序后预览效果

步骤 06 选中抠像图层，调整其"位置"参数和"缩放"参数，如图9-28所示。调整后效果如图9-29所示。

图 9-28　设置参数

图 9-29　调整后效果

步骤 07 选中抠像图层，执行"效果"→"颜色校正"→"色阶"命令，添加"色阶"效果，在"效果控件"面板中设置参数，如图9-30所示。预览效果如图9-31所示。

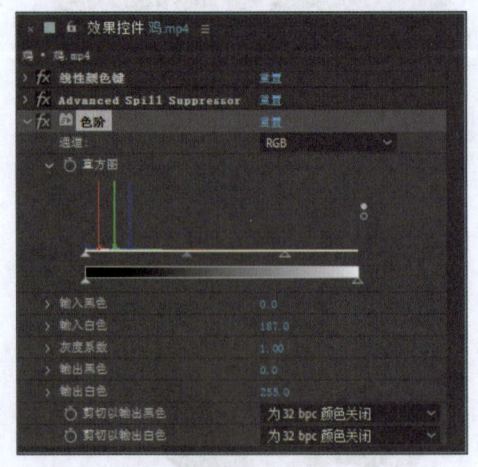

图 9-30　添加并设置色阶

图 9-31　预览效果

步骤 08 按Space键测试预览，预览效果如图9-32所示。至此完成该效果的制作。

图 9-32　预览效果

9.2　运动跟踪与稳定

与Premiere中的蒙版跟踪不同，After Effects提供了更为强大的运动跟踪技术，用户可以跟踪对象的运动轨迹，并将这些跟踪数据应用于另一个对象（如另一个图层或效果控制点），实现图像和效果随运动同步的合成。

■ 9.2.1　运动跟踪与稳定

运动跟踪是一种通过对指定区域进行运动分析并自动创建关键帧的技术。它可以将跟踪结果应用到其他图层或效果上，从而制作出动画效果。例如，可以使图标跟随运动的对象，为移动的镜框加上照片效果等。运动跟踪能够追踪复杂的运动路径，包括加速、减速以及变化复杂的曲线等。

> ❶ 提示：在对影片进行运动追踪时，合成图像中至少要有两个层，一个作为追踪层，一个作为被追踪层，两者缺一不可。

运动稳定是通过After Effects对前期拍摄的影片素材进行画面稳定处理，用于消除前期拍摄过程中出现的画面抖动问题，使画面变得平稳。运动稳定可以通过"跟踪器"中的"稳定运动"按钮实现，也可以通过"变形稳定器"效果实现。

■ 9.2.2　跟踪器

After Effects提供了蒙版跟踪、人脸跟踪、点跟踪、变形稳定器VFX等多种跟踪方法，用户可以通过"跟踪器"面板设置、启动和应用运动跟踪，通过"图层"面板设置跟踪点指定要跟踪的区域，每个跟踪点包括两个方框和一个交叉点，如图9-33所示。一组跟踪点构成一个跟踪器。

交叉点称为附加点，是运动跟踪的中心，可以指定目标的附加位置；内层方框称为特性区域，用于定义图层中要跟踪的元素，在选择时应围绕一个与众不同的可视元素，且整个跟踪持续期间都必须能够清晰识别；外层方框称为搜索区域，用于定义After Effects为查找跟踪特性而要搜索的区域，被跟踪特性只需要在搜索区域内与众不同，不需要在整个帧内与众不同。

图 9-33　预览效果

下面以点跟踪为例，对运动跟踪进行介绍。After Effects软件中的点跟踪包括一点跟踪、两点跟踪和四点跟踪3种，其中一点跟踪和四点跟踪较为常用。

1. 一点跟踪

一点跟踪是通过跟踪影片剪辑中的单个参考样式（小面积像素）记录位置数据。选中需要跟踪的图层，执行"动画"→"跟踪运动"命令新建运动跟踪，软件自动打开"跟踪器"面板，如图9-34所示。此时，"图层"面板中出现跟踪点，如图9-35所示。用户可以在"图层"面板中调整跟踪点的位置和跟踪区域的大小。

图 9-34　"跟踪器"面板　　　　图 9-35　跟踪点

> **提示**：在"跟踪器"面板中的"跟踪类型"菜单中选择跟踪类型时，软件会自动放置合适数目的跟踪点，若想添加更多跟踪点，可以单击"跟踪器"面板右上角的"菜单"按钮，在弹出的快捷菜单中执行"新建跟踪点"命令新建跟踪点。

在"跟踪器"面板中，用户可以通过"编辑目标"按钮，设置应用跟踪数据的图层。设置完成后，单击"向前分析"按钮▶或"向后分析"◀按钮，系统会自动向当前播放指示器的前方或后方分析并创建关键帧。图9-36、图9-37分别为向前和向后分析效果对比。

图9-36 向前分析效果　　　　　　　　　图9-37 向后分析效果

分析完成后，用户可以逐帧查看，对不满意的地方进行调整。完成后单击"应用"按钮，在"动态跟踪器应用选项"对话框中设置应用维度，如图9-38所示。完成后单击"确定"按钮，将跟踪数据应用到目标图层，如图9-39所示。

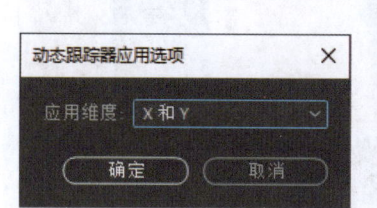

图9-38 设置应用维度　　　　　　　　　图9-39 将跟踪数据应用到目标图层

2. 四点跟踪

四点跟踪又称边角定位跟踪，是通过跟踪影片剪辑中的4个参考样式记录位置、缩放和旋转数据，这4个跟踪点会分析4个参考样式（例如屏幕的4个角）之间的关系。选中跟踪的运动源图层，在"跟踪器"面板中设置"跟踪类型"为"透视边角定位"，然后在"图层"面板中调整4个跟踪点的位置，如图9-40所示。完成后进行分析和应用即可，图9-41为分析后效果。

图9-40 调整跟踪点　　　　　　　　　图9-41 分析后效果

> **提示**：视频中的对象移动时，常伴随灯光、周围环境及对象角度的变化，这些因素可能导致原本明显的特征变得不可识别。因此，在追踪过程中，需要及时重新调整特征区域和搜索区域，改变跟踪选项，并进行再次尝试。

9.3 形状和蒙版

在After Effects中，蒙版的创建独立于效果和属性存在，用户可通过形状工具组、钢笔工具组等创建形状与蒙版，区别在于绘制前是否选中图层。下面对形状和蒙版的创建进行介绍。

■9.3.1 认识蒙版

蒙版是一种用于控制图层可见性的工具，可以隐藏、显示图层的部分区域，或进行特殊处理，制造出创意性的视觉效果。图9-42、图9-43为蒙版前后效果对比。

图 9-42　原图像　　　　　　　　　　　　图 9-43　蒙版效果

After Effects中的蒙版可以分为闭合路径蒙版和开放路径蒙版两种。闭合路径蒙版可以为图层创建透明区域，开放路径无法为图层创建透明区域，但可用作效果参数。一个图层可以包含多个蒙版，其中蒙版层为轮廓层，决定着看到的图像区域；被蒙版层为蒙版下方的图像层，决定看到的内容。蒙版动画的原理是蒙版层做变化或者被蒙版层做运动。

■9.3.2 形状工具组

形状工具组中包括矩形工具▢、圆角矩形工具▢、椭圆工具◯、多边形工具⬠和星形工具☆5种工具，可用于绘制常用的基础形状。长按"工具"面板中的矩形工具，将展开工具组以选择工具，如图9-44所示。下面对这5种工具进行介绍。

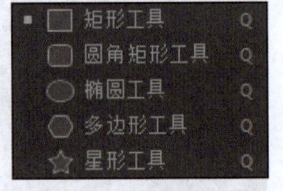

图 9-44　形状工具组

1. 矩形工具

矩形工具可以绘制矩形形状或矩形蒙版，在选中形状图层的情况下，使用矩形工具绘制形状将在现有形状图层中创建一个形状，若选中图像图层进行绘制，将创建蒙版。

在未选中图层的情况下，选中矩形工具，在"工具"面板中设置矩形填充和描边，然后在

"合成"面板中按住鼠标左键拖动将绘制矩形形状,如图9-45所示。同时,"时间轴"面板中将出现形状图层,如图9-46所示。用户可以在"时间轴"面板或"属性"面板中,对已绘制形状的填充、描边等参数进行设置。

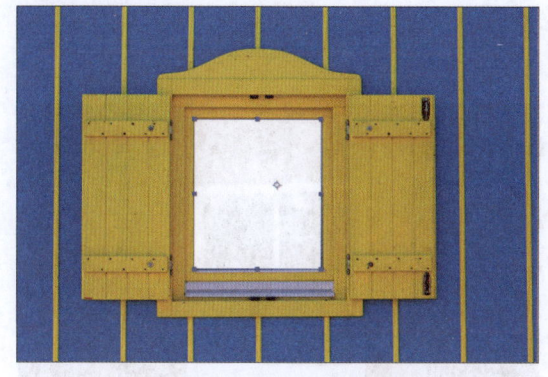

图 9-45　绘制矩形形状

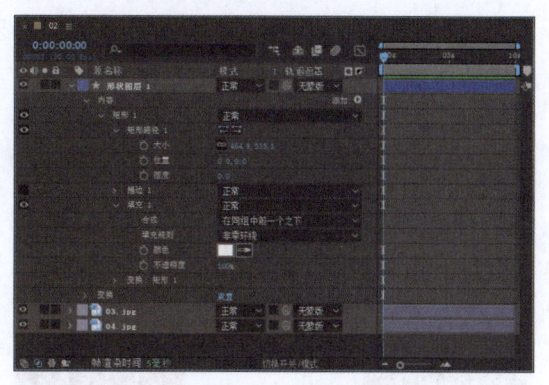

图 9-46　设置矩形参数

"时间轴"面板中部分形状属性作用介绍如下:

- **线段端点**:用于设置描边段末端的外观。
- **线段连接**:用于设置路径突然改变方向时描边的外观,即转弯处的外观。
- **虚线**:用于创建虚线描边。
- **锥度**:创建具有锥度的描边效果。
- **填充规则**:用于确定复合路径中视为路径内部的区域。若选择"奇偶",则若从某个点按任意方向穿过路径绘制直线的次数为奇数次,则该点位于路径内部;否则,该点位于路径外部。若选择"非零环绕",则直线的交叉计数是直线穿过路径的自左向右部分的总次数减去直线穿过路径的自右向左部分的总次数,如果按任意方向从该点绘制的直线的交叉计数为零,则该点位于路径外部;否则,该点位于路径内部。

> **提示**:双击"工具"面板中的形状工具,将创建图层大小的形状。

若选中图像图层,绘制矩形,将创建矩形蒙版,如图9-47所示。在"时间轴"面板中选择"反转"复选框效果如图9-48所示。

图 9-47　创建矩形蒙版 1

图 9-48　创建矩形蒙版 2

> **提示**：双击"蒙版"属性组中的"反选"复选框，将反向蒙版效果。

2. 圆角矩形工具

圆角矩形工具可以绘制圆角矩形形状或蒙版，其绘制方法与矩形工具相同。图9-49、图9-50分别为圆角矩形工具绘制的形状和蒙版。

图 9-49　绘制圆角矩形　　　　　　　图 9-50　绘制圆角矩形蒙版

在绘制圆角矩形的过程中，用户可以通过箭头键调整圆角值。按住↑箭头键可以增大圆角值，按↓箭头键可以减少圆角值，按←箭头键可以将圆角值设置为最小值，按→箭头键可以设置为最大值。

3. 椭圆工具

椭圆工具可用于绘制椭圆形状或椭圆蒙版。选中图像图层，按住鼠标左键拖动将创建椭圆蒙版，如图9-51所示。按住Shift键的同时拖动鼠标将创建圆形蒙版，如图9-52所示。

图 9-51　椭圆形蒙版　　　　　　　图 9-52　圆形蒙版

4. 多边形工具

多边形工具可用于绘制多边形形状或蒙版。选中图像图层，在"合成"面板中按住鼠标左键拖动，将从中心点绘制多边形蒙版，如图9-53所示。在绘制过程中，按键盘上的↑箭头键和↓箭头键可以调整多边形边数，按键盘上的←箭头键和→箭头键可以调整多边形外圆度，如图9-54所示。

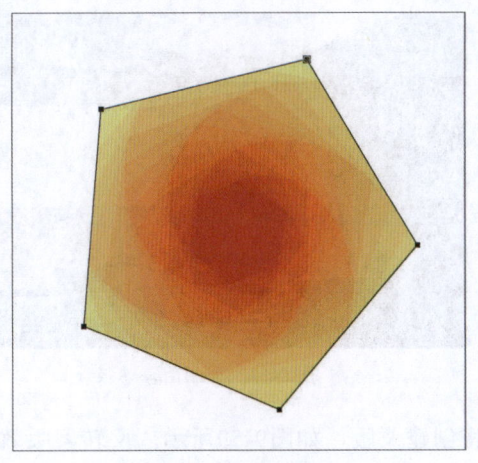

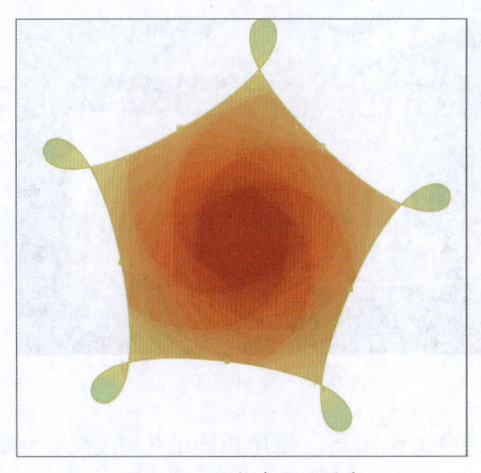

图 9-53 多边形蒙版　　　　　　　　　图 9-54 调整多边形圆度

5. 星形工具

星形工具可用于绘制星形形状或蒙版。选中图像图层,在"合成"面板中按住鼠标左键拖动,将从中心点绘制星形蒙版,如图9-55所示。在绘制过程中,按键盘上的↑箭头键和↓箭头键可以调整星形角数,按住Ctrl键将在保持内径不变的情况下增大外径,如图9-56所示。

图 9-55 星形蒙版　　　　　　　　　图 9-56 调整星形外径

9.3.3 钢笔工具组

钢笔工具组中包括钢笔工具 、添加"顶点"工具 、删除"顶点"工具 、转换"顶点"工具 和蒙版羽化工具 5种工具,通过这些工具,用户可以创建自定义形状或蒙版,并进行调整。

1. 钢笔工具

钢笔工具可以绘制不规则的形状或蒙版。在未选择图层的情况下,选择钢笔工具,在"合成"面板中单击创建锚点,按住鼠标左键拖动将创建平滑锚点。多次创建锚点后,在起始锚点处单击闭合路径将绘制形状,如图9-57、图9-58所示。

图 9-57　绘制路径　　　　　　　　　　　图 9-58　绘制闭合路径

选中图像图层，使用相同的方法绘制形状将创建蒙版，如图 9-59 所示。反转蒙版效果如图 9-60 所示。

图 9-59　创建蒙版　　　　　　　　　　　图 9-60　反转蒙版

2. 添加"顶点"工具

添加"顶点"工具可以在蒙版路径上添加锚点，增加路径细节。选择该工具，移动鼠标指针至蒙版路径上单击，将添加锚点，图 9-61、图 9-62 为添加并调整锚点前后对比效果。若移动鼠标指针至锚点上，按住鼠标左键拖动可移动锚点。

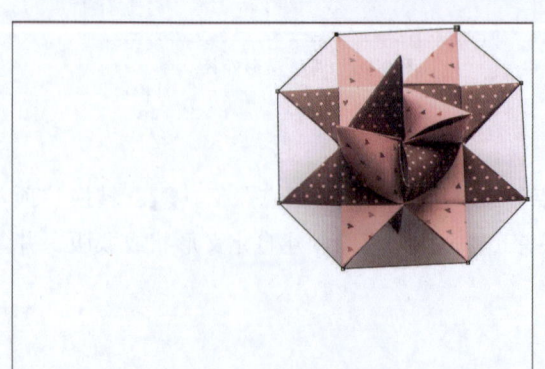

图 9-61　原蒙版效果　　　　　　　　　　图 9-62　添加顶点

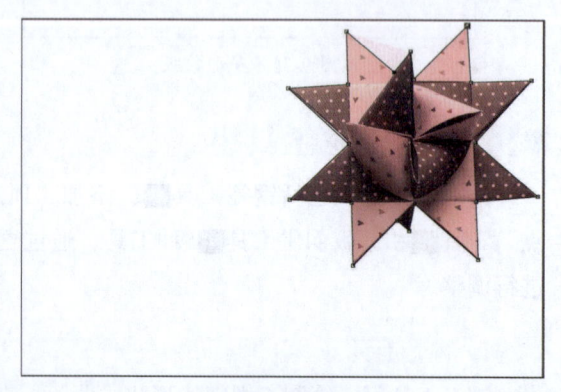

> **提示**：选择添加"顶点"工具，在蒙版路径上按住鼠标左键拖动，将创建平滑锚点。

3. 删除"顶点"工具

删除"顶点"工具的作用与添加"顶点"工具截然相反，它可以删除锚点。选择该工具，在锚点上单击即可。

4. 转换"顶点"工具

转换"顶点"工具可以转换顶点的类型为硬转角或平滑锚点。选择该工具后，在锚点上单击即可。图9-63、图9-64为转换前后对比效果。

图 9-63　原蒙版效果　　　　　图 9-64　转换蒙版效果

5. 蒙版羽化工具

蒙版羽化工具可以柔化蒙版边缘。选择该工具，在蒙版路径的锚点上单击并拖动，将创建向内或向外的羽化效果。图9-65、图9-66分别为向内羽化和向外羽化的效果。

图 9-65　向内羽化效果　　　　　图 9-66　向外羽化效果

9.3.4　画笔和橡皮擦工具

画笔工具和橡皮擦工具都是绘画工具，用户可以在"图层"面板中使用绘画工具绘制图形，从而影响图层的显示效果。

1. 画笔工具

画笔工具可以借助前景色在"图层"面板中的图层上绘画。选择"工具"面板中的画笔工具，在"画笔"面板和"绘画"面板中设置画笔属性，如图9-67、图9-68所示。

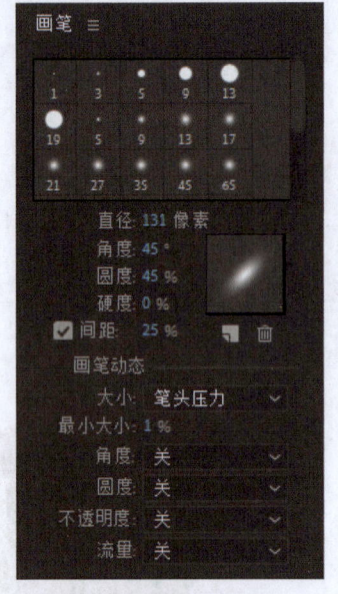

图9-67 "画笔"面板　　　图9-68 "绘画"面板

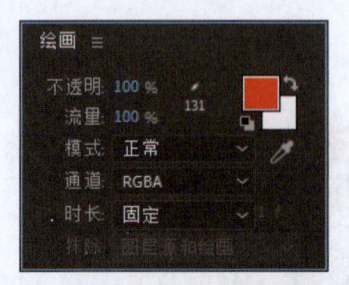

"画笔"面板中部分属性参数介绍如下：
- **画笔笔尖选择器**：用于选择预设的画笔笔刷。
- **直径**：用于控制画笔大小。
- **角度**：用于设置画笔的长轴相对于水平方向旋转的角度。
- **圆度**：用于设置画笔的短轴和长轴之间的比例。值为100%为圆形画笔，值为0%为线性画笔，介于两者之间的值为椭圆画笔。
- **硬度**：控制画笔描边从中心不透明到边缘透明的过渡。
- **间距**：用于设置画笔笔迹之间的距离，以画笔直径的百分比度量。若取消选择该选项，间距将由创建描边时的拖动速度决定。
- **画笔动态**：用于设置笔刷的动态变化效果。

"绘画"面板中部分属性参数介绍如下：
- **不透明度**：用于设置绘制时的不透明度。
- **流量**：用于设置绘制时的涂抹强度和速度。
- **模式**：用于设置底层图像的像素与画笔或仿制描边所绘制的像素的混合方式。
- **通道**：用于设置画笔描边影响的图层通道。
- **时长**：用于设置绘制对象的持续时间。"固定"选项将描边从当前帧应用到图层持续时间结束。"单帧"选项仅将描边应用于当前帧。"自定义"将描边应用于从当前帧开始的指定帧数。"写入"选项将描边从当前帧应用到图层持续时间结束，并动画显示描边的"结束"属性，以便匹配绘制描边时所用的运动。

设置画笔属性后，双击"时间轴"面板中的图层在"图层"面板中打开，按住鼠标左键拖动绘制即可。图9-69、图9-70为绘制前后效果对比。

图 9-69　原图像　　　　　　　　　　　图 9-70　绘制图形

使用画笔工具绘制后,"时间轴"面板中将出现相应的"绘画"属性组,如图9-71所示。用户可以从中修改绘画效果。

图 9-71　"绘画"属性组

2. 橡皮擦工具

橡皮擦工具可以擦除当前图层的一部分,显示出下层图像的内容。其使用方式与画笔工具类似,选择橡皮擦工具,在"画笔"面板和"绘画"面板中设置画笔属性参数,然后在"图层"面板中拖动擦除即可。图9-72、图9-73为使用橡皮擦工具擦除图层部分区域后,在"图层"面板和"合成"面板中的显示效果。

图 9-72　"图层"面板显示效果　　　　　　　图 9-73　"合成"面板显示效果

■9.3.5 从文本创建形状或蒙版

After Effects支持从文本创建形状和蒙版。选中"时间轴"面板中的文本图层并右击，在弹出的快捷菜单中执行"创建"命令，在其子菜单中，执行"从文字创建形状"或"从文字创建蒙版"命令即可，如图9-74所示。

"从文本创建形状"命令将提取每个字符的轮廓创建形状，并将形状放置在一个新的形状图层上。"从文本创建蒙版"命令则将提取每个字符的轮廓创建蒙版，并将蒙版放置在一个新的纯色图层上。这两种命令都会保留原文本图层。

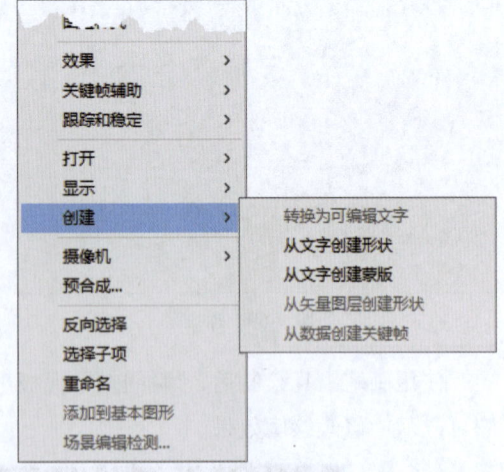

图9-74 "创建"菜单

9.4 编辑蒙版属性

创建蒙版后，"时间轴"面板中的图层属性组中，将自动出现蒙版属性组，用户可以从中设置蒙版路径、蒙版羽化等，从而改变蒙版效果。

■9.4.1 蒙版路径

蒙版路径影响着蒙版的形状，用户可以通过移动、增加或减少蒙版路径上的控制点改变蒙版路径。通过为"蒙版路径"属性添加关键帧，还可创建蒙版形状变化的动画效果。

若想精确调整蒙版形状，可以单击"蒙版路径"属性右侧的"形状..."文本，打开"蒙版形状"对话框进行设置，如图9-75所示。从中可以通过"定界框"参数确定蒙版路径距离合成四周的位置从而拉伸蒙版路径，还可以选择将蒙版路径重置为矩形或椭圆。

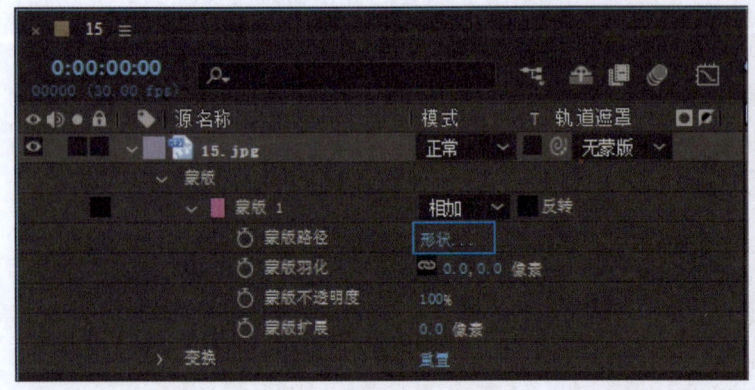

图9-75 打开"蒙版形状"对话框

> **提示**：按住Shift键移动锚点时可以将锚点沿水平或垂直方向移动。

9.4.2 蒙版羽化

"蒙版羽化"属性可以柔化蒙版边缘,使之呈现出边缘虚化的效果。与蒙版羽化工具不同的是,"蒙版羽化"属性设置的羽化将同时向内向外双向羽化。图9-76、图9-77为羽化前后效果对比。

图 9-76　原蒙版效果　　　　　　　　图 9-77　"蒙版羽化"效果

取消"约束比例" ,还可以制作水平或垂直方向的羽化效果,如图9-78、图9-79所示。

图 9-78　水平方向羽化效果　　　　　　图 9-79　垂直方向羽化效果

9.4.3 蒙版不透明度

创建蒙版后,默认蒙版内区域图像100%显示,而蒙版外的图像0%显示,用户可以通过调整"蒙版不透明度"属性,改变蒙版内区域的不透明度。图9-80、图9-81为降低不透明度前后的蒙版效果对比。

图 9-80　原蒙版效果　　　　　　　　图 9-81　降低不透明度后蒙版效果

9.4.4 蒙版扩展

"蒙版扩展"属性可以扩大或缩小受蒙版影响的区域,实际上是一个偏移量,不会影响底层蒙版路径。当属性值为正值时,将在原始蒙版路径的基础上进行扩展偏移;当属性值为负值时,将在原始蒙版路径的基础上进行收缩偏移。图9-82、图9-83分别为扩大和收缩蒙版范围的效果。

图 9-82　扩大蒙版范围的效果 　　　　　图 9-83　收缩蒙版范围的效果

9.4.5 蒙版混合模式

蒙版混合模式控制图层中的蒙版彼此间如何交互,默认为"相加",如图9-84所示。用户创建的第一个蒙版将与图层的Alpha通道相互作用,其他蒙版将与在"时间轴"面板堆叠顺序中位于其上面的蒙版交互,其效果具体取决于为堆积顺序中位于更高位置的蒙版的模式。

图 9-84　蒙版混合模式

各蒙版混合模式的作用介绍如下:
- **无**:选择此模式,路径不起蒙版作用,只作为路径存在,可进行描边、光线动画或路径动画等操作。
- **相加**:如果绘制的蒙版中有两个或两个以上的图形,选择此模式可将当前蒙版添加到堆积顺序位于它上面的蒙版中,蒙版的影响将与位于它上面的蒙版累加。
- **相减**:选择此模式,将从位于该蒙版上面的蒙版中减去其影响,创建镂空的效果。
- **交集**:蒙版将添加到堆积顺序位于它上面的蒙版中。在蒙版与位于它上面的蒙版重叠的区域中,该蒙版的影响将与位于它上面的蒙版累加。在蒙版与位于它上面的蒙版不重叠的区域中，结果是完全不透明。
- **变亮**：此模式对于可视范围区域，与"相加"模式相同。但对于重叠处的不透明度，则采用不透明度较高的值。
- **变暗**：此模式对于可视范围区域，与"相减"模式相同。但对于重叠处的不透明度，则采用不透明度较低的值。
- **差值**：蒙版将添加到堆积顺序位于它上面的蒙版中。在蒙版与位于它上面的蒙版不重叠的区域中，将应用该蒙版，就好像图层上仅存在该蒙版一样。在蒙版与位于它上面的蒙版重叠的区域中，将从位于它上面的蒙版中抵消该蒙版的影响。

上层蒙版混合模式选择"相加"，下层蒙版混合模式选择"相减"和"差值"，效果如图9-85、图9-86所示。

图 9-85 相减效果

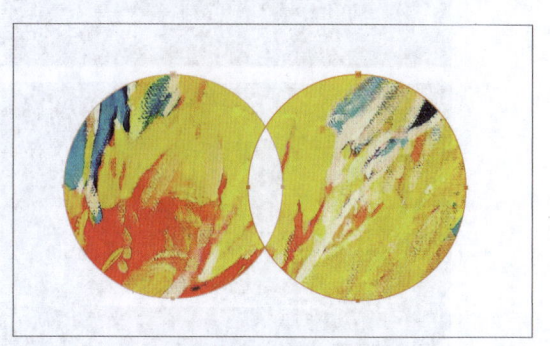

图 9-86 差值效果

实例 制作逐渐调色的效果

通过蒙版，可以使调色效果从中心逐渐显现。下面通过蒙版及关键帧，制作逐渐调色的效果。

步骤 01 新建项目，导入本模块素材文件，并基于素材新建合成，如图9-87所示。

步骤 02 选中合成并右击，在弹出的快捷菜单中执行"合成设置"命令，打开"合成设置"对话框，调整持续时间为2 s，如图9-88所示。完成后单击"确定"按钮应用设置。

图 9-87 新建合成

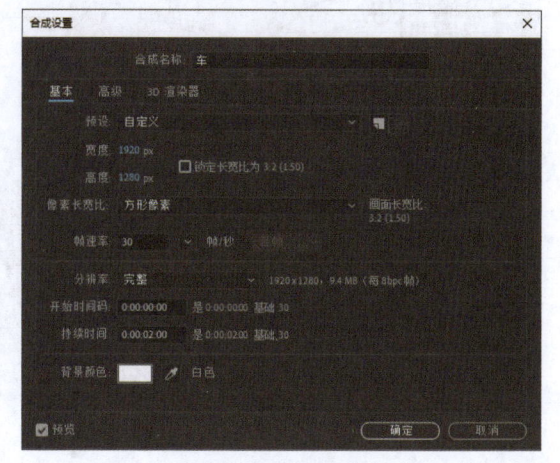

图 9-88 设置合成

步骤 03 新建调整图层，在"效果和预设"面板中搜索"色阶"效果，添加至调整图层，在"效果控件"面板中设置参数，如图9-89所示。此时，"合成"面板中的效果如图9-90所示。

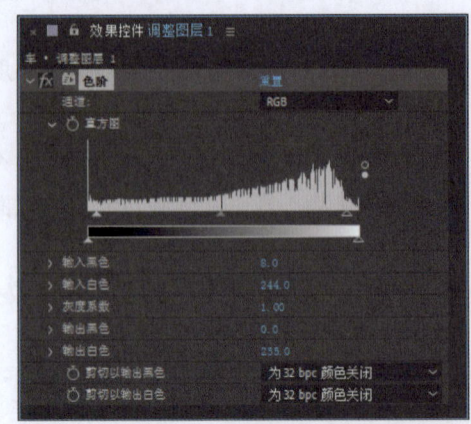

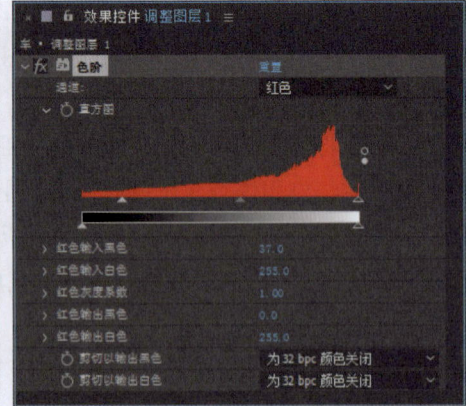

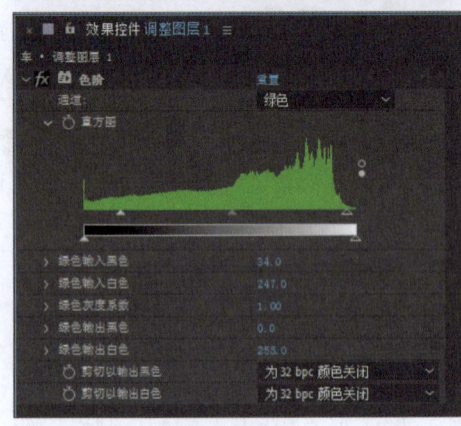

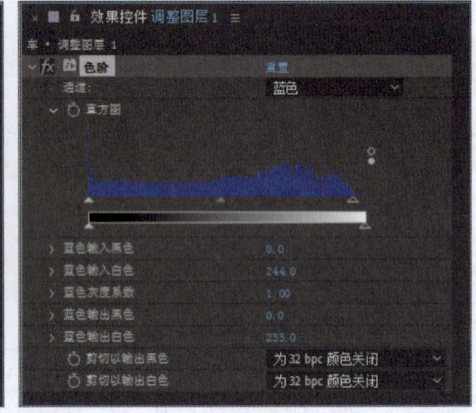

图 9-89 调整色阶

步骤 04 在"效果和预设"面板中搜索"曲线"效果，添加至调整图层，在"效果控件"面板中单击"自动"按钮，如图9-91所示。在"合成"面板中查看效果，如图9-92所示。

图 9-90 预览效果

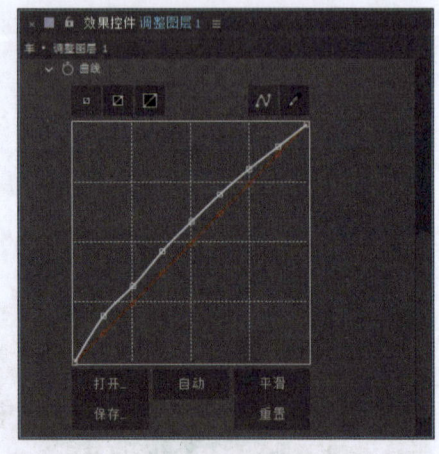

图 9-91 设置曲线

步骤 05 选中调整图层，选择椭圆工具，按住Shift键在"合成"面板中绘制正圆蒙版，如图9-93所示。

图 9-92　预览效果

图 9-93　绘制圆形蒙版

步骤 06 在"时间轴"面板中设置"蒙版扩展"属性为"–120.0像素"，"蒙版羽化"属性为"200.0,200.0像素"，并在0:00:00:00处为"蒙版扩展"属性添加关键帧，如图9-94所示。

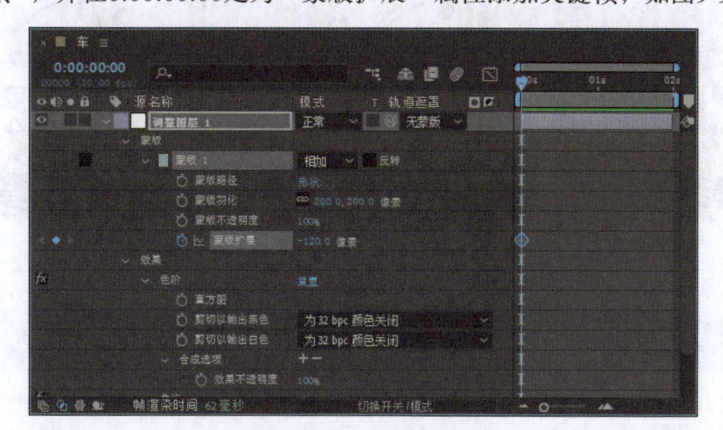

图 9-94　添加关键帧

步骤 07 移动当前播放指示器至0:00:01:00处，更改"蒙版扩展"属性为"1000.0像素"，软件将自动添加关键帧，如图9-95所示。此时，"合成"面板中的效果如图9-96所示。

图 9-95　自动生成关键帧

步骤08 选中关键帧，按F9键创建缓动，单击"图表编辑器" 按钮切换至图表编辑器，调整方向手柄，如图9-97所示。再次单击"图表编辑器"按钮切换至原时间轴。

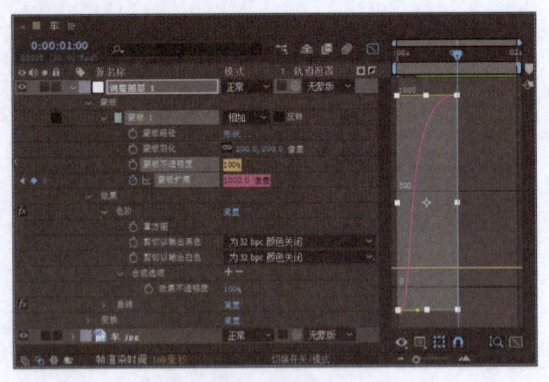

图 9-96　预览效果　　　　　　　　　　　　图 9-97　设置速率曲线

步骤09 按Space键在"合成"面板中预览效果，如图9-98所示。至此完成调色操作。

图 9-98　预览效果

课堂演练：制作屏幕替换效果

本模块主要对视频合成进行了详细的介绍，下面综合应用本模块所学知识，制作屏幕替换的效果。

步骤01 通过Midjourney生成图像，图9-99为人工智能生成图像示例效果。

扫码观看视频

图 9-99　人工智能生成图像示例效果

步骤 02 下载其中的第4张，如图9-100所示。

❗提示：AIGC生成的图像具有随机性，生成适合的图像效果即可。

图 9-100　下载图像

步骤 03 打开After Effects软件，新建项目，导入本模块素材文件，并根据视频素材新建合成，如图9-101所示。

步骤 04 使用横排文本工具在"合成"面板中单击输入文本，如图9-102所示。

图 9-101　导入素材　　　　　　图 9-102　输入文本

步骤 05 选中文本图层，在0:00:01:15处按Alt + [组合键定义入点，在0:00:03:10处按Alt +]组合键定义出点，如图9-103所示。

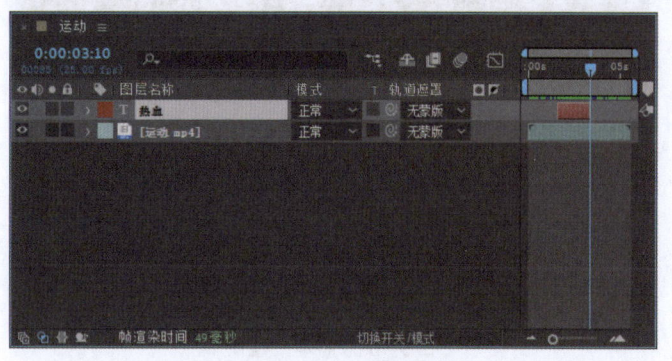

图 9-103　定义入点和出点

步骤 06 移动当前播放指示器至0:00:01:15处，选中视频图层，执行执行"动画"→"跟踪运动"命令，"图层"面板中将自动出现跟踪点，调整特性区域和搜索区域大小和位置，将附加点移动至文字所在处，如图9-104所示。

步骤 07 单击"向前分析"按钮▶，软件将自动向当前播放指示器右侧进行分析，在0:00:03:10处停止分析，在"图层"面板中可以查看关键帧，如图9-105所示。

图 9-104 设置跟踪　　　　　　　　图 9-105 向前分析跟踪

步骤 08 单击"跟踪器"面板中的"应用"按钮，打开"动态跟踪器应用选项"对话框，选择应用维度，如图9-106所示。完成后单击"确定"按钮应用跟踪数据至目标图层。

步骤 09 移动当前播放指示器至0:00:01:15处，选中文本图层，执行"效果"→"模糊和锐化"→"高斯模糊"命令，在"效果控件"面板中设置参数，如图9-107所示。

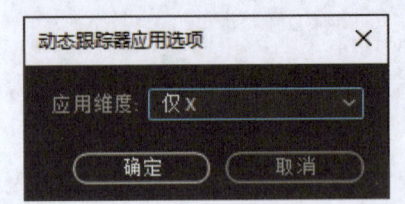

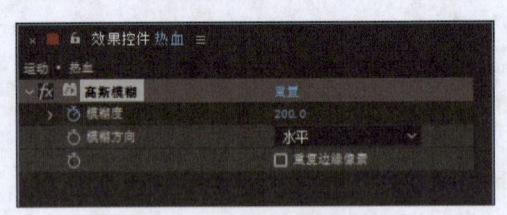

图 9-106 设置应用维度　　　　　　图 9-107 设置高斯模糊属性参数

步骤 10 移动当前播放指示器至0:00:03:01处，更改"模糊度"参数为"0.0"，软件将自动生成关键帧，如图9-108所示。

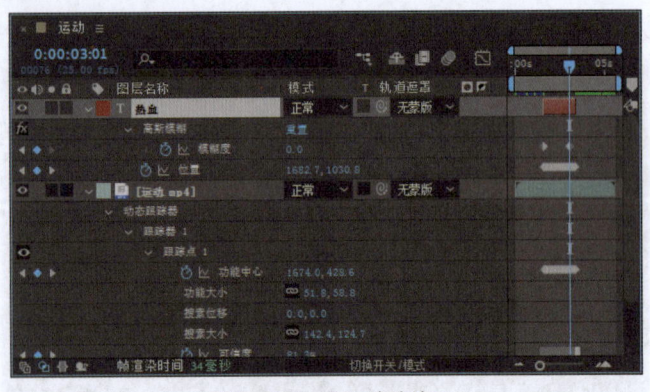

图 9-108 添加关键帧

步骤 11 在"项目"面板中选择图像素材，并基于素材新建合成。右击合成，在弹出的快捷菜单中执行"合成设置"命令，打开"合成设置"对话框，设置持续时间为0:00:05:16，如图9-109所示。

步骤 12 完成后单击"确定"按钮。选中"电脑"合成中的图像图层，执行"效果"→"抠像"→"颜色范围"命令，添加效果，选择"效果控件"面板中吸管工具，在"合成"面板中绿幕处单击吸取颜色，如图9-110所示。

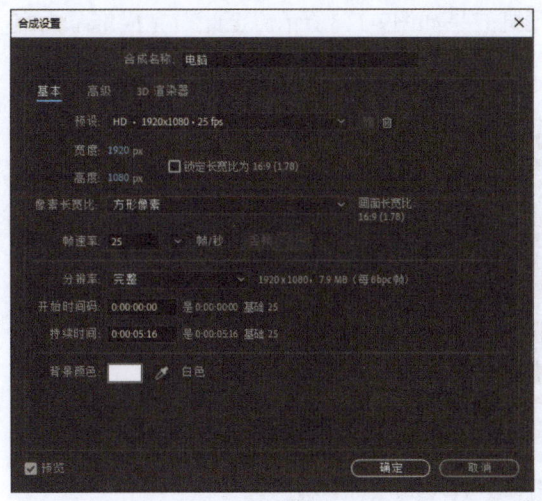

图 9-109　设置合成

图 9-110　抠像效果

步骤 13 将"运动"合成拖曳至"时间轴"面板中,在"时间轴"面板"变换"属性组中调整缩放和位置,如图9-111所示。

步骤 14 在"合成"面板中预览效果,如图9-112所示。

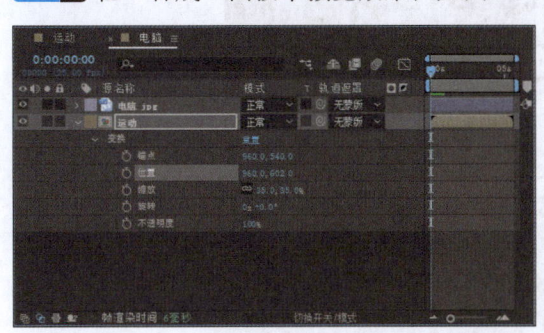

图 9-111　调整参数

图 9-112　预览效果

步骤 15 执行"图层"→"新建"→"调整图层"命令新建调整图层,选中调整图层,选择钢笔工具,沿计算机轮廓绘制蒙版,如图9-113所示。

步骤 16 选中调整图层,执行"效果"→"抠像"→"Advanced Spill Suppressor"命令,添加效果去除画面中的溢色,如图9-114所示。

图 9-113　创建蒙版

图 9-114　去除溢色

步骤 17 按Space键在"合成"面板中测试预览,预览效果如图9-115所示。至此,完成屏幕内容的替换。

图 9-115 预览效果

拓展阅读

追踪技术的人文温度——从《中国医生》看隐私保护边界

　　《中国医生》纪录片团队在拍摄 ICU 抢救画面时,运用动态遮罩技术对患者面部进行实时追踪和模糊处理,既确保了医学研究所需的影像价值,又维护了患者的尊严。这种高度的技术伦理意识,与某些直播平台滥用人体追踪算法以博取关注的做法形成了鲜明对比。《个人信息保护法》中对于生物识别信息的处理有着明确的规范。这启示我们:当技术能够追踪到每一个像素时,更应当坚守"有所为有所不为"的职业底线。只有这样,才能在推动技术进步的同时,保障个人隐私和尊严不受侵犯,实现科技与人文关怀的平衡发展。

模块 10

文本动画的创作之旅

内容概要

文本在数字影音制作中的作用至关重要，它不仅可以传递关键信息，帮助观众更好地理解内容，还能显著提升影片的视觉吸引力和整体效果。通过精心的设置，文本能够增强叙事效果，使情节更吸引人。本模块将对文本动画的制作进行介绍。

数字资源

【本模块素材】："素材文件\模块10"目录下

【本模块课堂演练最终文件】："素材文件\模块10\课堂演练"目录下

10.1 创建文本

用户可以通过文本工具创建文本，也可以导入外部文本进行编辑应用。

■ 10.1.1 文字工具

文字工具包括横排文字工具和直排文字工具两种，在"工具"面板中选择任意文字工具，在"合成"面板中单击输入文本，将创建点文本。图10-1、图10-2分别为创建的横排文本和直排文本。点文本需要按Enter键才可以换行。

图 10-1　横排文本

图 10-2　直排文本

选中任意文字工具后，在"合成"面板中按住鼠标左键拖动，将创建定界框，如图10-3所示。在其中输入文本即为段落文本，段落文本将根据定界框框边界自动换行，如图10-4所示。用户也可以按Enter键手动调整换行。

图 10-3　创建定界框

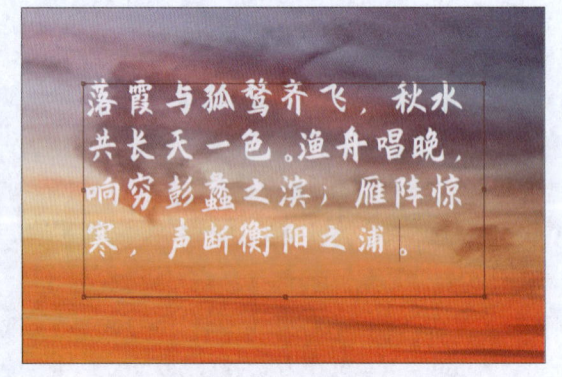

图 10-4　输入文本

❶ 提示：在文本输入状态，移动鼠标指针至文本框控制点处，按住鼠标左键拖动可以调整文本框的大小。

除了文字工具外，用户也可以执行"图层"→"新建"→"文本"命令，软件中将自动出现文本图层，同时"合成"面板中将出现占位符，直接输入文本即可。

10.1.2 外部文本

After Effects支持保留并编辑来自Photoshop的文本。在导入PSD文档时，选择"图层选项"为"可编辑的图层样式"，如图10-5所示。完成后单击"确定"按钮。双击创建的PSD合成文件打开，选择文本图层，执行"图层"→"创建"→"转换为可编辑文字"命令即可，如图10-6所示。

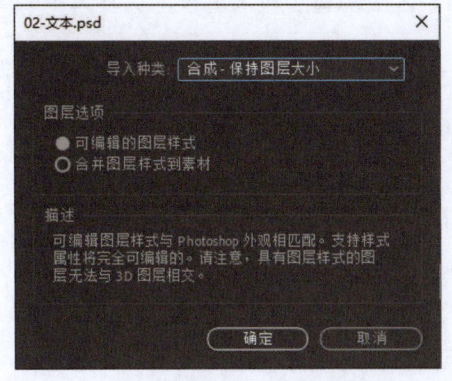

图10-5 导入文本

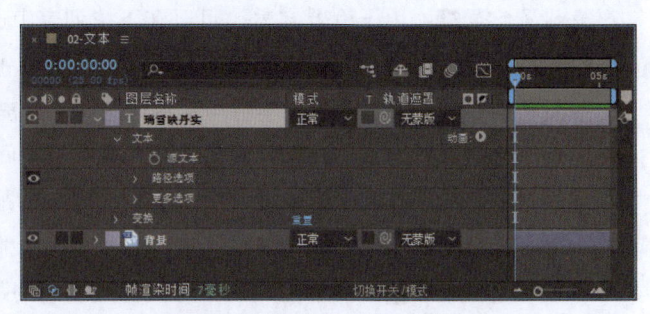

图10-6 将文本转换为可编辑文字

若导入的PSD文档为合并图层，则需要先选中该图层，执行"图层"→"创建"→"转换为图层合成"命令将PSD文档分解到图层中，再选择文本图层进行调整。

10.2 编辑和调整文本

新建的文本将默认应用上一次操作中应用的文本样式，用户可以根据制作需要，使用"字符"面板、"段落"面板或"属性"面板等对其进行调整。

10.2.1 "字符"面板

"字符"面板主要用于设置文本的字符格式，包括字体、字号、填充、描边等，执行"窗口"→"字符"命令打开"字符"面板，如图10-7所示。设置后文本效果如图10-8所示。

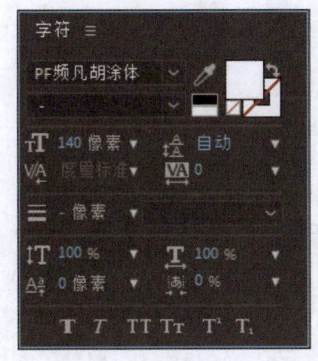

图10-7 "字符"面板

图10-8 文本效果

"字符"面板中部分常用选项作用介绍如下：

· 239 ·

- **设置字体系列**：在下拉列表中可以选择字体类型进行应用。
- **设置字体样式**：仅选择部分可设置字体样式的字体系列时激活，以选择不同的字体样式进行应用。
- **吸管**：可在整个工作面板中吸取颜色，并应用至所选文本的填充或描边。
- **设置为黑色/白色**：设置颜色为黑色或白色。
- **填充颜色和描边颜色**：单击"填充颜色"，打开"文本颜色"对话框可以设置文本颜色。单击"描边颜色"，将设置描边颜色。
- **设置字号**：用于设置字号。可以在下拉列表中选择预设的字号，也可以在数值处按住鼠标左键左右拖动改变数值大小，或在数值处单击直接输入数值。
- **设置行距**：用于调节文本行与文本行之间的距离。
- **两个字符间的字偶间距**：设置光标左右字符之间的间距。
- **所选字符的字符间距**：设置所选字符之间的间距。
- **垂直缩放/水平缩放**：在垂直方向或水平方向缩放字符。
- **设置基线偏移**：用于控制文本与其基线之间的距离，提升或降低选定文本以创建上标或下标。用户也可以单击"字符"面板底部的"上标"或"下标"按钮，创建上标或下标。

> **提示**：若选择了文本内容，在"字符"面板的设置将仅影响选中文本。若选中文本图层，在"字符"面板中的设置将影响所选文本图层。若没有选中文本内容和文本图层，在"字符"面板中的设置，将成为下一个文本项的新默认值。

10.2.2 "段落"面板

"段落"面板主要用于设置文本段落，如缩进、对齐方式等，执行"窗口"→"段落"命令打开"段落"面板，如图10-9所示。设置文本段落效果对比如图10-10、图10-11所示。

图10-9 "段落"面板 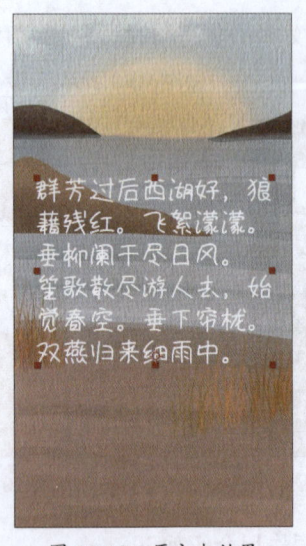　　图10-10 原文本效果 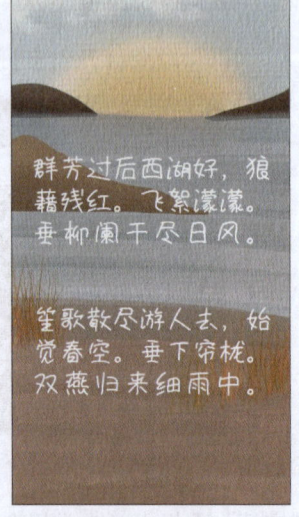　　图10-11 设置"段落"后的效果

> **提示**：对于点文本，每行都是一个单独的段落。对于段落文本，一段可能有多行，具体取决于定界框的尺寸。

"段落"面板中部分常用选项作用介绍如下：

- **对齐**：用于设置文本段落的对齐，包括左对齐、右对齐等7种对齐方式。其中两端对齐只适用于段落文本。
- **缩进左边距**：用于从段落的左边缩进文字，直排文本则从段落的顶端缩进。
- **缩进右边距**：用于从段落的右边缩进文字，直排文本则从段落的底部缩进。
- **首行缩进**：用于缩进段落中的首行文字。对于横排文本，首行缩进与左缩进相对；对于直排文本，首行缩进与顶端缩进相对。
- **段前添加空格/段后添加空格**：用于设置段落前或段落后的间距。

■10.2.3 "属性"面板

"属性"面板综合了"字符"和"段落"面板的功能，可以对选中文本的字符、段落变换等多种属性进行设置，如图10-12所示。设置后效果如图10-13所示。

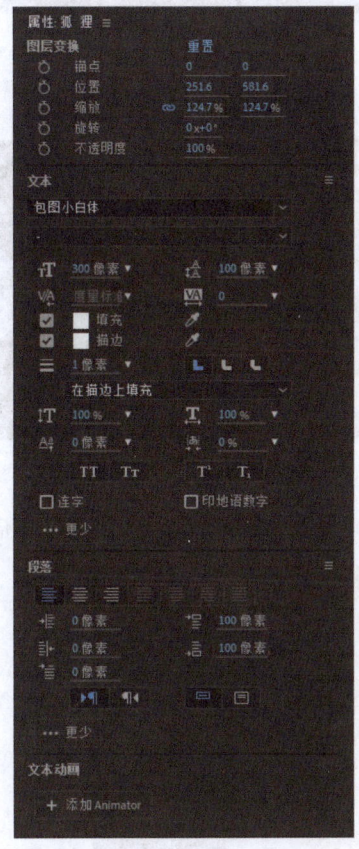

图 10-12　"属性"面板　　　　图 10-13　设置后的效果

在编辑文本时，用户可以根据自身使用习惯，选择合适的面板进行设置。

实例 制作逐渐出现的字符

下面通过"字符"面板和动画预设制作逐渐出现的字符。

步骤01 新建项目，导入本模块视频素材，并基于素材新建合成，如图10-14所示。

步骤02 选中"时间轴"面板的图层，执行"效果"→"颜色校正"→"色阶"命令，添加效果，在"效果控件"面板中设置参数，如图10-15所示。在"合成"面板中预览效果，如图10-16所示。

图 10-14　新建合成

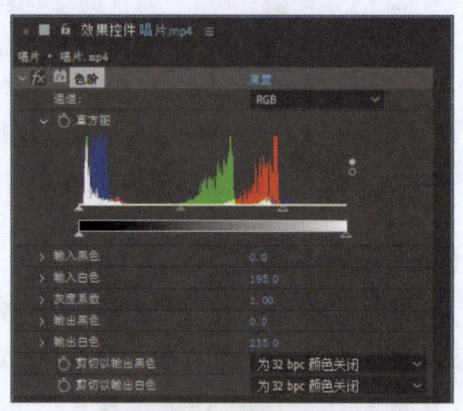

图 10-15　设置色阶

步骤03 选中横排文字工具，在"合成"面板中单击输入文本，如图10-17所示。

图 10-16　预览效果

图 10-17　输入文本

步骤04 选中文本图层，在"字符"面板中设置参数，如图10-18所示。文本效果如图10-19所示。

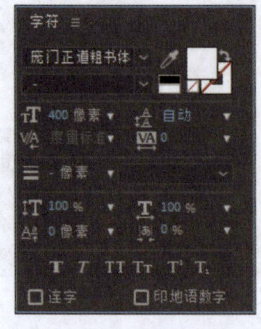

图 10-18　设置文本

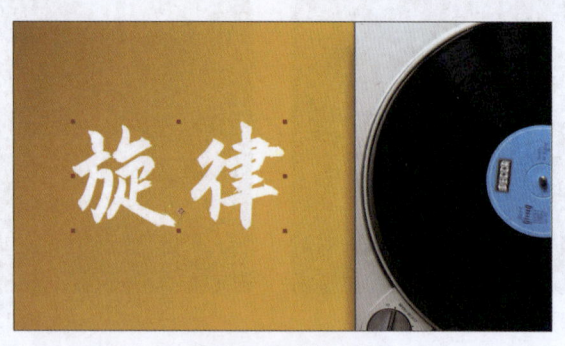

图 10-19　文本效果

步骤 05 在"效果和预设"面板中搜索"子弹头列车"动画预设,将其拖曳至文本图层上,如图10-20所示。

图 10-20 添加动画预设

步骤 06 使用相同的方法,添加"蒸发"动画预设并调整关键帧位置,如图10-21所示。

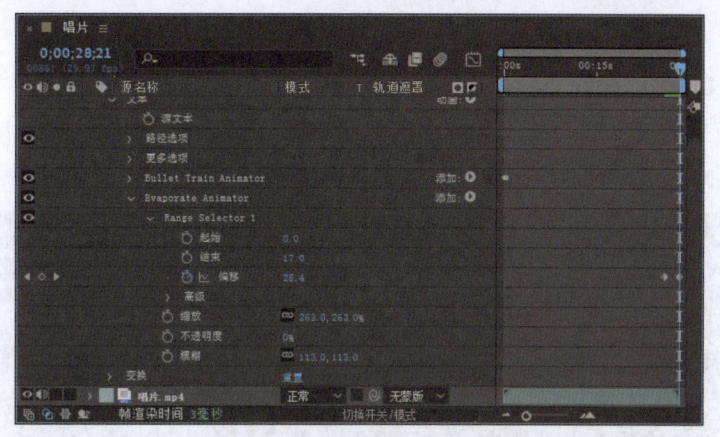

图 10-21 添加动画预设并调整

步骤 07 按Space键预览播放,如图10-22所示。至此完成该效果的制作。

图 10-22 预览效果

10.3 文本动画

After Effects中提供了丰富的文本动画制作方式,用户可以通过动画制作器、文本选择器等快速制作文本动画。

■10.3.1 文本图层属性

文本是After Effects中一类单独的图层，它具备"文本"和"变换"两个基本属性组，如图10-23所示。通过设置这些属性并添加关键帧，可以制作基础的文本动画效果。

图10-23 文本图层属性

1. 源文本

"源文本"属性可以设置文本在不同时间的显示效果。单击"时间变化秒表"按钮创建关键帧，移动当前播放指示器，更改文本内容，软件将自动生成关键帧，如图10-24所示。两个关键帧中的文本内容不相同，在播放时将呈现文本切换的效果。

图10-24 添加关键帧

2. 路径选项

当文本图层上有蒙版时，可以将蒙版用作路径，制作路径文本的效果。用户不仅可以指定文本的路径，还可以设置各个字符在路径上的显示。

选中文本图层，使用形状工具或钢笔工具在"合成"面板中绘制蒙版路径，在"时间轴"面板"路径"属性右侧的下拉列表中选择蒙版，如图10-25所示。文本会沿路径分布。

图10-25 选择蒙版

"路径选项"属性组中各选项作用介绍如下：
- **路径**：用于选择文本跟随的路径。
- **反转路径**：用于反转路径的方向。反转前后效果对比图10-26、图10-27所示。

图10-26 原文本效果　　　　图10-27 反转后的效果

- **垂直于路径**：用于设置文本字符在路径上的显示方式，即是否垂直于路径。关闭后效果如图10-28所示。
- **强制对齐**：用于设置文本与路径首尾是否对齐。图10-29为对齐效果。

图10-28 垂直于路径效果　　　　图10-29 强制对齐效果

- **首字边距**：用于设置第一个字符相对于路径的开始位置。当文本为右对齐，并且强制对齐为关闭时，将忽略首字边距。
- **末字边距**：用于设置最后一个字符相对于路径的结束位置。在文本为左对齐，并且强制对齐为关闭时，将忽略末字边距。

3. 更多选项

"更多选项"属性组中提供了更多的文本选项，如图10-30所示。

图10-30 更多选项

这些选项的作用分别介绍如下：
- **锚点分组**：指定用于变换的锚点是属于单个字符、词、行或是全部。
- **分组对齐**：用于控制字符锚点相对于组锚点的对齐方式。
- **填充和描边**：用于控制填充和描边的显示方式。
- **字符间混合**：用于控制字符间的混合模式，类似于图层混合模式。

10.3.2 动画制作器

动画制作器是一个强大且灵活的工具，支持用户对文本和图形进行复杂的动画制作。选中图层，执行"动画"→"动画文本"命令，在其级联菜单中执行子命令，如图10-31所示。即可添加动画制作器，以设置为哪些属性制作动画。用户也可以单击"时间轴"面板图层中的"动画" 按钮，选择动画制作器添加，如图10-32所示。

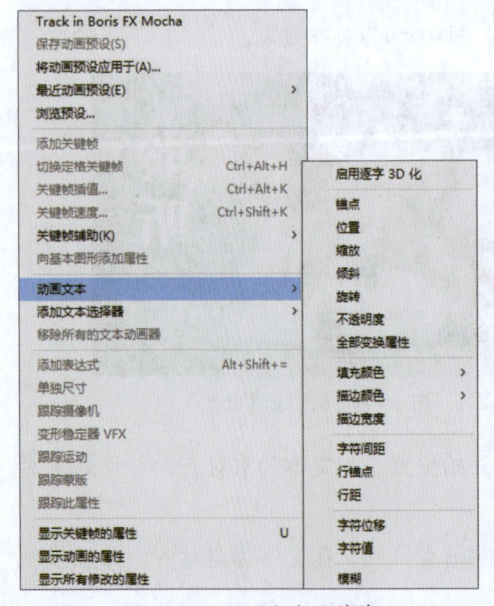

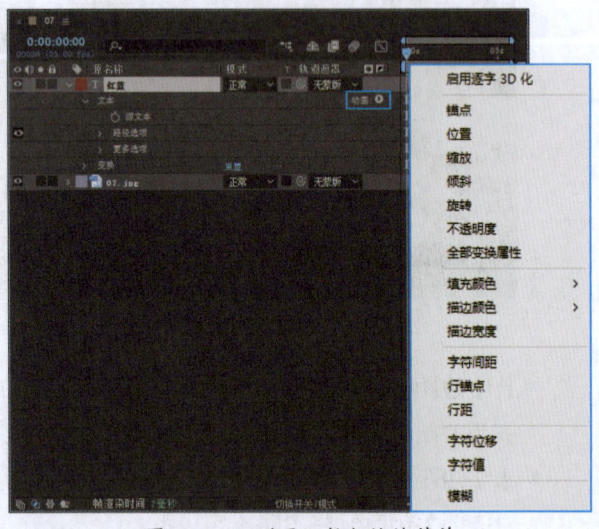

图10-31 动画文本子菜单　　　　　图10-32 "动画"按钮快捷菜单

下面将对不同类型的动画制作器的作用进行介绍：
- **启用逐字3D化**：将图层转化为三维图层，并将文字图层中的每一个文字作为独立的三维对象。
- **锚点**：制作文字中心定位点变换的动画。
- **位置**：调整文本的位置。
- **缩放**：对文字进行放大或缩小等设置。
- **倾斜**：设置文本倾斜程度。
- **旋转**：设置文本旋转角度。
- **不透明度**：设置文本透明度。
- **全部变换属性**：将所有变换属性都添加到动画制作器组中。
- **填充颜色**：设置文字的填充颜色、色相、饱和度、亮度、不透明度。
- **描边颜色**：设置文字的描边颜色、色相、饱和度、亮度、不透明度。
- **描边宽度**：设置文字描边粗细。
- **字符间距**：设置文字之间的距离。
- **行锚点**：用于设置每行文本的字符间距对齐方式。值为0%时设置左对齐，50%时设置居中对齐，100%时设置右对齐。
- **行距**：设置多行文本图层中文字行与行之间的距离。
- **字符位移**：按照统一的字符编码标准对文字进行位移。如值为5时，会按字母顺序将单词中的字符前进五步，因此单词Effects将变成Jkkjhyx。
- **字符值**：按照统一的字符编码标准，统一替换设置字符值所代表的字符。
- **模糊**：在平行和垂直方向分别设置模糊文本的参数，以控制文本的模糊效果。

图10-33为添加旋转动画制作器的文本图层。从中调整动画制作器属性值为最终值，然后通过选择器制作动画效果即可，如图10-34所示。

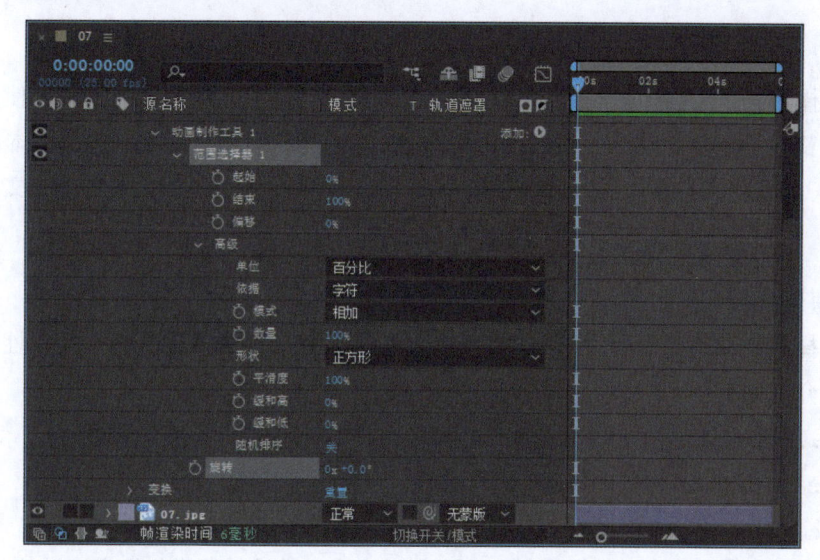

图 10-33　添加旋转动画制作器

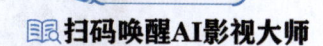

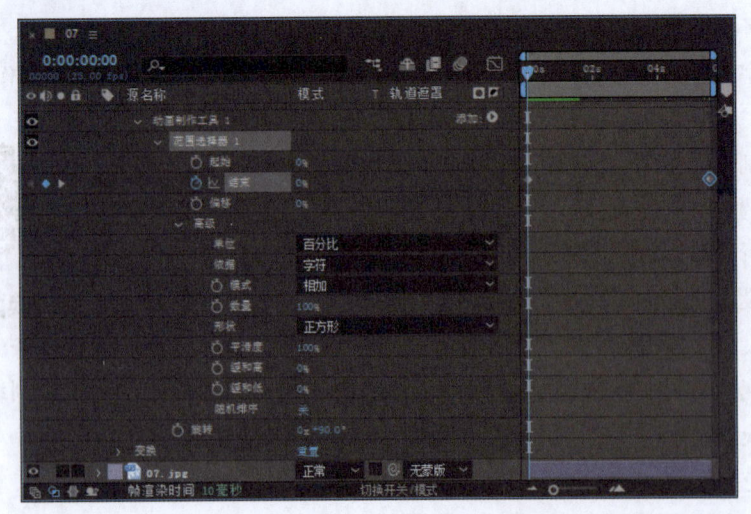

图 10-34 设置属性

设置后在"合成"面板中预览效果，如图10-35、图10-36所示。

图 10-35　旋转效果 1　　　　　　　　图 10-36　旋转效果 2

■ 10.3.3　文本选择器

文本选择器可以控制动画制作器影响的范围和程度，一般与动画制作器联合使用，每个动画制作器组都包括一个默认的范围选择器，如图10-37所示。用户也可以选中文本图层后，执行"动画"→"添加文本选择器"命令进行添加，如图10-38所示。下面对常用的文本选择器进行介绍。

1. 范围选择器

范围选择器是最基础常用的选择器，可用于设置动画影响的文本范围。其属性组中部分常用选项作用介绍如下：

- **起始**：用于设置选择项的开始。
- **结束**：用于设置选择项的结束。
- **偏移**：用于设置从通过开始和结束属性指定的选择项进行位移的量。
- **模式**：用于设置每个选择器如何与文本以及它上方的选择器进行组合，默认为相加。

- **数量**：用于设置字符范围受动画制作器属性影响的程度。值为0%时，动画制作器属性不影响字符。值为50%时，每个属性值的一半影响字符。
- **形状**：用于控制如何在范围的开始和结束之间选择字符。
- **平滑度**：仅在形状为正方形时激活该选项，以设置动画从一个字符过渡到另一字符所耗费的时间量。
- **缓和高与缓和低**：确定选择项值从完全包含（高）到完全排除（低）变化的速度。如果缓和高为100%，在完全选择字符到部分选择字符时，变化会更缓慢；如果缓和高为–100%，则变化会更快速。同样地，如果缓和低为100%，在部分选择字符或未选择字符时，变化会更缓慢；如果缓和低为–100%，则变化会更快速。
- **随机排序**：用于以随机顺序向范围选择器指定的字符应用属性。

图 10-37　默认的范围选择器

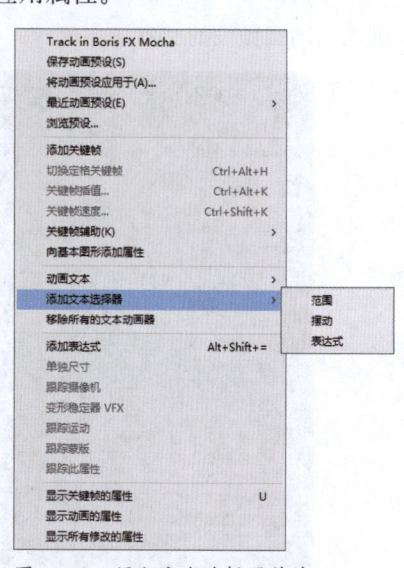

图 10-38　添加文本选择器菜单

2. 摆动选择器

摆动控制器可以控制文本的抖动，配合关键帧动画制作出更加复杂的动画效果。执行"动画"→"添加文本选择器"→"摆动"命令，添加摆动选择器，如图10-39所示。

其属性组中部分常用选项作用介绍如下：

- **最大量和最小量**：用于设置所选范围的变化量。

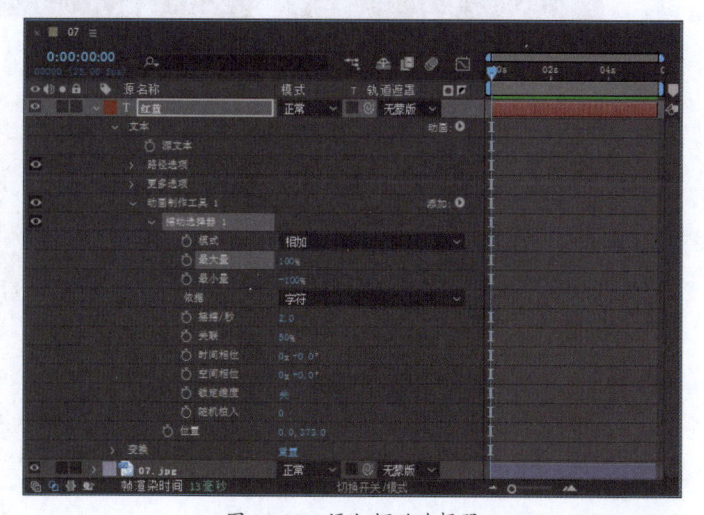

图 10-39　添加摆动选择器

- **摇摆/秒**：用于设置每秒中随机变化的频率，该数值越大，变化频率就越大。
- **关联**：用于设置每个字符的变化之间的关联。值为100%时，所有字符同时摆动相同的量，值为0%时，所有字符独立地摆动。
- **时间相位和空间相位**：设置文本动画在时间、空间范围内随机量的变化。
- **锁定维度**：设置随机相对范围的锁定。

在制作文本动画时，用户可以叠加多种选择器，制作出更为丰富的动画效果。

■ 10.3.4 文本动画预设

"效果和预设"面板中，提供了多组文本动画预设，可以帮助用户快速制作文本动画，如图10-40所示。从中选择动画预设，并将其拖曳至文本图层上即可。图10-41为添加"交替字符进入"动画预设的文本图层。

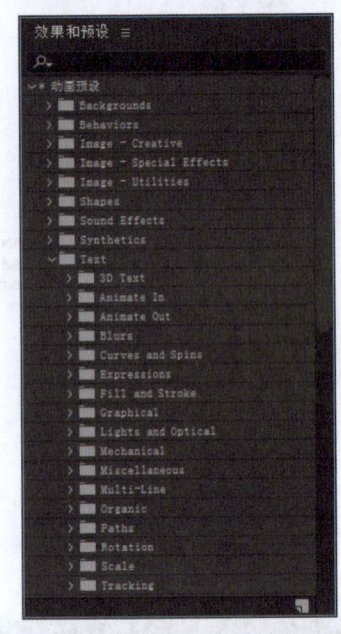

图 10-40 文本动画预设　　图 10-41 添加动画预设

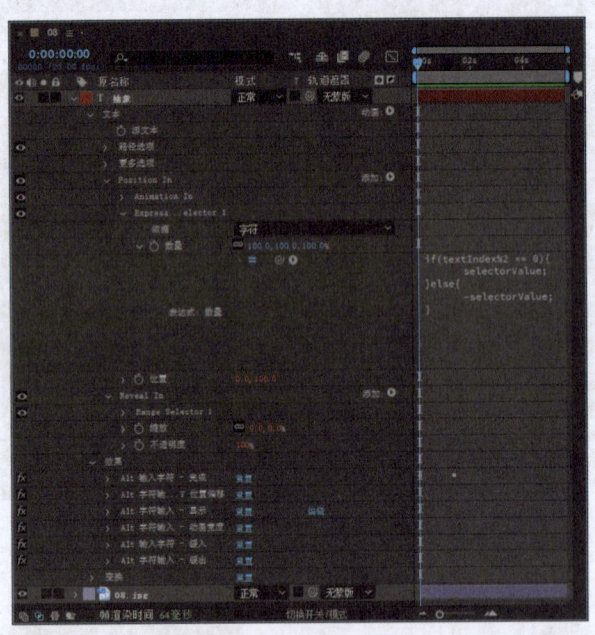

在"合成"面板中预览效果，如图10-42所示。

> ❶ 提示：添加动画预设后，用户还可以手动调整关键帧及数值等参数，制作出更具特色的文本动画。

图 10-42 预览效果

模块10 文本动画的创作之旅

课堂演练：制作视频标题

本模块主要对文本动画的创建及编辑进行了详细的介绍，下面综合应用本模块所学知识，制作视频标题。

扫码观看视频

步骤 01 新建项目，导入本模块视频素材，并基于素材新建合成，如图10-43所示。

步骤 02 选中"项目"面板中的合成并右击，在弹出的快捷菜单中执行"合成设置"命令，打开"合成设置"对话框，设置持续时间为10 s，如图10-44所示。

图 10-43 新建合成

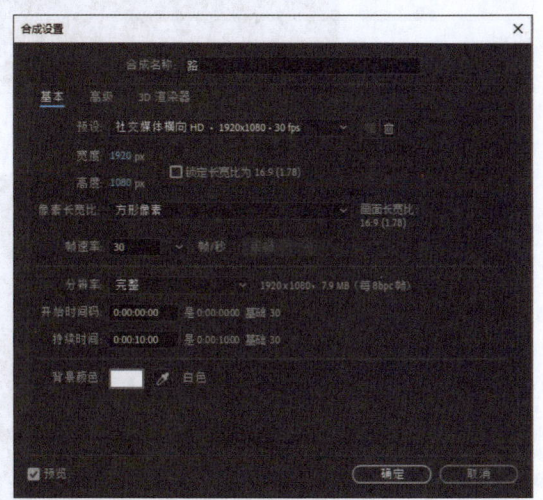

图 10-44 设置合成

步骤 03 完成后单击"确定"按钮应用设置。取消选择任何图层，选中矩形工具■，设置填充为黑色，在"合成"面板中按住鼠标左键拖动绘制矩形，如图10-45所示。

图 10-45 绘制矩形

步骤 04 移动当前播放指示器至0:00:00:15处，单击"变换：矩形1"属性组中"比例"参数中的"约束比例"按钮，取消链接，并为"比例"参数添加关键帧，如图10-46所示。

步骤 05 移动当前播放指示器至0:00:00:00处，设置"比例"参数为"0.0, 100.0%"，软件将自动关键关键帧，如图10-47所示。

图 10-46 添加关键帧

图 10-47 添加关键帧

步骤 06 移动当前播放指示器至0:00:00:15处,选中横排文字工具,在"合成"面板中单击输入文本"一路前行",在"字符"面板中设置参数,如图10-48所示。预览效果如图10-49所示。

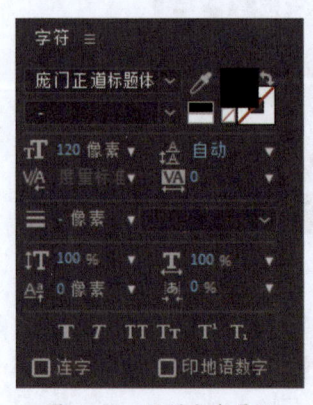

图 10-48 设置文本属性　　　　图 10-49 预览效果

步骤07 选中文本图层，选择矩形工具在文本上绘制矩形创建蒙版，如图10-50所示。

图 10-50　创建蒙版

步骤08 移动当前播放指示器至0:00:01:10处，为"蒙版路径"参数和"位置"参数添加关键帧，如图10-51所示。

图 10-51　添加关键帧

步骤09 移动当前播放指示器至0:00:00:15处，更改"位置"参数为"961.1,506.0"，在"合成"面板中移动蒙版位置，软件将自动创建关键帧，如图10-52所示。

图 10-52　移动蒙版效果

步骤10 移动当前播放指示器至0:00:01:10处，选中横排文字工具，在"合成"面板中单击输入文本，在"字符"面板中设置参数，如图10-53所示。预览效果如图10-54所示。

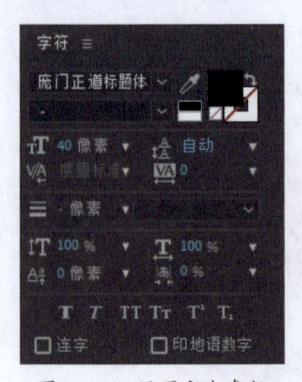

图 10-53 设置文本参数　　　图 10-54 预览效果

步骤 11 选中新建的文本图层，执行"动画"→"动画文本"→"不透明度"命令，添加不透明度动画制作器，在"时间轴"面板中设置"不透明度"为0%，并为"起始"参数添加关键帧，如图10-55所示。

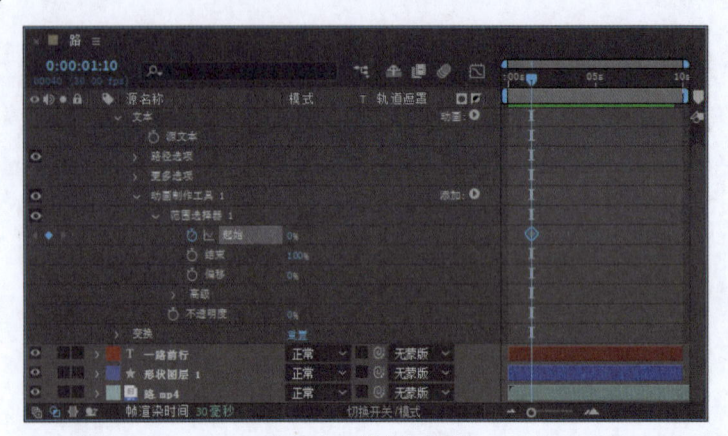

图 10-55 添加关键帧

步骤 12 移动当前播放指示器至0:00:01:25处，更改"起始"参数为100%，软件将自动添加关键帧，如图10-56所示。

图 10-56 自动生成关键帧

· 254 ·

步骤 13 选中形状图层和文本图层并右击,在弹出的快捷菜单中执行"预合成"命令,打开"预合成"对话框设置参数,如图10-57所示。

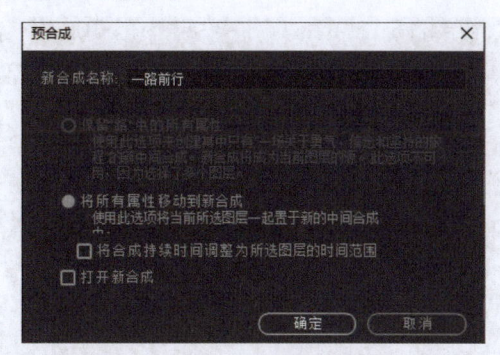

图 10-57　创建预合成

步骤 14 完成后单击"确定"按钮创建预合成,如图10-58所示。

图 10-58　创建预合成效果

步骤 15 移动当前播放指示器至0:00:02:00处,选中预合成图层,执行"效果"→"生成"→"CC Light Sweep"命令添加光线扫码特效,调整"Center"参数,并添加关键帧,如图10-59所示。

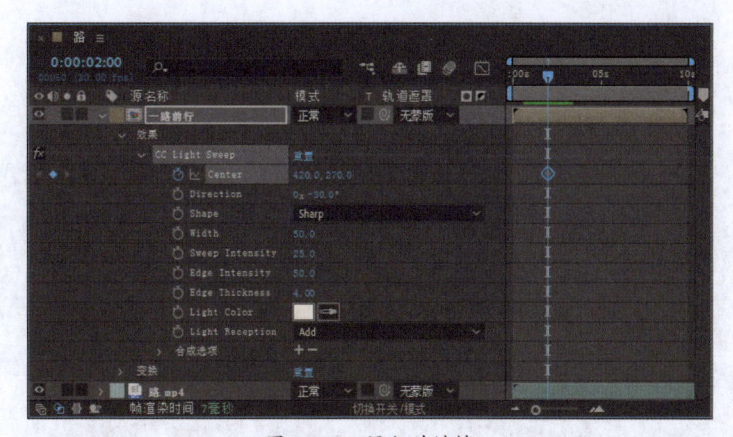

图 10-59　添加关键帧

步骤16 移动当前播放指示器至0:00:02:20处，调整"Center"参数为"1200.0,270.0"，软件将自动生成关键帧，如图10-60所示。

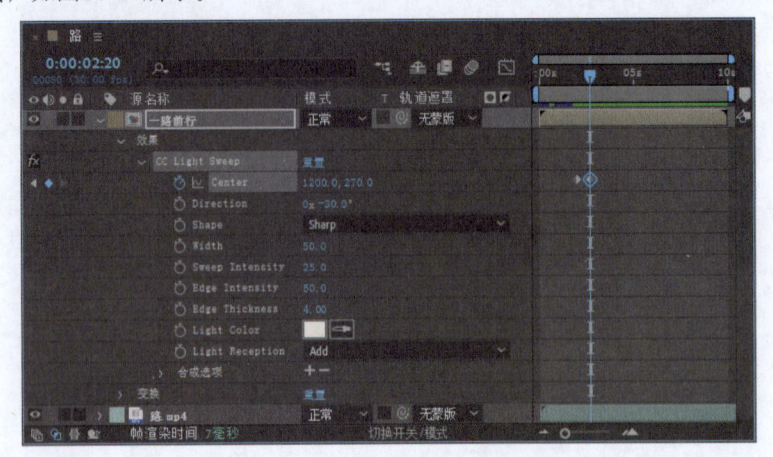

图 10-60 自动生成添加关键帧

步骤17 按Space键预览播放，如图10-61所示。至此，完成视频标题的制作。

图 10-61 预览效果

模块10 文本动画的创作之旅

图 10-61 预览效果（续）

拓展阅读

流动的汉字——从甲骨文到动态字体的文化觉醒

在北京冬奥会开幕式上，水墨动画《立春》将篆书笔画解构为舞动的青色丝带，每个关键帧的运动曲线都参照了王羲之《兰亭序》中的运笔节奏。这种"让汉字跳舞"的创意灵感来源于故宫博物院对3000件书法碑帖的数字化解析工作。相比之下，一些商业广告为了追求视觉冲击而随意篡改汉字结构的做法，则显得缺乏文化责任感。根据《通用规范汉字表》的规定，字体设计必须尊重并维护文化认同，不得随意破坏汉字的原有结构。这启示我们：文字动画不仅仅是技术上的展示，更是文明基因的现代表达方式。通过这种方式，不仅能够赋予传统文化新的生命力，还能在全球范围内传播和弘扬中华优秀传统文化的独特魅力。

扫码唤醒AI影视大师
● 配套资源 ● 精品课程
● 进阶训练 ● 知识笔记

附录 人工智能（AI）技术在影视作品制作中的应用与发展

在当今数字化时代，人工智能技术正以前所未有的速度渗透到各个领域，影视作品制作也不例外。从剧本创作到特效制作，从角色塑造到影片推广，人工智能正在重塑影视行业的创作和生产流程。

1. 现状

特效制作是人工智能在影视作品中的重要应用领域之一。借助深度学习算法，人工智能能够实现更加逼真的视觉效果，如场景渲染、物体建模和动作捕捉。它可以快速生成复杂的特效画面，显著提高制作效率、降低成本，同时为观众带来更加震撼的视觉体验。

在影片剪辑和后期制作中，人工智能也发挥着重要作用。它能够根据预设规则和观众偏好，自动筛选和剪辑素材，提供多种剪辑方案供创作者选择。此外，人工智能还可以优化音频处理，提升影片的整体质量。

2. 趋势

未来，人工智能在影视作品制作中的应用将更加广泛和深入。

（1）智能化制作流程将成为主流，从项目规划到后期推广，AI都将发挥重要作用，显著提高制作效率和质量。

（2）AI与虚拟现实（VR）、增强现实（AR）等技术的加速融合，将为观众带来更加逼真的沉浸式观影体验。

（3）AI能够根据创作者的喜好和行为数据，定制专属的影视作品，推动个性化内容创作的发展。

3. 存在的不足

尽管人工智能在影视制作中展现出巨大潜力，但仍面临一些挑战。

创意与情感的局限性：过度依赖人工智能可能导致作品缺乏人类创作者的情感和创造力，难以体现独特的创意和人文关怀。

技术局限性：AI对数据的依赖性较强，若数据存在偏差或不全面，可能影响作品的真实性、艺术性和公正性。

因此，在充分利用人工智能工具的同时，创作者仍需坚守艺术初心，将技术与创意完美结合，以克服这些不足。

展望未来，随着人工智能技术的不断发展和完善，它将在影视作品制作中扮演更加重要的角色。我们有理由相信，在人工智能技术的助力下，影视行业将迎来更多创新和突破，为观众带来更加精彩的视觉盛宴。

4. 实例

下面以可灵AI工具为例介绍如何利用AI生成图片并制作视频。具体步骤如下：

附录 | 人工智能（AI）技术在影视作品制作中的应用与发展

步骤 01 在计算机浏览器中搜索可灵（https://klingai.kuaishou.com/）并打开网站，如附图1所示。

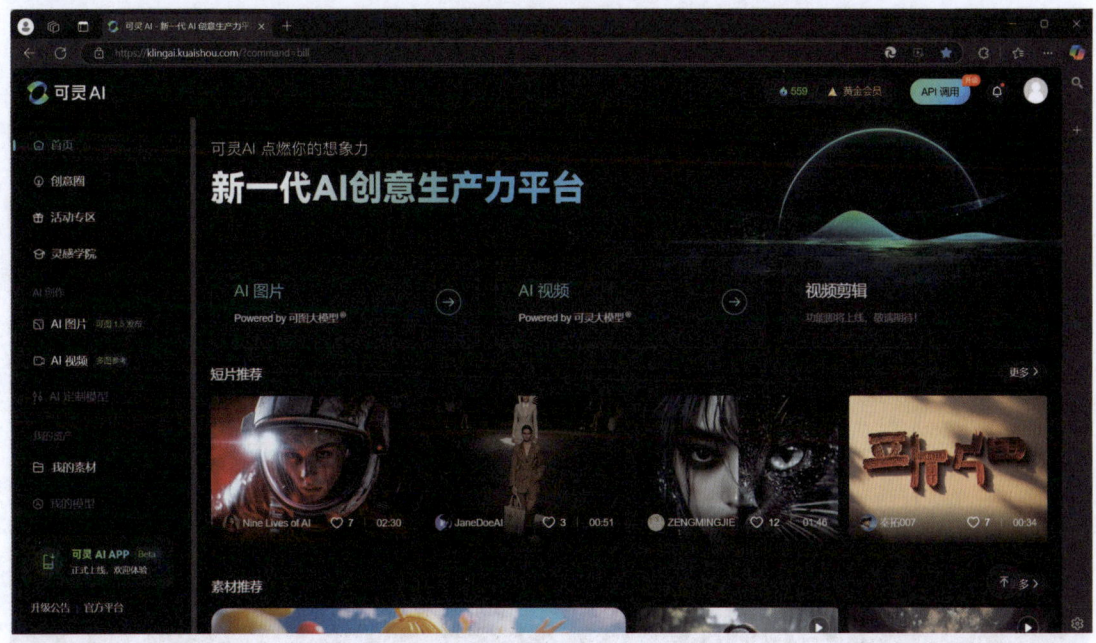

附图 1

步骤 02 单击"AI图片"，选择"文生图"功能。在左侧的创意描述文本框中输入提示词，并在参数设置板块调整图片比例和生成数量。完成后单击"立即生成"按钮，如附图2所示。

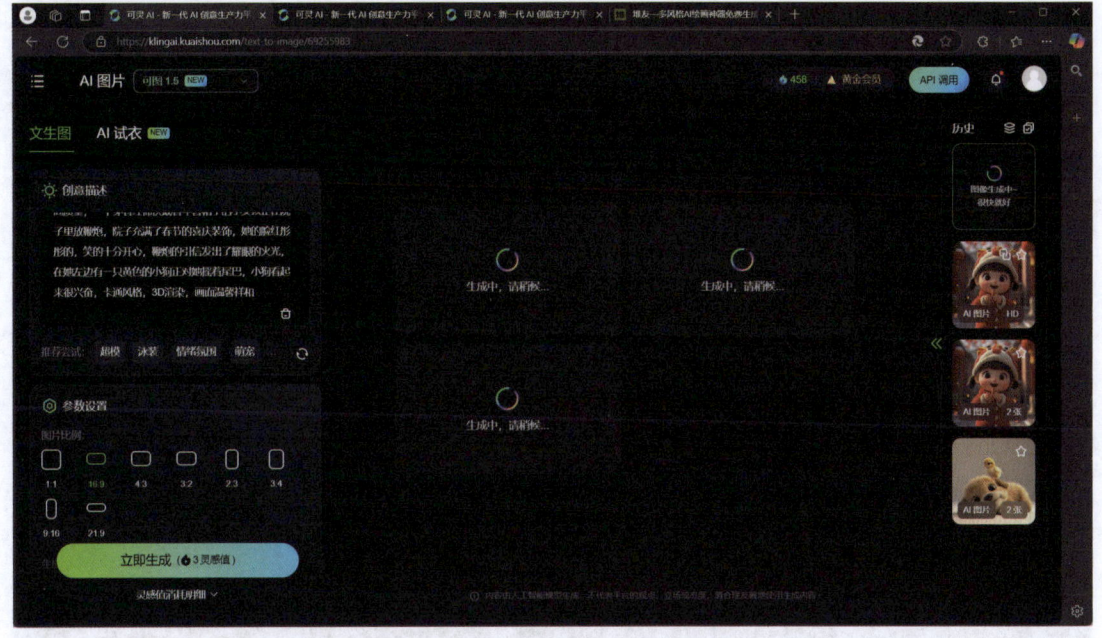

附图 2

步骤 03 图片生成完毕，选择效果满意的图片保存。若未达到预期效果，可根据 步骤 02 进行调整。保存后，可返回网站首页进入"AI视频"板块，或直接单击图片右下角进入该板块，如附图3所示。

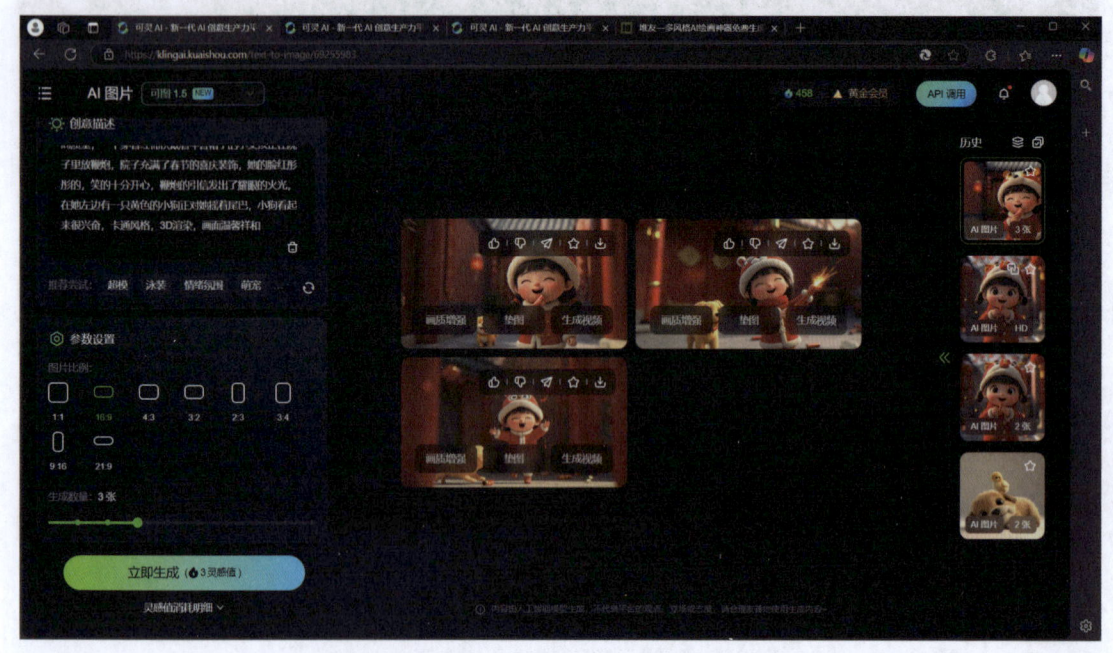

附图 3

步骤 04 进入"AI视频"板块，以生成的图片作为参考图。可输入适当的提示词，并在参数设置中调整生成模式、生成数量及时长，如附图4、附图5所示。

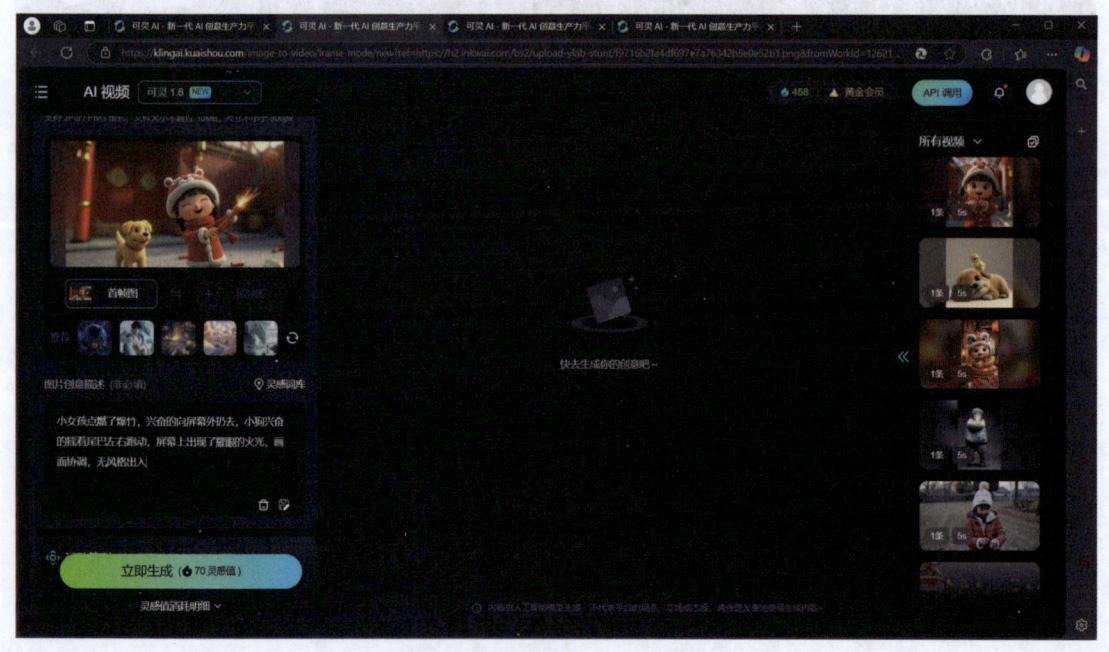

附图 4

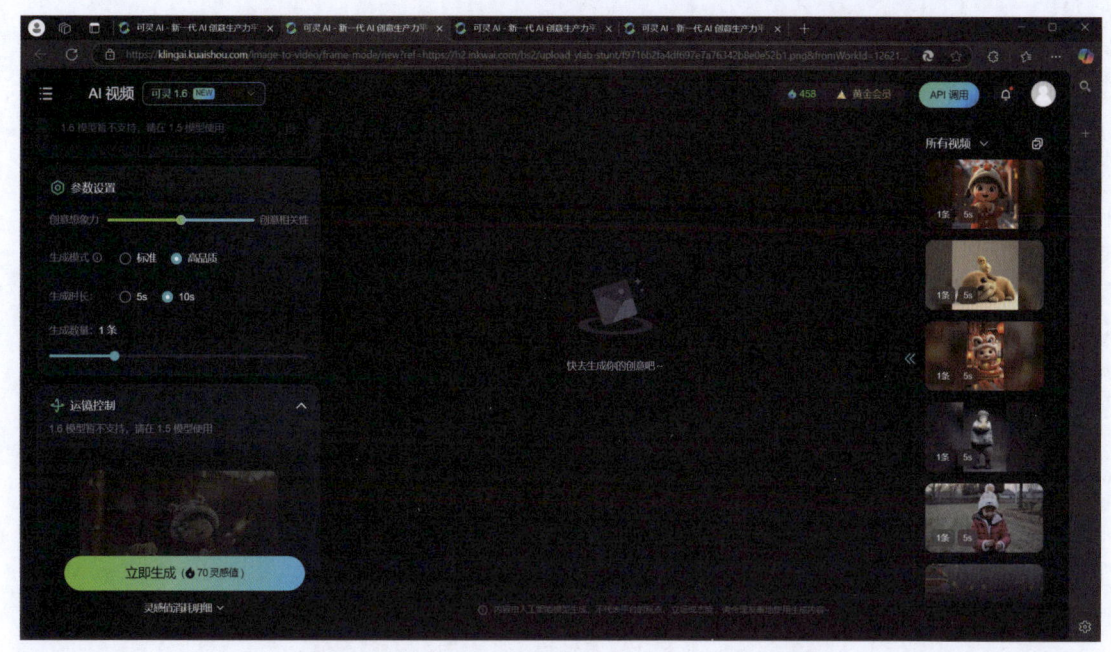

附录 人工智能（AI）技术在影视作品制作中的应用与发展

附图 5

步骤 05 单击"立即生成"按钮，等待视频生成完成。若对视频的效果满意，可以单击视频下方的下载图标保存，最终效果如附图6所示。

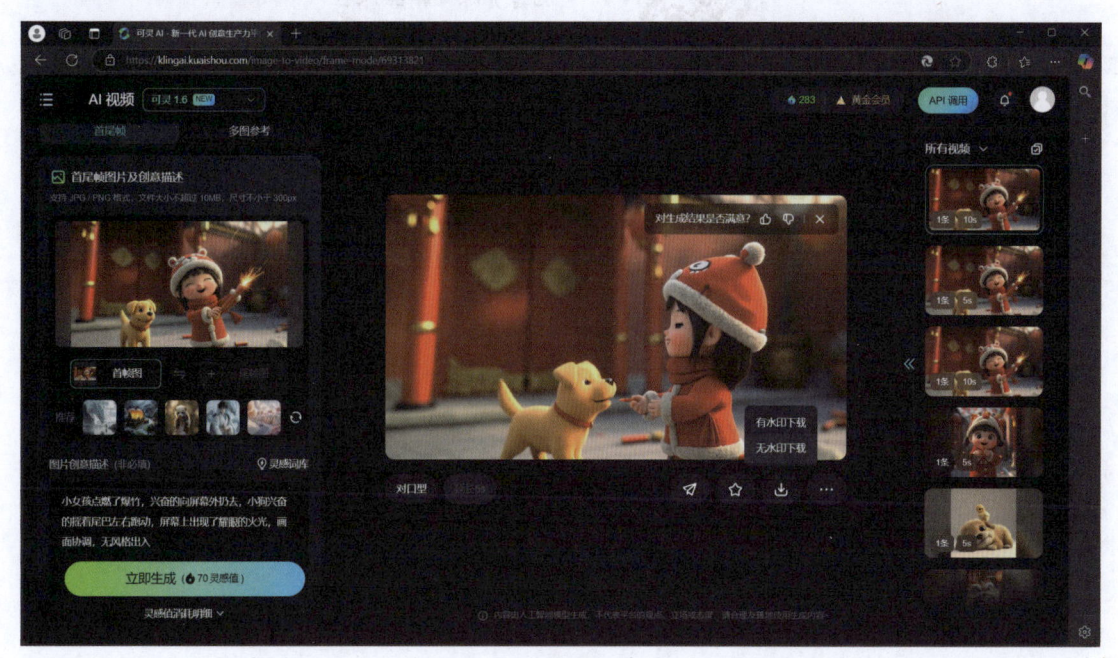

附图 6

参考文献

[1] 胡晓华, 杨林. 数字影音后期制作[M]. 北京: 中国传媒大学出版社, 2024.

[2] 唯美世界, 曹茂鹏. 中文版Premiere Pro 2024 从入门到精通: 微课视频全彩版[M]. 北京: 中国水利水电出版社, 2024.

[3] 唯美世界, 曹茂鹏. 中文版After Effects 2024从入门到精通: 微课视频: 全彩版: 唯美[M]. 北京: 人民邮电出版社, 2024.

[4] 张杰. 中文版Premiere Pro视频编辑剪辑设计与制作全视频实战228例: 溢彩版[M]. 北京: 清华大学出版社, 2024.

[5] 董明秀. After Effects影视特效与动画设计实战应用[M]. 北京: 清华大学出版社, 2023.

[6] 王海花. 数字影音后期制作: Adobe Premiere Pro CC[M]. 北京: 高等教育出版社, 2021.